“十三五”职业教育国家规划教材

“十二五”职业教育国家规划教材

变电站综合自动化技术

（第二版）

全国电力职业教育教材编审委员会　组　编

丁书文　贺军荪　主　编

程　岚　孙耀芹　郭晓敏　副主编

王　玲　编　写

路文梅　主　审

中国电力出版社
CHINA ELECTRIC POWER PRESS

内 容 提 要

本书采用情境教学、任务驱动模式，基于工作过程的教学体系，结合变电站综合自动化系统的概念、结构、原理、功能以及实际应用编写而成。

书中设计8个学习情境，内容包括：认识变电站综合自动化系统；间隔层IED装置的安装调试及运行维护；变电站综合自动化系统二次回路接线及使用；变电站综合自动化的监控系统构成及使用；站内通信及远动功能调试；变电站操作电源的运行及维护；变电站综合自动化系统的异常和故障检查与处理；认识智能变电站。

本书在阐述变电站综合自动化系统原理和技术的同时，密切结合实际，内容系统、实用性强、通俗易懂，是实训操作与理论学习的指导教材。

本书适合作为高职高专教材及函授教材，也可作为变电站综合自动化系统生产人员、技术人员和管理干部的技能培训教材和电力工程技术人员的参考用书。

图书在版编目（CIP）数据

变电站综合自动化技术/丁书文，贺军荪主编；全国电力职业教育教材编审委员会组编．—2版．—北京：中国电力出版社，2019.10（2021.11重印）

“十二五”职业教育国家规划教材

ISBN 978-7-5198-3877-5

Ⅰ.①变… Ⅱ.①丁…②贺…③全… Ⅲ.①变电所—自动化技术—高等职业教育—教材 Ⅳ.①TM63

中国版本图书馆CIP数据核字（2019）第237583号

出版发行：中国电力出版社
地　　址：北京市东城区北京站西街19号（邮政编码100005）
网　　址：http://www.cepp.sgcc.com.cn
责任编辑：陈　硕（010—63412532）
责任校对：黄　蓓
装帧设计：郝晓燕
责任印制：吴　迪

印　　刷：北京雁林吉兆印刷有限公司
版　　次：2015年8月第一版　2019年10月第二版
印　　次：2021年11月北京第八次印刷
开　　本：787毫米×1092毫米　16开本
印　　张：15.5
字　　数：379千字
定　　价：31.00元

前 言

根据高等职业教育人才培养目标和电力行业人才需求，按照“项目导向、任务驱动、理实一体、突出特色”的原则，以岗位分析为基础，以课程标准为依据，充分体现高等职业教育教学规律，本书是本着这样的原则应运而生的一本行动导向教材。

根据工学结合、项目导向、任务驱动的教学模式，本书设计了8个学习情境，每个学习情境中设计了多项学习任务，营造全真的学习情境，内容丰富。每个学习任务由教学目标、任务描述、任务准备、任务实施、相关知识等部分构成，适合于开展理实一体教学。各部分分别加入相应的知识点，用通俗易懂的语言阐述了变电站综合自动化的专业知识。内容突出能力培养为核心的教学理念，科学合理设计任务或项目，充分考虑学生认知规律，体现任务驱动的特征，调动学生学习积极性。学生通过任务的实施，可将理论与实际联系起来，并在实践中引发学生的思考，从而加深学生对理论、规程、规范的理解和把握，来实现学生学习任务明确化，学习流程条理化，学习内容简明化，解决问题步骤化。

教学全过程遵照资讯→计划→决策→实施→检查→评估等环节来组织实施。资讯环节，教师下发项目任务书，描述学习目标和任务；学生查阅相关资料，进行任务准备。计划与决策环节，学生进行人员分配，制订工作计划及实施方案，列出所需的工具、仪器仪表、装置清单；教师审核工作计划及实施方案，引导学生确定最终实施方案。实施环节，学生练习，进行系统操作。检查与评估环节，学生汇报计划与实施过程，回答同学与教师的问题。教师与学生共同对学生的工作结果进行评价；自评环节是学生对本项目的整体实施过程进行评价；互评环节是以小组为单位，分别对其他组的工作结果进行评价和建议；教师评价环节是教师对互评结果进行评价，指出每个小组成员的优点，并提出改进建议。

本书采用了多所高职高专学校联合开发模式，学习情境是根据编写组各位老师的擅长内容分工独立编写，体现了多个学校的教学实践成果。学习情境一由郑州电力高等专科学校丁书文编写；学习情境二由保定电力职业技术学院孙耀芹编写；学习情境三由山西电力职业技术学院郭晓敏编写；学习情境四由江西电力职业技术学院程岚编写；学习情境五、七由西安电力高等专科学校贺军荪编写；学习情境六由西安电力高等专科学校王玲编写；学习情境八由丁书文编写；丁书文和贺军荪担任主编。

由于编者水平所限，书中不当处在所难免，诚请各位读者批评指正。

作者

2019年8月

目 录

前言

学习情境一 认识变电站综合自动化系统 …… 1

任务一 变电站综合自动化系统展示 …… 1
任务二 变电站综合自动化系统结构展示 …… 13
任务三 变电站综合自动化系统配置实例 …… 19

学习情境二 间隔层 IED 装置安装调试及运行维护 …… 28

任务一 间隔层 IED 装置硬件展示 …… 28
任务二 线路保护柜调试及运行维护 …… 40
任务三 变压器保护柜的安装调试及运行维护 …… 53
任务四 母线保护柜的安装调试及运行维护 …… 65

学习情境三 变电站综合自动化系统二次回路接线及使用 …… 77

任务一 6～35kV 线路的保护、测量、控制二次回路调试 …… 78
任务二 110kV 输电线路的保护、测量、控制二次回路调试 …… 92
任务三 主变压器的保护、测量、控制二次回路调试 …… 105

学习情境四 变电站综合自动化的监控系统构成及使用 …… 115

任务一 监控主站的硬件及软件配置展示 …… 115
任务二 数据库定义与系统配置 …… 123
任务三 监控系统的界面编辑 …… 128
任务四 监控系统功能与运行操作 …… 141
任务五 变电站监控系统的调试与维护 …… 153

学习情境五 站内通信及远动功能调试 …… 168

任务一 站内通信测试与使用 …… 168
任务二 远动规约认知 …… 174
任务三 远动装置功能调试 …… 180

学习情境六 变电站操作电源的运行及维护 …… 187

任务一 直流系统接线的运行与维护 …… 187
任务二 直流系统监控系统的运行与维护 …… 195

学习情境七 **变电站综合自动化系统的异常和故障检查与处理** …… 203

任务一 变电站综合自动化系统遥信、遥测、遥控异常检查及处理 …… 203

任务二 监控系统的故障检查及处理 …… 210

学习情境八 **认识智能变电站** …… 215

任务一 智能变电站关键技术应用 …… 215

任务二 智能变电站高级应用 …… 231

学习情境一　认识变电站综合自动化系统

情境描述

变电站作为电力系统中的一个重要环节，其一次设备的安全、经济运行，离不开对变电站一次设备进行综合调节和控制的二次设备。将变电站的二次设备（包括测量仪表、信号系统、继电保护、自动装置和远动装置等）经过功能的组合和优化设计，利用先进技术，实现对全变电站的主要设备和输、配电线路的自动监视、测量、自动控制和微机保护，以及与调度通信等，就构成了变电站综合自动化系统。

本学习情境，以目前电网系统变电站中普遍应用的综合自动化系统为载体，选取变电站综合自动化系统展示、变电站综合自动化系统结构展示、变电站综合自动化系统配置实例作为三个学习任务。通过实施具体任务，引导学生初步认知变电站综合自动化系统的构成、作用、功能，以及初步对一座变电站的综合自动化系统简单配置，训练学生独立学习、获取新知识技能、处理信息的能力。

教学目标

理解什么是变电站综合自动化，了解变电站综合自动化的结构、基本功能；了解变电站实现综合自动化的优越性，具备识别综合自动化变电站的能力。能够描述当前普遍应用的变电站自动化系统实例，以达到初步认知变电站综合自动化系统的目的。

教学环境

建议实施小班上课，在变电站自动化系统实训室进行教学，便于“教、学、做”一体化教学模式的具体实施。配备需求：白板、一定数量的电脑、一套多媒体投影设备。多媒体教室应能保证教师播放教学课件、教学录像及图片。

任务一　变电站综合自动化系统展示

教学目标

（1）列举变电站包含的一次设备。

（2）列举变电站包含的二次设备。

（3）描述变电站包含的二次设备的主要作用。

（4）理解变电站综合自动化的含义。

(5) 说明变电站综合自动化系统的技术特点。

(6) 说明变电站综合自动化技术在电力系统中的应用情况。

任务描述

描述所看到的变电站二次设备，能够列举变电站综合自动化系统主要构成设备，归纳设备的重要性及特点。通过实物参观，初步了解变电站综合自动化系统，能描述变电站综合自动化技术在变电站中的应用，为后续学习情境做充分准备。

任务准备

教师说明完成该任务需具备的知识、技能、态度，说明观看设备的注意事项，说明观看设备的关注重点。帮助学生确定学习目标，明确学习重点。将学生分成若干小组，学生以小组为单位分析学习项目、任务解析和任务单，明确学习任务、工作方法、工作内容和可使用的助学材料。

任务实施

观察变电站综合自动化系统设备。

1. 实施地点

综合自动化变电站或变电站自动化系统实训室。

2. 实施所需器材

(1) 多媒体设备。

(2) 一套变电站自动化系统实物，可以利用变电站自动化系统实训室装置，或去典型综合自动化变电站参观。

(3) 变电站自动化系统音像视频材料。

3. 实施内容与步骤

(1) 学员分组：3～4 人一组，指定小组长。

(2) 资讯：根据指导教师下发的项目任务书，描述项目学习目标，布置工作任务，讲解变电站综合自动化系统的构成、功能及特点；了解工作内容，明确工作目标，查阅相关资料。

(3) 计划与决策：分别制订工作计划及实施方案，列出工具、仪器仪表、装置的需要清单。教师审核工作计划及实施方案，与学生共同确定最终实施方案。

(4) 实施：不同小组分别观察系统的不同环节，循环进行，仔细观察、认真记录，小组讨论、研讨，指导教师及时指导，进行变电站综合自动化系统的认识。

1) 观察变电站综合自动化系统外形，观察结果记录在表 1-1～表 1-4 中。

表 1-1　变电站综合自动化系统观察记录表

序号	变电站综合自动化系统所观察的环节	包括的主要设备	设备间的连接描述	主要设备作用描述	主要设备特点描述	备注
1						
2						

续表

序号	变电站综合自动化系统所观察的环节	包括的主要设备	设备间的连接描述	主要设备作用描述	主要设备特点描述	备注
3						
⋮						
不明白的地方或问题						
询问指导教师后对疑问理解情况						

表 1-2　变电站综合自动化系统基本特征记录表

序号	1	2	3	4	5	6	7
基本特征							
特征详细描述							
不明白的地方或问题							
询问指导教师后对疑问理解情况							

表 1-3　监控系统观察记录表

序号	监控系统硬件所看到的设备	监控系统界面所看到的设备	设备间的连接描述	主要设备作用描述	备注
1					
2					
3					
⋮					
不明白的地方或问题					
询问指导教师后对疑问理解情况					

表 1-4　变电站综合自动化系统基本功能记录表

序号	1	2	3	4	5	6	7	8	…
功能									
具体功能描述									
不明白的地方或问题									
询问指导教师后对疑问理解情况									

2）注意事项：①认真观察，记录完整；②有疑问及时向指导教师提问；③注意安全，保护设备，不能触摸到设备。

（5）检查与评估：学生汇报计划与实施过程，回答同学与教师的问题。重点检查变电站综合自动化系统的基本知识。教师与学生共同对学生的工作结果进行评价。

1）自评：学生对本项目的整体实施过程进行评价。

2）互评：以小组为单位，分别对其他组的工作结果进行评价和建议。

3）教师评价：教师指出每个小组成员的优点与不足，并提出改进建议。

相关知识

变电站是电力网中线路的连接点，起到变换电压、变换功率和汇集、分配电能的作用，它的运行情况直接影响到整个电力系统的安全、可靠、经济运行。然而一个变电站运行情况的优劣，在很大程度上取决于其二次设备的工作性能。

目前，电力网的变电站大部分是二次设备全面微机化的综合自动化变电站，集继电保护、控制、监测及远动等功能为一体，实现了设备共享，信息资源共享，使变电站的设计简捷、布局紧凑，实现了变电站更加安全可靠的运行。同时系统二次接线简单，减少了二次设备占地面积，使变电站二次设备以崭新的面貌出现。

一、变电站综合自动化的概念

常规变电站二次系统应用的特点是变电站采用单元间隔的布置形式，其主要包括四个部分，即继电保护、故障录波、当地监控以及远动部分。这四个部分不仅完成的功能各不相同，其设备（装置）所采用的硬件和技术也完全不同，装置之间相对独立，装置间缺乏整体的协调和功能优化，存在输入信息不能共享、接线比较复杂、系统扩展复杂、维护工作量大等问题。

随着电子技术、计算机技术的迅猛发展，微机在电力系统自动化中得到了广泛的应用，先后出现了微机型继电保护装置、微机型故障录波器、微机监控和微机远动装置。这些装置尽管功能不一样，但其硬件配置却大体相同，主要由计算机系统、状态量、模拟量的输入和输出电路等组成。

变电站综合自动化系统的核心就是利用自动控制技术、信息处理和传输技术，通过计算机软硬件系统或自动装置代替人工进行各种变电站运行操作，对变电站执行自动监视、测量、控制和协调的一种综合性的自动化系统。变电站综合自动化的范畴包括二次设备，如控制、保护、测量、信号、自动装置和运动装置等。变电站综合自动化系统在二次系统具体装置和功能实现上，用计算机化的二次设备代替和简化了非计算机设备，数字化的处理和逻辑运算代替了模拟运算和继电器逻辑。

变电站综合自动化可以描述为：将变电站的二次设备（包括测量仪表、信号系统、继电保护、自动装置和远动装置等）经过功能的组合和优化设计，利用先进的计算机技术、现代电子技术、通信技术和信号处理技术，实现对全变电站的主要设备和输、配电线路的自动监视、测量、自动控制和微机保护，以及与调度通信等综合性的自动化功能。也可以说是包含传统的自动化监控系统、继电保护、自动装置等设备，是集保护、测量、监视、控制、远传等功能为一体，通过数字通信及网络技术来实现信息共享的一套微机化的二次设备及系统。

可以说，变电站自动化系统就是由基于微电子技术的智能电子装置（intelligent electronic device，IED）和后台控制系统所组成的变电站运行控制系统，包括监控、保护、电能质量自动控制等多个子系统。在各子系统中往往又由多个智能电子装置组成，例如：在微机保护子系统中包含各种线路保护、变压器保护、电容器保护、母线保护等。这里提到的智能电子装置，可以描述为“由一个或多个处理器组成，具有从外部源接收和传送数据或控制外部源的任何设备，即电子多功能仪表、微机保护、控制器，特定环境下在接口所限定范围内能够执行一个或多个逻辑接点任务的实体”。

110kV 变电站综合自动化系统的基本配置如图 1-1 所示。

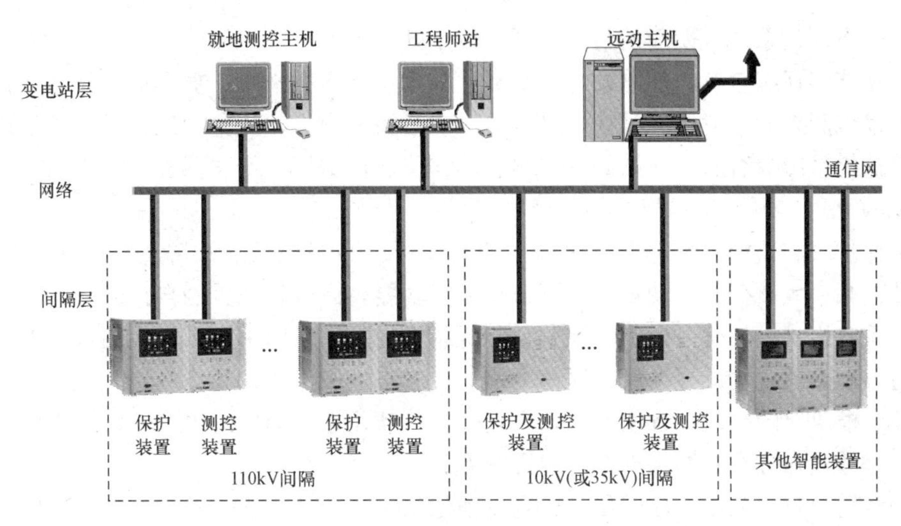

图 1-1　110kV 变电站综合自动化系统的基本配置

在图 1-1 中，就地监控主机用于有人值班变电站的就地运行监视与控制，同时具有运行管理的功能，如生成报表、打印报表等。远动主机收集本变电站信息上传至调度端（或者控制中心），同时调度端下发的控制、调节命令通过远动主机分送给相应间隔层的测控装置，完成控制或调节任务。工程师站用于软件开发与管理功能，如用于监视全厂继保装置的运行状态，收集保护事件记录及报警信息，收集保护装置内的故障录波数据并进行显示和分析，查询全厂保护配置，按权限设置修改保护定值，进行保护信号复归，投、退保护等。110kV 线路按间隔分别配置保护装置与测控装置。10kV（或 35kV）线路按间隔分别配置保护测控综合装置。每一个保护、测控装置或保护测控综合装置都集成了 TCP/IP 协议，具备网络通信的功能。其他智能设备（如电能表）一般采用 RS-485 通信，通过智能设备接口接入以太网。图 1-2 展示了一套在线运行的变电站综合自动化系统。

图 1-2　一套在线运行的变电站综合自动化系统

二、变电站综合自动化系统的基本特征

变电站综合自动化就是通过监控系统的局域网通信，将微机保护、微机自动装置、微机远动装置采集的模拟量、开关量、状态量、脉冲量及一些非电量信号，经过数据处理及功能的重新组合，按照预定的程序和要求，对变电站实现综合性的监视和调度。因此，综合自动化的核心是自动监控系统，而综合自动化的纽带是监控系统的局域通信网络，它把微机保护、微机自动装置、微机远动功能综合在一起形成一个具有远方数据功能的自动监控系统。

变电站综合自动化系统最明显的特征表现在以下几个方面：

（1）功能实现综合化。变电站综合自动化技术是在微机技术、数据通信技术、自动化技术基础上发展起来的。它综合了变电站内除一次设备和交、直流电源以外的全部二次设备。

微机监控系统综合了变电站的仪表屏、操作屏、模拟屏、变送器屏、中央信号系统等功能、远动的 RTU 功能及电压和无功补偿自动调节功能。

微机保护（和监控系统一起）综合了事件记录、故障录波、故障测距、小电流接地选线、自动按频率减负荷、自动重合闸等自动装置功能，设有较完善的自诊断功能。

（2）系统构成模块化。保护、控制、测量装置的数字化门采用微机实现，并具有数字化通信能力，利于把各功能模块通过通信网络连接起来，便于接口功能模块的扩充及信息的共享。另外，模块化的构成，方便变电站实现综合自动化系统模块的组态，以适应工程的集中式、分布分散式和分布式结构集中式组屏等方式。

（3）结构分布、分层、分散化。综合自动化系统是一个分布式系统，其中微机保护、数据采集和控制以及其他智能设备等子系统都是按分布式结构设计的，每个子系统可能有多个 CPU 分别完成不同功能，由庞大的 CPU 群构成了一个完整的、高度协调的有机综合（集成）系统。这样的综合系统往往有几十个甚至更多的 CPU 同时并列运行，以实现变电站自动化的所有功能。

另外，按照变电站物理位置和各子系统功能分工的不同，综合自动化系统的总体结构又按分层原则来组成。按 IEC（国际电工委员会）标准，典型的分层原则是将变电站自动化系统分为两层，即变电站层和间隔层，如图 1 - 1 所示。

随着技术的发展，自动化装置逐步按照一次设备的位置实行就地分散安装，由此可构成分散（层）分布式综合自动化系统。

（4）操作监视屏幕化。变电站实现综合自动化后，不论是有人值班还是无人值班，操作人员不是在变电站内，就是在主控站或调度室内，面对彩色屏幕显示器，对变电站的设备和输电线路进行全方位的监视与操作。变电站实时主接线显示在 CRT 屏幕上（如图 1 - 3 所示）；计算机的鼠标操作或键盘操作能控制变电站断路器的跳、合闸操作；CRT 屏幕画面闪烁和文字提示或语言报警实现信号报警。即通过计算机上的 CRT 显示器，可以监视全变电站的实时运行情况和对各开关设备进行操作控制。

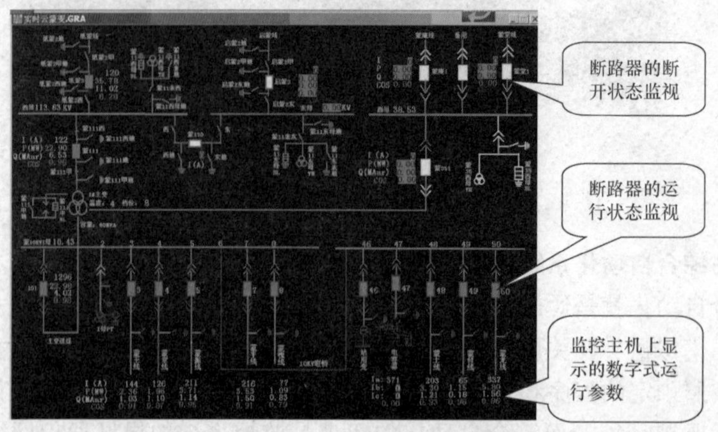

图 1 - 3 变电站综合自动化系统实时监视与操作主界面

（5）通信局域网络化、光缆化。计算机局域网络技术和光纤通信技术在综合自动化系统中得到普遍应用。因此，系统具有较高的抗电磁干扰的能力，能够实现高速数据传送，满足实时性要求，组态更灵活，易于扩展，可靠性大大提高，而且大大简化了常规变电站中繁杂量大的电缆，方便施工。

（6）运行管理智能化。智能化不仅表现在常规的自动化功能上，如自动报警、自动报表、电压无功自动调节、小电流接地选线、事故判别与处理等方面，还表现在能够在线自诊断，并不断将诊断的结果送往远方的主控端。这是区别于常规二次系统的重要特征。简而言之，常规二次系统只能监测一次设备，而本身的故障必须靠维护人员去检查、发现。综合自动化系统不仅监测一次设备，还每时每刻检测自己是否有故障，这就充分体现了其智能性。

运行管理智能化极大地简化了变电站二次系统，取消了常规二次设备，功能庞大，信息齐全，可以灵活地按功能或间隔形成集中组屏或分散（层）安装的不同的系统组态。进一步说，综合自动化系统打破了传统二次系统各专业界限和设备划分原则，改变了常规保护装置不能与调度（控制）中心通信的缺陷。

（7）测量显示数字化。长期以来，变电站采用指针式仪表作为测量仪器，其准确度低，读数不方便。采用微机监控系统后，彻底改变了原来的测量手段，常规指针式仪表全被CRT显示器上的数字显示所代替，直观明了。而原来的人工抄表记录则完全由打印机打印、报表所代替。这不仅减轻了值班员的劳动，而且提高了测量精确度和管理的科学性。

三、变电站综合自动化的监控系统简述

变电站综合自动化的监控系统负责完成收集站内各间隔层装置采集的信息，完成分析、处理、显示、报警、记录、控制等功能，完成远方数据通信以及各种自动、手动智能控制等任务。其主要由数据采集与数据处理、人机联系、远方通信和时钟同步等环节组成，实现变电站的实时监控功能。

变电站综合自动化系统一般由三部分组成：①间隔层的分布式综合设备。它们把模拟量、开关量数字化，实现保护功能，上送测量量和保护信息、接受控制命令和定值参数，是系统与一次设备接口。②站内通信网。它的任务是搜索各综合设备的上传信息，下达控制命令及定值参数。③变电站层的监控系统及通信系统。它的任务是向下与站内通信网相连，使全站信息顺利进入数据库，并根据需要向上送往调度中心和控制中心，实现远方通信功能；此外，通过友好的人机界面和强大的数据处理能力实现就地监视、控制功能，是系统与运行人员的接口。监控系统及通信系统是信息利用和流动的枢纽，是变电站综合自动化系统优劣的重要指标。

1. 监控系统的典型结构

在变电站综合自动化系统中，较简单的监控系统由监控机、网络管理单元、测控单元、远动接口、打印机等部分组成。监控机也称上位机，在无人值班的变电站，主要负责与调度中心的通信，使变电站综合自动化系统具有RTU的功能，完成“四遥”（遥信、遥测、遥控、遥调）的任务；在有人值班的变电站，除了仍然负责与调度中心通信外，还负责人机联系，使综合自动化系统通过监控机完成当地显示、制表打印、开关操作等功能。有的监控系统是由网络管理单元负责完成与调度通信的任务，监控机只负责进行人机联系；也有的监控系统不设置网络管理单元，监控机通过通信网络直接与测控终端相连。

规模较大的变电站，会以工作站的形式设有当地维护工作站、工程师工作站，以及远动通信服务控制器等，专门用来完成系统维护与操作、软件开发与管理、与调度中心通信等任务。因此，监控系统可以是单机系统，也可以是多机系统。一个 110kV 变电站监控系统的典型配置如图 1-4 所示。整个系统由变电站层与间隔层两层设备构成。变电站主站采用分布式平等结构，就地监控主站、工程师站、远动主站等相互独立，任一损坏，不影响其他部分工作。间隔层设备按站内一次设备分布式配置，除 10kV 间隔测控与保护一体化外，其余测控装置按间隔布置，而保护完全独立，维护与扩建极为方便。

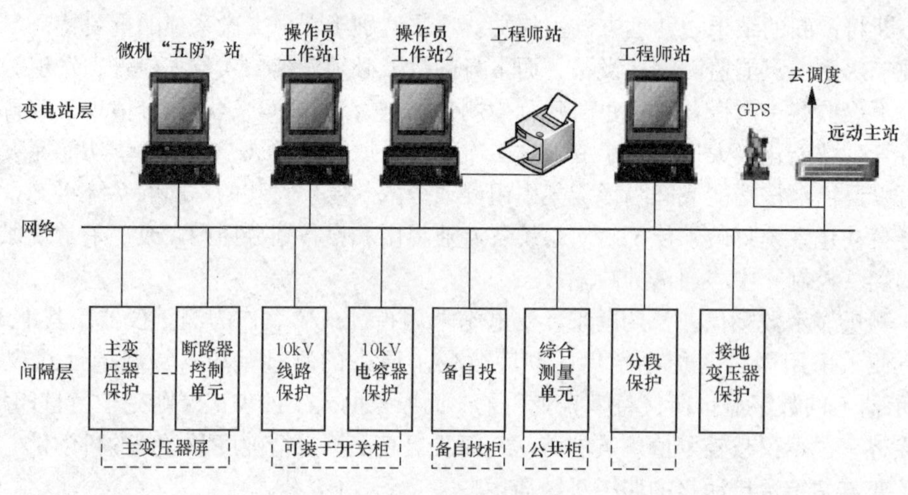

图 1-4　一个 110kV 变电站监控系统的典型配置

间隔层主要是指现场与一次设备相连的采集终端装置，所有智能装置如备自投装置、微机综合保护装置、智能型直流系统和干式变压器温控仪、智能测控仪表、出线开关回路采用的信号采集器等设备均为间隔层的主要组成部分。间隔层采集各种反映电力系统运行状态的实时信息，并根据运行需要将有关信息传送到监控主站或调度中心。这些信息既包括反映系统运行状态的各种电气量，如频率、电压、功率等，也包括某些与系统运行有关的非电气量，如反映周围环境的温度、湿度等，所传送的既可以是直接采集的原始数据，也可以是经过终端装置加工处理过的信息。同时还接收来自监控主站或上一级调度中心根据运行需要而发出的操作、调节和控制命令。

通信层主要是指通信管理机，由通信管理机硬件装置和通信管理机、通信线路、通信接入软件组成。通信管理机的任务是实现与现场智能设备的通信及与监控后台及调度主站的通信。一方面，通信管理机可独立实现对现场智能装置通信采集，如保护或测控装置，同时把采集的信息选择性的转发到与通信管理机相连的监控后台系统或远方调度系统；另一方面，把监控后台系统或远方调度主站的信息命令解释并转发到现场连接的智能设备，达到对现场智能设备的控制操作。通信管理机在整个系统中起到关键枢纽的重要作用。通信管理机的规约接入支持能力直接影响系统的拓展能力，影响系统在工程中的应对能力。

监控层的任务是实时采集全站的数据并存入实时数据库和历史数据库，通过各种功能界面实现实时监测、远程控制、数据汇总查询统计、报表查询打印等功能，是监控系统与工作人员的人机接口，所有通过计算机对配电网的操作控制全部在监控层进行。

操作员工作站是直接提供给操作员进行监控和各种操作的界面，是站内计算机监控系统的人机接口设备。其配置原则：220kV 及以上变电站由两套双屏计算机组成，并配置两台打印机；110kV及以下变电站由一套单屏计算机组成，并配置一台打印机。操作员工作站用于图形显示及报表打印、事件记录、报警状态显示和查询、设备状态和参数的查询、操作指导、操作控制命令的解释和下达等。通过该工作站，运行值班人员能实现对全站生产设备的运行监测和操作控制。

继保工程师站（又叫保护管理机系统）一般配置原则：220kV及以上变电站一般独立配置，由一套计算机组成；110kV及以下变电站一般不单独配置，与人机工作站合用。主要用于监视全厂继保装置的运行状态，收集保护事件记录及报警信息，收集保护装置内的故障录波数据并进行显示和分析，查询全厂保护配置，按权限设置修改保护定值，进行保护信号复归、投退保护等。

远动主站作为变电站对外的通信控制器，要求双机配置，负责站内变电站计算机监控系统和站外监控中心、各级调度中心进行数据通信，实现远方实时监控的通信功能。远动主站直接连接到以太网上，同间隔层的测量和保护设备直接通信，通过周期扫描和突发上送等方式采集变电站数据，创建实时数据库作为数据处理中枢，能够满足调度主站对数据的实时性要求。

微机“五防”工作站的主要功能是对遥控命令进行防误闭锁检查，系统内嵌“五防”软件，并可与不同厂家的“五防”设备进行接口实现操作防误和闭锁功能；根据用户定义的防误规则，进行规则校验，并闭锁相关操作；根据操作规则和用户定义的模板开列操作票，并可在线模拟校核；此外，“五防”工作站通常还提供编码/电磁锁具，确保手动操作的正确性。大型变电站的综合自动化系统一般都要配置微机“五防”工作站。中小型变电站一般不单独配置，与操作员工作站或工程师工作站合用。通常，220kV及以上变电站配置“五防”软件及其电脑钥匙，110kV及以下变电站一般不配置该功能。图1-5为一个变电站监控室的实际图片。

图1-5　某变电站监控室

GPS时钟同步部分由时钟接收器、主时钟等组成，完成全站各智能装置的时钟同步功能。时钟接收器由天线及接口模件组成，有独立装置和内置于主时钟装置两种方式，负责接收GPS等天文时钟的时钟同步信号。主时钟装置包括时钟信号输入单元、主CPU、时钟信号输出单元等组成。通常，500kV变电站要求双主时钟配置；220kV及以下变电站一般配置单个主时钟，负责接收时钟接收器发来的标准时钟，并通过各种接口与各站控层及间隔层各设备通信及对时。

2. 监控系统软件

变电站计算机监控系统的软件应由系统软件、支持软件和应用软件组成。

系统软件指操作系统和必要的程序开发工具（如编译系统、诊断系统以及各种编程语言、维护软件等），所采用的操作系统一般为 Unix 操作系统和 Windows 操作系统。

支持软件主要包括数据库软件和系统组态软件等。目前变电站监控系统所采用的数据库一般分为实时数据库和历史数据库。系统组态软件用于画面编程和数据库生成。

应用软件则是在上述通用开发平台上，根据变电站特定功能要求所开发的软件系统。人机联系部分的应用软件主要有 SCADA 软件、AVQC 软件和"五防"闭锁软件。

变电站综合自动化系统监控系统软件结构如图 1-6 所示。

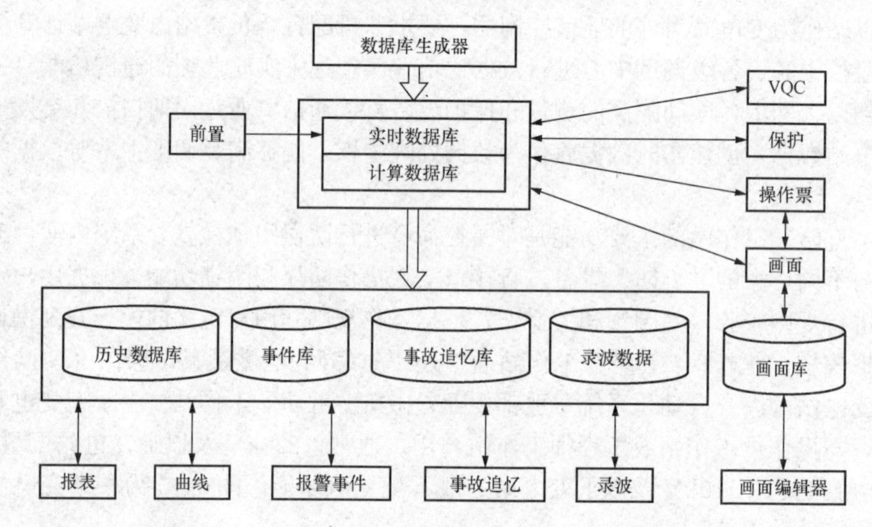

图 1-6　变电站综合自动化的典型监控系统软件结构图

四、变电站综合自动化系统的基本功能

一般来说，变电站综合自动化的内容应包括变电站电气量的采集和电气设备（如断路器等）的状态监视、控制和调节，实现变电站正常运行的监视和操作，保证变电站的正常运行和安全。当发生事故时，由继电保护和故障录波等完成瞬态电气量的采集、监视和控制，并迅速切除故障，完成事故后的恢复操作。从长远的观点来看，还应包括高压电气设备本身的监视信息（如断路器、变压器、避雷器等的绝缘和状态监视等）。

变电站综合自动化系统实现的内容应包括：

（1）随时在线监视电网运行参数、设备运行状况、自检、自诊断设备本身的异常运行，发现变电站设备异常变化或装置内部异常时，立即自动报警并使相应的闭锁出口动作，以防止事故扩大；

（2）电网出现事故时，快速采样、判断、决策，迅速隔离和消除事故，将故障限制在最小范围；

（3）完成变电站运行参数在线计算、存储、统计、分析报表、远传和保证电能质量的自动和遥控调整。

实现变电站组合自动化的目标是提高变电站全面的技术水平和管理水平，提高安全、可靠、稳定运行水平，降低运行维护成本，提高经济效益，提高供电质量，促进配电系统自动化。实现变电站组合自动化是实现以上目标的一项重要技术措施。

综合自动化系统的基本功能主要有以下几个方面。

1. 测量、监视、控制功能

综合自动化系统应取代常规的测量装置，如变送器、录波器、指针式仪表等；取代常规的告警、报警装置，如中央信号系统、光字牌等。

变电站的各段母线电压、线路电压、电流、有功及无功功率、温度等参数均属模拟量，将其通过模拟量输入通道转换成数字量，由计算机进行识别和分析处理，最后所有参数均可在自动化装置的面板上或当地监控主机上随时进行查询。在变电站的运行过程中，监控系统对采集到的电压、电流、频率、主变压器油温等量不断地进行越限监视，如有越限立即发出告警信号，同时记录和显示越限时间和越限值；出现电压互感器或电流互感器断线、差动回路电流过大、单相接地、控制回路断线等情况时也发出报警信号；另外，还要监视自控装置本身工作是否正常。

2. 继电保护功能

变电站综合自动化系统中的继电保护主要包括输电线路保护、电力变压器保护、母线保护、电容器保护等。微机保护是综合自动化系统的关键环节，它的功能和可靠性如何，在很大程度上影响了整个系统的性能。各类装置能存储多套保护定值，能远方修改整定值，并根据要求可以选配有自带故障录波和测距系统。

3. 自动控制智能装置的功能

变电站综合自动化系统必须具有保证安全、可靠供电和提高电能质量的自动控制功能，为此，典型的变电站综合自动化系统都配置了相应的自动控制装置，变电站的自动控制功能有系统接地保护、备用电源自投、低频减载、同期检测和同期合闸、电压和无功控制（此功能可分自动和手动两种方式实现）、小电流接地选线控制。当在调度中心直接控制时，变压器分接开关调整和电容器组的切换直接接受远方控制，当调度中心给定电压曲线或无功曲线的情况下，可由变电站自动化系统就地进行控制。下面介绍其中的几种功能。

（1）电压、无功综合控制。变电站电压、无功综合控制是利用有载调压变压器和母线无功补偿电容器及电抗器进行局部的电压及无功补偿的自动调节，使负荷侧母线电压偏差在规定范围以内。在调度（控制）中心直接控制时，变压器的分接头开关调整和电容器组的投切直接接受远方控制，当调度（控制）中心给定电压曲线或无功曲线的情况下，则由变电站综合自动化系统就地进行控制。有关电压、无功综合控制的目的、要求、原理等详细技术问题，请参考本书第六章。

（2）低频减载控制。当电力系统因事故导致功率缺额而引起系统频率下降时，低频率减载装置应能及时自动断开一部分负荷，防止频率进一步降低，以保证电力系统稳定运行和重要负荷（用户）的正常工作。当系统频率恢复到正常值之后，被切除的负荷可逐步远方（或就地）手动恢复，或可选择延时分级自动恢复。

（3）备用电源自投控制。当工作电源因故障不能供电时，自动装置应能迅速将备用电源自动投入使用或将用户切换到备用电源上去。典型的备自投有单母线进线备自投、分段断路器备自投、变压器备自投、进线及桥路器备自投、旁跳断路器备自投。

（4）小电流接地选线控制。小电流接地系统中发生单相接地时，接地保护应能正确的选出接地线路（或母线）及接地相，并予以报警。

对于不接地系统，可采用零序功率方向、零序电流大小和方向等零序分量判据；对于经消弧线圈接地系统，还应考虑其他判据（如5次谐波判据等）进行综合判断。

4. 远动及数据通信功能

变电站综合自动化的通信功能包括系统内部的现场级间的通信和自动化系统与上级调度的通信两部分。

（1）综合自动化系统的现场级通信，主要解决自动化系统内部各子系统与上位机（监控主机）和各子系统间的数据和信息交换问题，通信范围是变电站内部。对于集中组屏的综合自动化系统，实际是在主控室内部；对于分散安装的自动化系统，其通信范围扩大至主控室与子系统的安装地，最大的可能是开关柜间，即通信距离加长了。

（2）综合自动化系统必须兼有RTU的全部功能，应该能够将所采集的模拟量和状态量信息，以及事件顺序记录等远传至调度端；同时应该能够接收调度端下达的各种操作、控制、修改定值等命令，即完成新型RTU等全部“四遥”（遥信、遥测、遥控、遥调）功能。

5. 自诊断、自恢复和自动切换功能

自诊断功能是指对变电站综合自动化的监控系统的硬件、软件（包括前置机、主机、各种智能模件、通道、网络总线、电源等）故障的自动诊断，并给出自诊断信息供维护人员及时检修和更换。

在监控系统中设有自恢复功能。当由于某种原因导致系统停机时，能自动产生自恢复信号，将对外围接口重新初始化，保留历史数据，实现无扰动的软、硬件自恢复，保障系统的正常可靠运行。

自动切换指的是双机系统中，当其中一台主机故障时，所有工作自动切换到另一台主机，在切换过程中所有数据不能丢失。

总体来说，变电站综合自动化系统的功能，可以用下列项目来描述：

（1）常规远动的“四遥”功能。

（2）变电站所需的全部保护功能，输电线路保护和元件保护的配置可根据变电站主接线由用户自行选定，很方便。

（3）故障录波和故障点测距定位功能，并能给出断路器的事故遮断电流值。

（4）小电流接地选线功能。

（5）变电站所需的全部控制功能。

（6）测量电流、电压和功率因数角，计算有功和无功功率、电能值。

（7）1ms分辨率的事故顺序记录功能。

（8）变电站运行的监视功能。

（9）可与任何厂家生产控制中心的设备以任何通信规约接口。

（10）有开关操作闭锁，可以防止误操作。

（11）可以代替变电站中传统的集中控制台。

（12）可采用无线电对时同步或与高一级控制站软件对时同步。

（13）具有友好的人机对话功能、显示、事件报警（声、光报警）、打印制表输出。

（14）自身的软、硬件在线监视。

（15）变电站所需的控制功能有：①开关正常闭合和断开操作；②同期并列操作；③母线电压分析计算，并据此实行并联电容器的投、切操作和变压器分接头调节；④备用电源自动投入操作；⑤低频自动减载操作；⑥执行上一级调度中心的操作命令等。

总之，变电站综合自动化系统可以完成远动、保护、开关操作、测量、故障录波、事故顺序记录和运行参数自动记录功能，并且具有很高的可靠性，进而可以实现变电站无人值班运行。

任务二　变电站综合自动化系统结构展示

教学目标

（1）表述变电站综合自动化系统的结构分类。

（2）熟知不同变电站综合自动化系统组网形式。

（3）熟知不同变电站综合自动化系统优缺点。

（4）理解变电站自动化系统实训室的类型及其硬件结构。

（5）分析总结变电站综合自动化系统结构的发展方向。

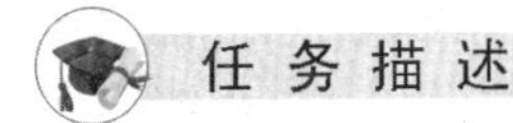

任务描述

通过对变电站综合自动化系统典型结构的认知，能够总结归纳变电站综合自动化系统组网形式及其优缺点。通过概念学习和结构分析，了解不同结构形式的变电站综合自动化系统特点及应用情况。

任务准备

根据教师说明的完成该任务需具备的知识、技能、态度，说明观看设备的注意事项，以及观看设备的关注重点，确定学习目标，明确学习重点，分组分析学习项目、任务解析和任务单，明确学习任务、工作方法、工作内容和可使用的助学材料。

任务实施

变电站综合自动化系统结构展示。

1. 实施地点

变电站自动化系统实训室、多媒体教室。

2. 实施所需器材

（1）多媒体设备。

（2）一套变电站自动化系统实物；可以利用变电站自动化系统实训室装置，或去典型综合自动化变电站参观。

（3）变电站自动化系统音像视频材料。

3. 实施内容与步骤

（1）学员分组：5～6 人一组，指定小组长。

（2）资讯：在指导教师发的项目任务书中，描述项目学习目标，布置工作任务，讲解变电站综合自动化系统的构成、功能及特点；学生了解工作内容，明确工作目标，查阅相关资料。

（3）指导教师通过图片、实物、视频资料、多媒体演示等手段，展示变电站综合自动化系统结构形式，让学生理解几种综合自动化系统结构形式。

（4）计划与决策：学生进行人员分配，制订工作计划及实施方案，列出工具、仪器仪表、装置的需要清单。教师审核工作计划及实施方案，引导学生确定最终实施方案。

（5）实施：学生实际观察变电站自动化系统，仔细观察、认真记录，观察变电站自动化系统外形，能描述其结构形式。

1）观察结果记录在表1-5及表1-6中。

表1-5　变电站自动化系统结构形式记录表

序号	所观察的变电站自动化系统生产商	产品型号	所观察的变电站自动化系统结构形式	结构形式的层数	列举每层的主要设备	结构形式特点
1						
2						
3						
⋮						
不明白的地方或问题		1. 2. 3.				
询问指导教师后对疑问理解情况		1. 2. 3.				

表1-6　变电站自动化系统几种结构形式记录表

序号	1	2	3	4	5	6	…
几种结构形式名称							
结构形式具体情况描述							
优缺点描述							
不明白的地方或问题							
询问指导教师后对疑问理解情况							

2）注意事项：①认真观察，记录完整；②有疑问及时提问；③注意安全，保护设备，不能触摸到设备。

（6）检查与评估：汇报计划与实施过程，回答同学与教师的问题。重点检查变电站综合自动化系统结构形式的基本知识。教师与学生共同对学生的工作结果进行评价。

1）自评：学生对本项目的整体实施过程进行评价。

2）互评：以小组为单位，分别对其他组的工作结果进行评价和建议。

3）教师评价：教师对互评结果进行评价，指出每个小组成员的优点，并提出改进建议。

相关知识

自1987年我国自行设计、制造的第一个变电站综合自动化系统投运以来，结构体系在不断完善，由早期的集中式发展为目前的分层分布式。在分层分布式结构中，按照继电保护与测量、控制装置安装的位置不同，可分为集中组屏、分散安装、分散安装与集中组屏相结合等几种类型。同时，结构形式正向完全分散式发展。

一、集中式结构

集中式是传统结构形式，所有二次设备以遥测、遥信、电能计量、遥控、保护功能划分成不同的子系统。集中式结构也并非指由一台计算机完成保护、监控等全部功能。多数集中式结构的微机保护、微机监控和与调度等通信的功能也是由不同的微型计算机完成的，只是每台微计算机承担的任务多一些。例如监控机要负担数据采集、数据处理、开关操作、人机联系等多项任务；担任微机保护的计算机，可能一台微机要负责几回低压线路的保护等。这种结构形式主要出现在变电站综合自动化系统问世的初期，目前市场使用的已经很少了。

二、分层分布式结构

随着计算机技术、通信网络技术的迅速发展以及它们在变电站自动化综合系统中的应用，变电站综合自动化系统的结构及性能都发生了很大的改变，出现了目前流行的分层分布式结构。分层分布式结构的变电站综合自动化系统是以变电站内的电气间隔和元件（变压器、电抗器、电容器等）为对象开发、生产、应用的计算机监控系统。

（一）分层分布式结构的变电站综合自动化系统的结构特点

1. 分层式的结构

按照国际电工委员会（IEC）推荐的标准，在分层分布式结构的变电站控制系统中，整个变电站的一、二次设备被划分为三层，即过程层（processlevel）、间隔层（baylevel）和站控层（stationlevel）。其中，过程层又称为0层或设备层，间隔层又称为1层或单元层，站控层又称为2层或变电站层。

如图1-7所示为某110kV变电站综合自动化系统的结构图，图中简要绘出了过程层、间隔层和站控层的设备。按照该系统的设计思路，图中每一层分别完成分配的功能，且彼此之间利用网络通信技术进行数据信息的交换。

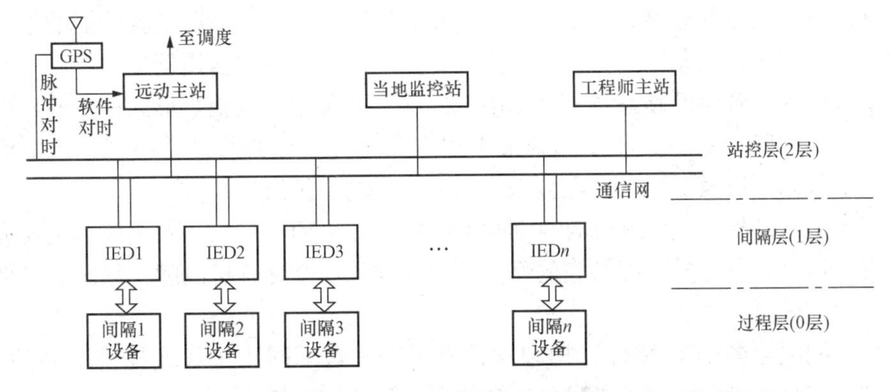

图1-7　110kV分层分布式结构的变电站综合自动化系统的结构

过程层主要包含变电站内的一次设备，如母线、线路、变压器、电容器、断路器、隔离开关、电流互感器和电压互感器等，它们是变电站综合自动化系统的监控对象。

过程层是一次设备与二次设备的结合面，或者说过程层是指智能化电气设备的智能化部分。过程层的主要功能分三类：

(1) 电力运行的实时电气量检测。主要是电流、电压、相位以及谐波分量的检测，其他电气量如有功、无功、电能量可通过间隔层的设备运算得出。

(2) 运行设备的状态参数在线检测与统计。变电站需要进行状态参数检测的设备主要有变压器、断路器、隔离开关、母线、电容器、电抗器以及直流电源系统。在线检测的内容主要有温度、压力、密度、绝缘、机械特性以及工作状态等数据。

(3) 操作控制的执行与驱动。操作控制的执行与驱动包括变压器分接头调节控制，电容、电抗器投切控制，断路器、隔离开关合分控制，直流电源充放电控制。

2. 分布式的结构

所谓分布是指变电站计算机监控系统的构成在资源逻辑或拓扑结构上的分布，主要强调从系统结构的角度来研究和处理功能上的分布问题。在图 1-7 中，由于间隔层的各 IED 是以微处理器为核心的计算机装置，站控层各设备也是由计算机装置组成的，它们之间通过网络相连，因此，从计算机系统结构的角度来说，变电站综合自动化系统的间隔层和站控层构成的是一个计算机系统，而按照“分布式计算机系统”的定义——由多个分散的计算机经互联网络构成的统一的计算机系统，该计算机系统又是一个分布式的计算机系统。在这种结构的计算机系统中，各计算机既可以独立工作，分别完成分配给自己的各种任务，又可以彼此之间相互协调合作，在通信协调的基础上实现系统的全局管理。在分层分布式结构的变电站综合自动化系统中，间隔层和站控层共同构成的分布式的计算机系统，间隔层各 IED 与站控层的各计算机分别完成各自的任务，并且共同协调合作，完成对全变电站的监视、控制等任务。

3. 面向间隔的结构

分层分布式结构的变电站综合自动化系统“面向间隔”的结构特点主要表现在间隔层设备的设置是面向电气间隔的，即对应于一次系统的每一个电气间隔，分别布置有一个或多个智能电子装置来实现对该间隔的测量、控制、保护及其他任务。

电气间隔是指发电厂或变电站一次接线中一个完整的电气连接，包括断路器、隔离开关、电压互感器、电流互感器、端子箱等。根据不同设备的连接情况及其功能的不同，间隔有许多种，比如有母线设备间隔、母联间隔、出线间隔等。对主变压器来说，以本变压器本体为一个电气间隔，各侧断路器各为一个电气间隔；开关柜等以柜盘形式存在的，则一般以一个柜盘为电气间隔。如图 1-8 所示为某 110kV 降压变电站部分主接线图，图中用虚线框标注了一些电气间隔以及对应各间隔分别设置的相应的保护测控装置。

相对于集中式结构的变电站综合自动化系统而言，采用分层分布式系统的主要优点有：

(1) 每个计算机只完成分配给它的部分功能，如果一个计算机故障，只影响局部，因而整个系统有更高的可靠性。

(2) 由于间隔层各 IED 硬件结构和软件都相似，对不同主接线或规模不同的变电站，软、硬件都不需另行设计，便于批量生产和推广，且组态灵活。

(3) 便于扩展。当变电站规模扩大时，只需增加扩展部分的 IDE，修改站控层部分设置即可。

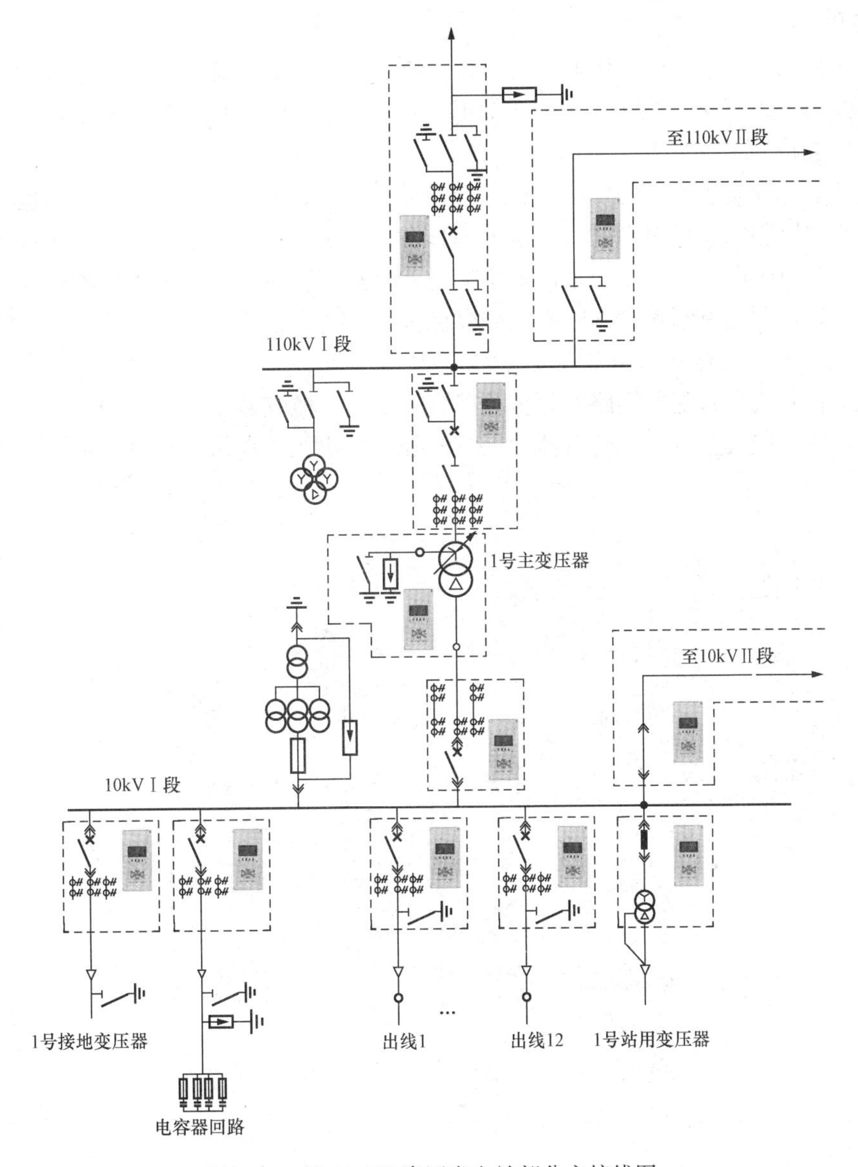

图1-8　某110kV降压变电站部分主接线图

（4）便于实现间隔层设备的就地布置，节省大量的二次电缆。

（5）调试及维护方便。由于变电站综合自动化系统中的各种复杂功能均是微型计算机利用不同的软件来实现的，一般只要用几个简单的操作就可以检验系统的硬件是否完好。

（二）分层分布式变电站自动化系统的组屏及安装方式

这里所说的组屏及安装方式是指将间隔层各IED及站控层各计算机以及通信设备如何组屏和安装。一般情况下，在分层分布式变电站综合自动化系统中，站控层的各主要设备都布置在主控室内；间隔层中的电能计量单元和根据变电站需要而选配的备用电源自动投入装置、故障录波装置等公共单元均分别组合为独立的一面屏柜或与其他设备组屏，也安装在主控室内；间隔层中的各个IED通常根据变电站的实际情况安装在不同的地方。按照间隔层中IED的安装位置，变电站综合自动化系统有以下三种不同的组屏及安装方式。

1. 集中式组屏及安装方式

集中式组屏及安装方式是将间隔层中各个保护测控装置机箱根据其功能分别组装为变压器保护测控屏、各电压等级线路保护测控屏（包括 10kV 出线）等多个屏柜，把这些屏都集中安装在变电站的主控室内。

集中式组屏及安装方式的优点是：便于设计、安装、调试和管理，可靠性也较高。不足之处是需要的控制电缆较多，增加了电缆的投资，这是因为反映变电站内一次设备运行状况的参数都需要通过电缆送到主控室内各个屏上的保护测控装置机箱，而保护测控装置发出的控制命令也需要通过电缆送到各间隔断路器的操动机构处。

2. 分散与集中相结合的组屏及安装方式

这种安装方式是将配电线路的保护测控装置机箱分散安装在所对应的开关柜上，而将高压线路的保护测控装置机箱、变压器的保护测控装置机箱，均采用集中式组屏安装在主控室内，如图 1-9 所示。

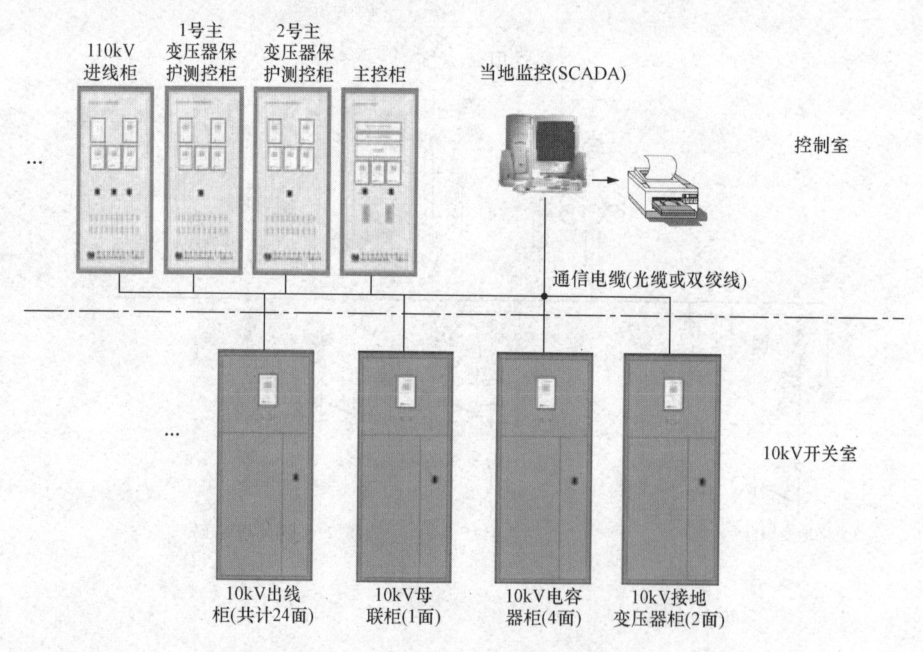

图 1-9 分散与集中相结合的组屏及安装方式示意图

这种安装方式是在我国比较常用，它有如下特点：

(1) 10～35kV 馈线保护测控装置采用分散式安装，即就地安装在 10～35kV 配电室内各对应的开关柜上，而各保护测控装置与主控室内的变电站层设备之间通过单条或双条通信电缆（如光缆或双绞线等）交换信息，这样就节约了大量的二次电缆。

(2) 高压线路保护和变压器保护、测控装置以及其他自动装置，如备用电源自投入装置和电压、无功综合控制装置等，都采用集中式组屏结构，即将各装置分类集中安装在控制室内的线路保护屏（如 110kV 线路保护屏、220kV 保护屏等）和变压器保护屏等上面，使这些重要的保护装置处于比较好的工作环境，对可靠性较为有利。

3. 全分散式组屏及安装方式

这种安装方式是将间隔层中所有间隔的保护测控装置，包括低压配电线路、高压线路和变压器等间隔的保护测控装置均分散安装在开关柜上或距离一次设备较近的保护小间内，各装置只通过通信（如光缆或双绞线等）与主控室内的变电站层设备之间交换信息，如图1-10所示。完全分散式变电站综合自动化系统结构如图1-11所示。

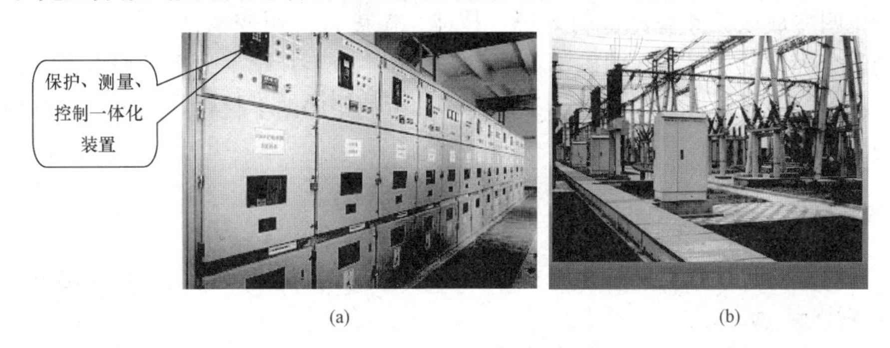

图1-10 全分散式组屏及安装方式
（a）某10kV配电室开关柜上的保护测控装置；
（b）某66kV户外保护测控柜

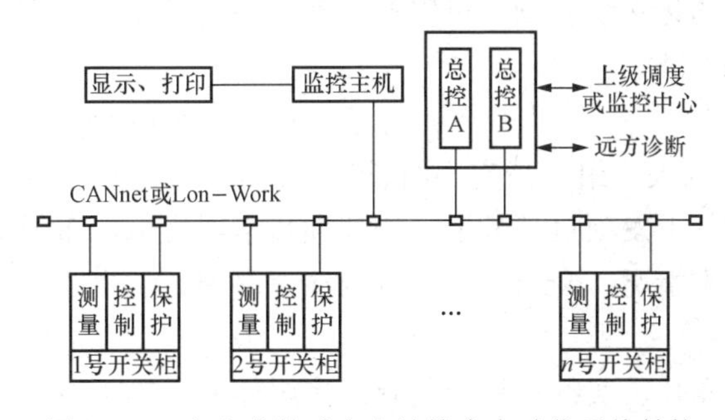

图1-11 完全分散式变电站综合自动化系统结构

任务三 变电站综合自动化系统配置实例

教学目标

（1）了解系统的配置原则与要求。
（2）总结归纳出间隔层设备配置的主要设备及组屏方式。
（3）归纳变电站层设备配置的主要设备及组屏方式。
（4）熟悉变电站综合自动化系统设备布置常用方法。
（5）说明不同电压等级变电站的综自系统配置特点。
（6）能对典型变电站进行综自系统简单配置。

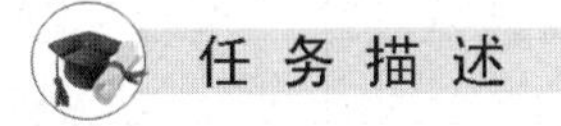

任务描述

首先熟悉国内主流厂家对220kV变电站的配置情况，然后针对110kV变电站综合自动化系统的一个实例，学习变电站综合自动化系统配置方法。选择一座典型变电站，已知一次设备到位，选择一家知名企业的综合自动化系统产品，对该变电站进行综合自动化系统配置。学会对产品的选型和配置方法。

任务准备

教师说明完成该任务需具备的知识、技能、态度，说明变电站综合自动化系统配置要点，帮助学生确定学习目标，明确学习重点、将学生分组；学生分析学习项目、任务解析和任务单，明确学习任务、工作方法、工作内容和可使用的助学材料。完成一座典型变电站的综合自动化系统配置。

任务实施

已知一座综合自动化变电站一次系统，请选择二次设备，配置综合自动化系统。

1. 实施地点

变电站自动化系统实训室、多媒体教室。

2. 实施所需器材

(1) 多媒体设备。

(2) 一套变电站自动化系统实物；可以利用变电站自动化系统实训室装置，或去典型综合自动化变电站参观。

3. 实施内容与步骤

(1) 学员分组：5～6人一组，指定小组长。

(2) 资讯：指导教师下发项目任务书，描述项目学习目标，布置工作任务，给出典型变电站，介绍变电站的基本情况，介绍完成任务的注意事项；学生了解工作内容，明确工作目标，查阅相关资料。

(3) 指导教师通过图片、实物、视频资料、多媒体演示等手段，给学生展示变电站综合自动化系统典型配置实例。

(4) 计划与决策：学生进行人员分配，以小组为单位制订工作计划及实施方案，列出工具、仪器仪表、装置的需要清单。教师审核工作计划及实施方案，引导学生确定最终实施方案。

(5) 实施：学生依据实施方案，选择对应厂家产品，查阅厂家产品型号，给出变电站综合自动化系统典型配置方案，并给出自己的配置说明。配置综合自动化系统的配置结果记录在表1-7中。

表1-7　110kV变电站自动化系统配置记录表

序号	变电站层配置的主要设备	网络层选型	110kV间隔配置的主要设备	主变压器间隔配置的主要设备	10kV间隔配置的主要设备	10kV电容器间隔配置的主要设备	公共间隔配置的主要设备	备注
1								
2								
3								
4								
5								
⋮								

续表

序号	变电站层配置的主要设备	网络层选型	110kV 间隔配置的主要设备	主变压器间隔配置的主要设备	10kV 间隔配置的主要设备	10kV 电容器间隔配置的主要设备	公共间隔配置的主要设备	备注
不明白的问题								
询问指导教师后对疑问理解情况								

（6）检查与评估：学生汇报计划与实施过程，回答同学与教师的问题。重点检查变电站综合自动化系统的配置情况，是否符合变电站的综合自动化系统配置原则。教师与学生共同对学生的工作结果进行评价。

1）自评：学生对本项目的整体实施过程进行评价。

2）互评：以小组为单位，分别对其他组的工作结果进行评价和建议。

3）教师评价：教师对互评结果进行评价，指出每个小组成员的优点，并提出改进建议。

相关知识

变电站综合自动化系统的配置，依据变电站一次系统的电压等级、主变压器台数、进出线多少、变电站的重要程度等多方面综合考虑。

一、变电站综合自动化的配置层次

1. 变电站层的主要工作站

变电站层一般主要由操作员工作站（监控主机）、“五防”主机、远动主站及工程师工作站组成，对于事故分析处理指导和培训等专家系统，以及用户要求的其他功能的工作站则可根据需要增减。

操作员工作站是变电站内的主要人机交互界面，它收集、处理、显示和记录间隔层设备采集的信息，并根据操作人员的命令向间隔层设备下发控制命令，从而完成对变电站内所有设备的监视和控制。

“五防”主机的主要功能是对遥控命令进行防误闭锁检查，自动开出操作票，确保遥控命令的正确性。此外，“五防”主机通常还提供编码/电磁锁具，确保手动操作的正确性。

远动主站主要完成变电站与远方控制中心之间的通信，实现远方控制中心对变电站的远程监控。它提供多种通信接口，如 LonWorks、以太网、RS-232/485/422，并可根据需要扩展；支持多种常用的通信规约，如 IEC 60870-5-101（Slave）、IEC 60870-5-104（Slave）等，并可根据要求增加新的规约；各种接口和规约可以根据需要灵活配置，遥信、遥测等信息点的容量基本没有限制；与各种常用 GPS 接收机通信，实现对变电站间隔层装置的 GPS 对时。

工程师站供专业技术人员使用，其主要功能有：①监视、查询和记录保护设备的运行信息；②监视、查询和记录保护设备的告警、事故信息及历史记录；③查询、设定和修改保护设备的定值；④查询、记录和分析保护设备的分散录波数据；⑤用户权限管理和装置运行状态统计；⑥完成应用程序的修改和开发；⑦修改数据库的参数和参数结构；⑧在线测点的定义和标定、系统维护和试验等。

2. 网络层

网络层主要完成变电站层和间隔层之间的通信，采用适当的通信方式，可选用屏蔽双绞线、光纤或其他通信介质联网。

3. 间隔层

间隔层是继电保护、测控装置层。它对相关设备进行保护、测量和控制。各间隔单元均保留应急手动操作跳、合手段，各间隔单元互相独立、互不影响。间隔层在站内按间隔分布式配置。各间隔设备相对独立，仅通过通信网互联，并同变电站层的设备通信，取消了原本大量引入主控室的信号、测量、控制、保护等使用的电缆，节省投资，提高系统可靠性。

二、220kV 变电站典型的综合自动化系统配置与组屏

220kV 变电站是一种在电力系统中占据非常重要地位的地区级枢纽变电站，承担了区域内电网负荷的调配。220kV 侧的电气主接线方式主要有单母线分段、双母线、双母线双分段和双母线带旁路等；110kV 侧的接线方式主要有单母线分段、双母线和双母线带旁路等；低压侧 35kV（或 10kV）主要是单母线分段接线方式；主变压器一般有两台到三台不等，也有两绕组和三绕组之分。

在 220kV 变电站的监控系统中，保护系统和监控系统也常常独立配置，只有 35kV（或 10kV）等低压部分才会采用保护测控合二为一的单元装置，其余配置基本等同于 500kV 变电站。

220kV 变电站计算机监控系统均按无人值班设计，并已开始推行有人留守少人值班的运行模式。因此，虽然其监控系统后台系统的配置比较全面，功能也相对比较复杂，但随着无人值班工作的逐步开展，其后台系统配置及功能将逐步简化。

1. 网络结构选型

220kV 变电站监控系统的网络结构模式，其变电站层通常采用双以太网结构，介质可以是光纤或网络线以完成相互之间的通信。但操作系统主要选用 Windows 操作平台，也有部分系统选用 Unix 平台。间隔层通信方式以以太网、现场总线为主，通信介质可以是光纤或网络线。图 1 - 12 所示为适合于 220kV 变电站的 CSC-2000 变电站综合自动化系统网络结构。

CSC-2000 系统是完全分层分布式的变电站监控系统，其首先提出了“面向对象”的设计思想和采用按间隔设计的方法，使变电站继电保护与控制系统功能按电力系统对象（间隔）重新组合与优化，大大提高了变电站运行管理、设备维护和自动化水平。变电站层和间隔层设备之间、间隔层设备与设备之间都是通过共享的通信网络联系起来的，这样系统的各个部分就能很容易地分散布置，如在 500kV 变电站内，可以按照不同的电压等级在一次设备附近建设二次设备小室，各小室内设备再通过通信网连到主控制室。

2. 系统配置

220kV 变电站监控系统的变电站层与 500kV 基本相同，一般配置两台操作员工作站、两台远动工作站、一台工程师工作站。为减少投资，工程师工作站也作为选配。变电站层网络通信设备一般按双网配置两台独立的交换机。

间隔层设备的布置和配备一般按照电气单元来实施，集中组屏于主控室，也有部分变电站按照电气设备的布置按保护小室来实施。每一个电气单元由一个测控装置完成本电气间隔

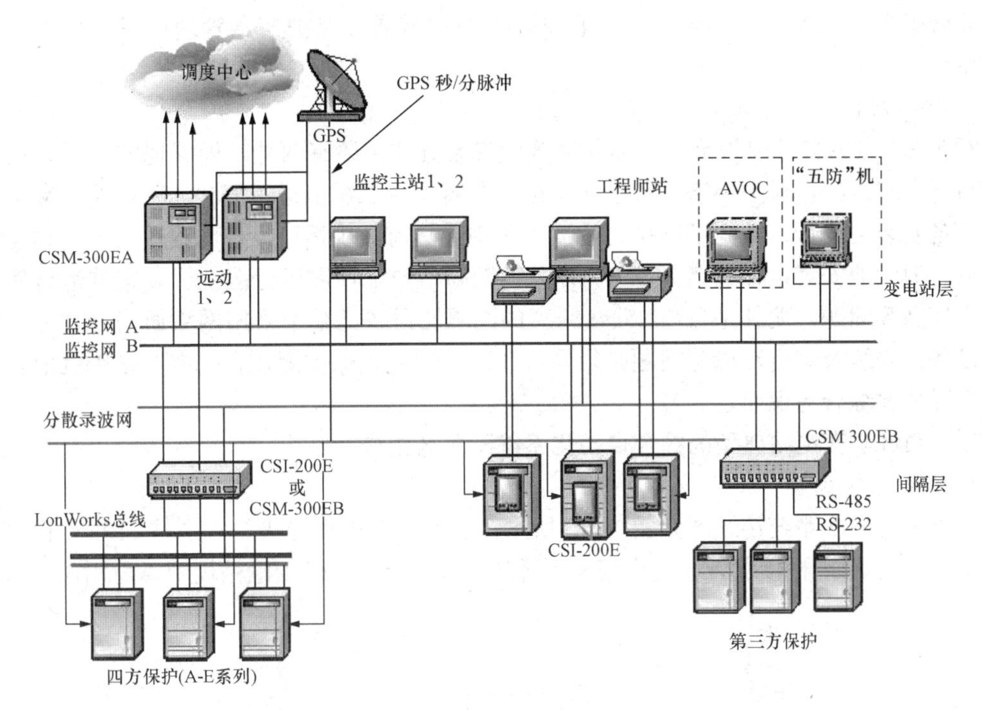

图 1-12　CSC-2000 变电站综合自动化系统网络结构图

的所有测控功能，满足与电气单元的独立“一对一”原则，具体为：220、110kV 的测控装置按断路器配置，每台断路器配置 1 台测控装置；主变压器各侧及本体各配置一台测控装置。220、110、35kV 按每段母线单独配置 1 台测控装置，每台站用变压器配置 1 台测控装置，直流和站用电各配置 1～2 台测控装置。此外，全站一般还配置 1～2 台公用测控装置，以采集 UPS 等公用信息。

需要注意的是 220kV 变电站监控系统中对于 35、10kV 低压设备的间隔层一般采用保护测控一体化单元，其保护信息通常采用数据通信的方式直接接入监控系统中，而不是采用硬触点方式。

3. 系统组屏

220kV 变电站监控系统的变电站层设备通常布置于主控制室。两台远动工作站组两面屏，包括变电站层网络设备，电力数据网络设备组一面屏，其余设备通常不组屏。

220kV 变电站监控系统的间隔层设备集中组屏布置于 1～2 个继电器小室。测控装置的组屏原则为：220kV 和 110kV 设备按 2 个间隔电气单元单独组一面屏；每台变压器组一面屏；35、10kV 线路及电容器、电抗器一般按 4 个电气间隔组成一面屏。35、10kV 也有就地安装于开关柜的布置方式。公共信息管理机单独组屏。

4. 继电保护相对独立

220kV 变电站中，继电保护和监控系统相对独立。对于 220、110kV 线路及主变压器的重要电气设备，通常采用独立配置继电保护装置和测控装置的方式；而对于 35kV 的电气设备，包括线路和电容（抗）器等无功补偿设备，则通常采用保护测控合一装置，以减少投资、简化设计，且保护测控合一装置通常由监控系统厂家负责提供，并作为监控系统的有机组成部分。国内生产的保护测控合一装置的保护和测量电流互感器一般均分开，以适应国内的专业管理模式。此外，110kV 及以上的微机保护需通过保护信息管理机以通信方式接入监控系统。

5. 保护测控合一装置安装问题

对于 35、10kV 的保护测控一体化装置的安装方式主要有两种，即就地安装于开关柜和集中组屏安装于继电保护小室。就地安装可以节省大量二次电缆，简化二次回路，减少了施工和设备安装工程量，减少了屏位；改造工程中还具有减少运行设备与改造设备间相互影响等优点。但就地安装也存在诸如 35kV 开关柜较高不便于日常运行巡视、装置的运行使用环境要求较高等问题，尤其是目前 35、10kV 的间隔层设备已基本采用网络通信方式，其网络通信设备的安装及运行环境等问题必须妥善解决。因此，保护测控合一装置是否就地安装应根据实际情况综合考虑而定。

三、110kV 变电站典型的综合自动化系统配置与组屏

1. 系统主接线图

变电站的一次系统接线图如图 1-13 所示。它有两个电压等级，分别是 110kV 和 10kV。其中 110kV 采用内桥接线，通过主变压器降压为 10kV 后，供变电站周围负荷用电。

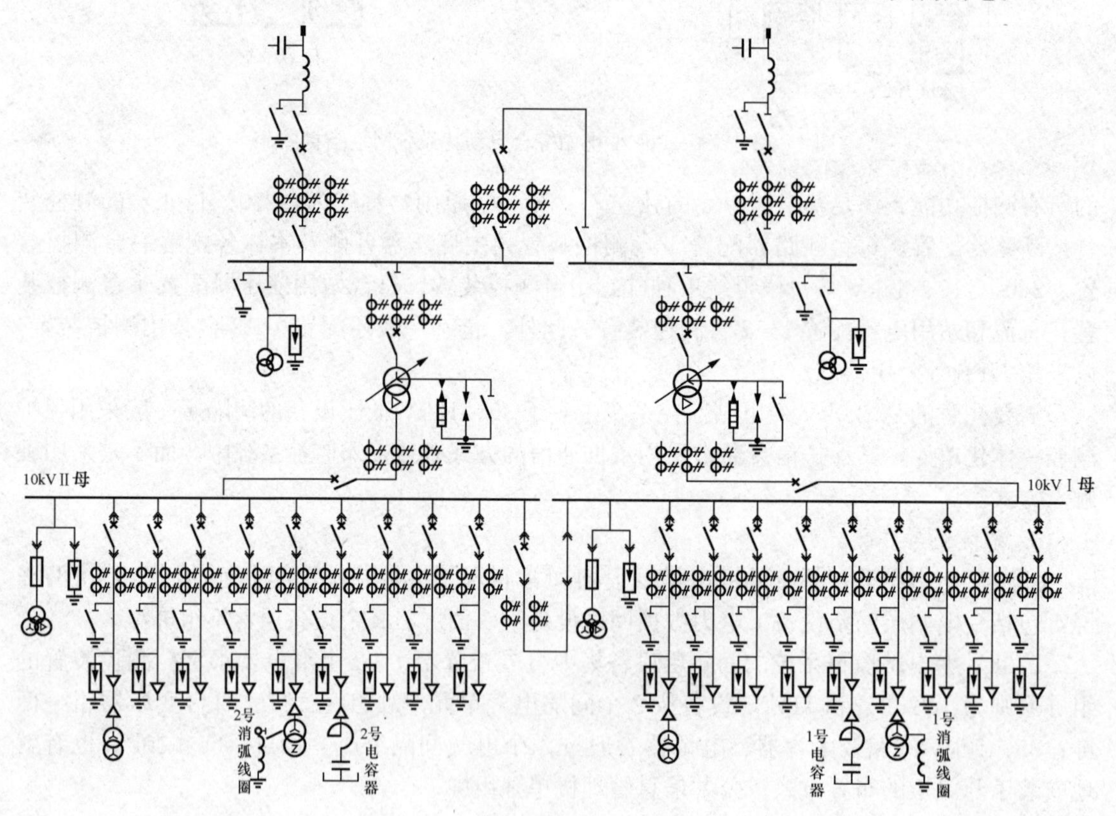

图 1-13　变电站的一次系统接线图

2. 配置方案

对于已知的变电站一次系统情况，可以采用分层分布式综合自动化系统，可以按一次设备间隔配置，满足各个一次设备间隔的测量、监视、保护、控制、通信功能；同时，满足变电站的监控功能、AVQC、接地选线功能、远动等功能。变电站配置的综合自动化系统网络

图可以用图 1 - 14 表示。

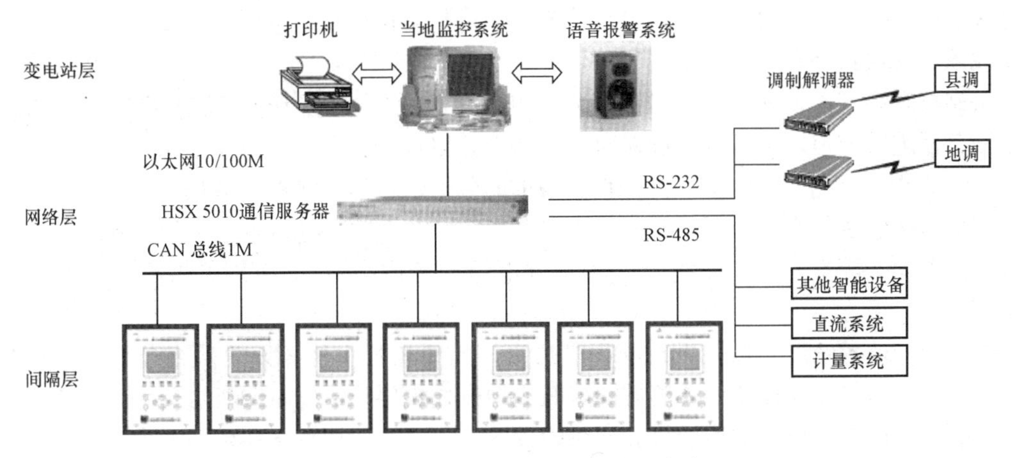

图 1 - 14　综合自动化系统网络图方案

3. 综合自动化系统组屏方案

（1）110kV 间隔部分。该变电站属于降压变电站，在继电保护功能方面，由于 110kV 采用的是内桥接线方式，进线不需配置保护，由上一级线路保护完成或主变压器后备保护承担。配置一台三相操作箱分别对应于两条进线和桥断路器，用于对进线和桥断路器的控制，并且要具有防跳、压力闭锁等功能。

测控功能方面，针对 2 回 110kV 进线和桥开关分别设置数字式断路器测控装置，可用于本间隔的断路器、隔离开关的参数和信息的测量和控制等。

自动控制功能方面，可配置数字式备用电源自投装置，实现桥备投或进线备投功能、变压器备自投功能或用户需求的多种备自投方案。

（2）主变压器间隔部分。由于变压器测控的重要性，可以采用集中组屏，设置两面屏，分别对应于 2 台主变压器间隔。

主变压器保护功能方面，可配置数字式变压器主保护装置和后备保护装置，

测控功能方面，针对主变压器间隔可配置数字式变压器测控装置，以及变压器的温控装置和变压器分接头控制装置。完成变压器的遥测（主变压器分接头挡位的采集，主变压器温度）、遥信量、遥控量（主变压器挡位的调节，中性点隔离开关的控制）。

自动控制功能方面，数字式变压器测控装置与监控系统中的电压无功控制模块配合共同完成变电站的 AVQC 功能。

（3）10kV 出线间隔部分。采用就地分散安装方式，配置测量、监视、保护一体化装置，分别安装在 10kV 开关柜上。完成保护功能、测控功能、自动控制功能。10kV 母线分段间隔可配置数字式母分保护及备投装置。

（4）10kV 电容器间隔部分。可配置数字式电容器保护测控装置，完成电容器的保护功能、测控功能、自动控制功能。接地变压器是专为消弧线圈所设。对于 10kV 接地变压器间隔可配置数字式低压变压器保护测控装置。

（5）公用间隔部分。针对 110、10kV 两段母线电压互感器分别配置数字式电压测控装置，实现 110、10kV 两段母线电压自动并列功能或手动、远方并列功能。

针对全站公用信息配置数字式综合测控装置，主要采集直流系统故障、直流屏交流失

压、变压器用电切换信号、变压器用电Ⅰ段失压、变压器用电Ⅱ段失压、控制电源故障、合闸电源故障、控制母线故障、合闸母线故障、通信故障信号、通信电源故障、火灾报警控制回路故障、火灾报警动作、保安报警等。

全站校时系统，可配置卫星时钟装置GPS，接收卫星时钟，通过其通信接口RS-232与通讯服务器进行通信，进行网络层对时广播命令，以保证全系统时钟统一。

远动功能，可配置通信服务器，将网络上的数据进行筛选排序，并按调度方规约进行转发，完成与调度通信。

电源方面，配置一台逆变电源，将直流电源逆变成交流220V，以供给后台监控主机用电。

(6) 后台监控系统。监控系统在硬件方面，需要监控主机，设置两台计算机互为备用(也可仅设置一台)；监控主机需要有源音箱实现音响报警，需要打印机进行变电站技术数据管理；软件方面需要后台监控软件和网络附件等，完成界面操作和使用。变电站综合自动化系统组屏方案如图1-15所示。

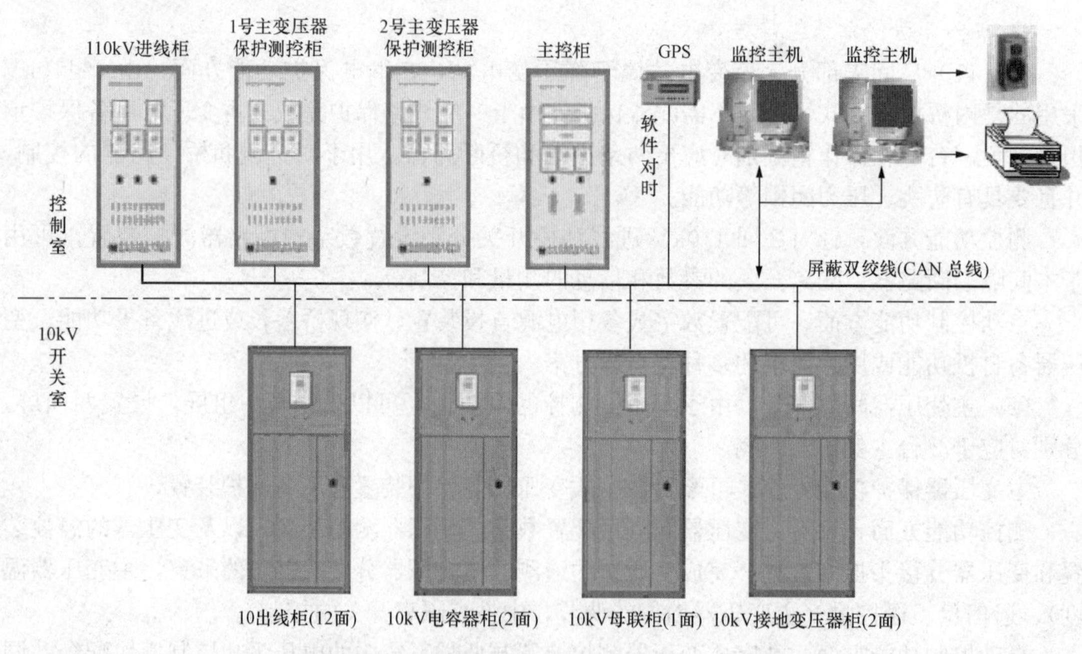

图1-15　变电站综合自动化系统组屏方案示意图

学习情境（项目）总结

随着计算机技术、电子技术、信号处理技术和通信技术的发展，变电站综合自动化系统发生了重大的变革，已由基于模拟器件的控制和模拟通信发展为基于计算机技术的数字控制和通信。简化系统，信息共享，变电站减少电缆，减少占地面积，降低造价等方面已改变了变电站运行的面貌。本学习情境主要学习了变电站综合自动化的概念、变电站综合自动化系统的特点、优点、发展简史，了解传统变电站与综合自动化站之间的不同，了解变电站综合自动化的现状；学习了变电站综合自动化系统的结构形式、国内典型的变电站综合自动化系统以及发展的趋势；学习了变电站综合自动化系统的典型配置。

复习思考

1. 综合自动化变电站比常规变电站二次系统先进的方面有哪些？
2. 变电站自动化系统的功能是分别通过哪些设备实现的？
3. 观察或设想监控系统通过 CRT 屏幕能实现哪些操作？
4. 变电站综合自动化应用了哪些技术？
5. 实现变电站综合自动化的目标是什么？
6. 变电站综合自动化“综合”的含义是什么？
7. 变电站综合自动化的内容包括哪几个方面？
8. 变电站自动化结构分层如何定义？
9. 试画出分散分布式与集中相结合的变电站自动化系统结构图。
10. 变电站自动化系统的配置方法是什么？

参考文献

[1] 丁书文，胡起宙．变电站综合自动化原理及应用．2 版．北京：中国电力出版社，2010.

[2] 丁书文．变电站综合自动化现场技术．北京：中国电力出版社，2008.

[3] 张晓春．变电站综合自动化．北京：高等教育出版社，2006.

[4] 国家电网公司人力资源部．变电站综合自动化．北京：中国电力出版社，2010.

[5] 湖北省电力公司生产技能培训中心．变电站综合自动化模块化培训指导．北京：中国电力出版社，2010.

学习情境二　间隔层 IED 装置安装调试及运行维护

情境描述

本学习情境共分为 4 个学习任务，分别为间隔层 IED 装置硬件展示、线路保护柜调试及运行维护、变压器保护柜的安装调试及运行维护、母线保护柜的安装调试及运行维护。通过 4 个学习任务的学习，能够看懂测控柜、保护柜的安装接线图，能按图施工接线，具备 CSC 系列微机保护柜的检验调试、运行维护与异常处理的能力。

教学目标

(1) 能进行间隔层测控装置，微机线路、变压器、母线保护装置的安装调试及运行维护。

(2) 了解变电站综合自动化系统和间隔层各 IED 装置的组网方式，在调试间隔层设备时应能和综合自动化系统配合。

(3) 培养文件、资料的收集与整理能力，制订、实施工作计划的能力，电气识图与按图施工能力，相关专业文件的理解能力，检查与评价能力，培养学生运用所学知识分析问题、解决问题能力。

(4) 培养学生的沟通能力及团队协作能力，勇于创新、敬业的工作作风，质量意识、安全意识、环保意识及社会责任心。

教学环境

建议在理论与实践一体化实训室进行教学。可容纳 40 人左右上课的场地，具备 CSC-2000 变电站综合自动化系统、继电保护工程师站、CSI-200E 测控装置、CSC-103 系列线路保护装置、CSC-326 系列变压器保护装置、CSC-150 母线保护装置、继电保护校验仪等设备，备有万用表、钳形相位表等基本测量表计，螺钉旋具、钳子等常用工器具。

任务一　间隔层 IED 装置硬件展示

教学目标

1. 专业能力

(1) 保护与测控装置硬件及其插件的结构、作用。

(2) 数据的采集与处理方法。

2. 方法能力

培养学生合理安排时间的能力，收集信息、制订计划、做出决策的能力等。

3. 社会能力

培养锻炼学生的团队分工协作能力、人际交流能力、职业道德。

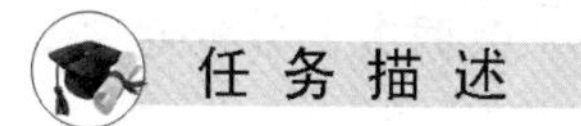

任务描述

以北京四方继保自动化股份有限公司（简称四方）保护测控装置为载体，使学生认知间隔层 IED 装置硬件的原理、结构、数据输入与输出的方法。

任务准备

IEC 61850 标准对智能电子设备（intelligent electronic device，IED）定义如下：由一个或多个处理器组成，具有从外部源接收和传送数据或控制外部源的任何设备，即电子多功能仪表、微机保护、控制器，在特定的环境下在接口所限定范围内能够执行一个或多个逻辑接点任务的实体。

一、间隔层 IED 装置的硬件构成

间隔层 IED 装置硬件主要包括数据采集系统（包括电流、电压等模拟量输入变换、低通滤波回路、模数转换等），微型机主系统（包括 CPU、存储器、实时时钟、Watchdog 等），开关量输入/输出通道以及人机接口（键盘、液晶显示器）。从功能上可分为 6 个组成部分：数据采集系统，微型机主系统，开关量输入/输出回路，人机接口，通信接口，电源回路。图 2-1 为 IED 硬件结构示意框图。

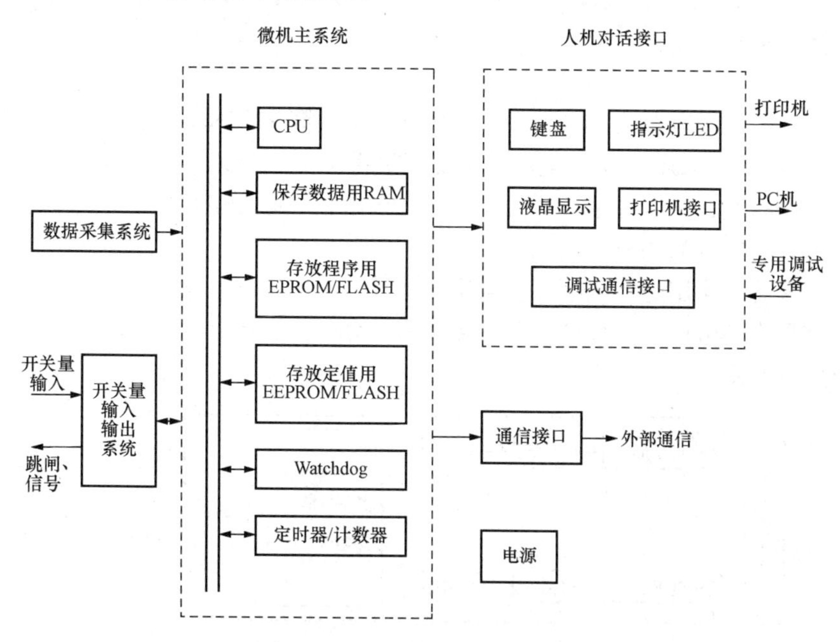

图 2-1　IED 硬件结构示意框图

1. 数据采集系统 DAS（或模拟量输入系统）

数据采集系统包括电压形成、模拟滤波（ALF）、采样保持（S/H）、多路转换（MPX）

以及模拟转换（A/D）等功能块，将模拟输入量准确地转换为微型机所需的数字量。

2. 微型机主系统（CPU）

微型机主系统包括中央处理器（CPU）、只读存储器（ROM）或闪存内存单元（FLASH）、随机存取存储器（RAM）、定时器、并行接口以及串行接口等。微型机执行存放在只读存储器中的程序，将数据采集系统输入至 RAM 区的原始数据进行分析处理，完成各种数据处理的功能。

3. 开关量（或数字量）输入/输出系统

开关量输入/输出系统由微型机若干个并行接口适配器、光电隔离器件及有触点的中间继电器等组成，以完成各种保护的出口跳闸、信号报警、外部触点输入及人机对话、通信等功能。

4. 人机接口

人机交互系统包括显示器、键盘、各种面板开关、实时时钟、打印电路等，其主要用于人机对话，如调试、定值调整剂对机器工作状态的干预等。现在一般采用液晶显示器和流行的 6 键盘操作键。

5. 通信接口

IED 装置的通信接口包括维护接口、监控系统接口、录波系统接口等。一般可采用 RS-485 总线、PROFIBUS 网、CAN 网、LON 网、以太网及双网光纤通信模式，以满足各种变电站对通信的要求，满足各种通信规约，如 IEC 61870-5-103、PROFIBUS-FMS/DP、MODBUSRTU、DNP3.0、IEC 61850 以太网等。

IED 装置对通信的要求是快速，支持点对点平等通信、突发方式的信息传输，物理结构采用星形、环形、总线型，支持多主机等。

6. 电源

可以采用开关稳压电源或 DC/DC 电源模块，提供数字系统 5、24、±15V 电源。也有的系统采用多组 24V 电源。+5V 电源用于计算机系统主控电源；±15V 电源用于数据采集系统、通信系统；+24V 电源用于开关量输入、输出、继电器逻辑电源。

二、数据采集系统的构成

数据采集系统的作用是将从电压、电流互感器输入的电压、电流的连续的模拟信号转换成离散的数字量供给微机主系统进行保护控制的计算工作。图 2-2 为采用 A/D 变换器的数据采集系统原理框图。

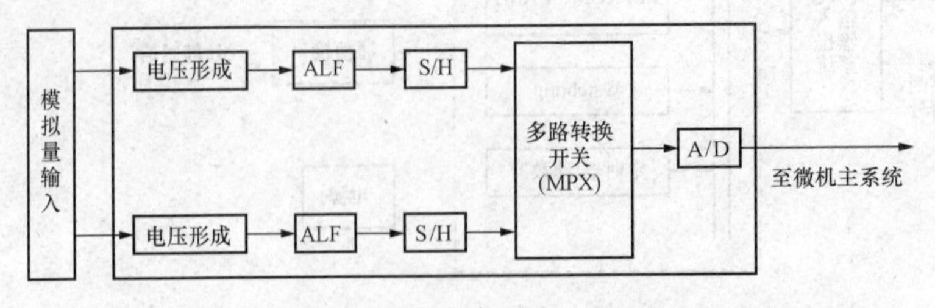

图 2-2 采用 A/D 变换器的数据采集系统原理框图

（1）电压形成回路。它的作用有两个：①将从 TV、TA 来的高电压、大电流变换成 IED 装置内部电子电路所需要和允许的小的电压信号。②电气隔离和屏蔽作用。从 TV、

TA 来的电气量经过很长电缆接到 IED 装置，也引入了大量的共模干扰。交流变换器一方面提供一个电气隔离，另一方面在一、二次线圈中加了一个接地的屏蔽层，使共模干扰经一次线圈和屏蔽层之间的分布电容而接地，可以有效地抑制共模干扰。

（2）ALF 模拟低通滤波器。它的作用是滤除高次谐波。

（3）S/H 采样保持器。采样保持器的作用为：①能快速地对模拟量的输入电压进行采样，并将该电压保持住。②由于各个模拟量采样通道中的采样保持器是同时接受到采样脉冲的，所以各个模拟量是同时采样的。在同一个采样周期内模数转换后的各个数字量反映的是采样脉冲到来的同一瞬间各个模拟量的瞬时值，使各个模拟量的数值和相位关系保持不变。各个模拟量的同时采样保证了反应两个及两个以上电气量的继电器，例如方向继电器、阻抗继电器、相序分量继电器计算的正确性。

（4）MPX 模拟量的多路转换开关。MPX 是一种多路输入、单路输出的电子切换开关。通过编码控制，电子开关分时逐路接通。将由 S/H 送来的多路模拟量分时接到 A/D 的输入端，完成用一个 A/D 对若干个模拟量进行模数转换工作。

（5）A/D 转换器：逐次逼近式原理的模数转换器。它的作用是把模拟量转换为数字量。将由多路转换开关送来的由各路 S/H 采样保持器采样的模拟信号的瞬时值转换成相应的数字值。由于模拟信号的瞬时值是离散的，所以相应的数字值也是离散的。这些离散的数字量由微机主系统中的 CPU 读取并存放在循环存储器中供计算时使用。

三、开关量输入/输出系统的构成

IED 装置有很多开关量（触点）的输入，例如有些保护的投退触点、重合闸方式触点、跳闸位置继电器触点、收信机的收信触点、断路器的合闸压力闭锁触点以及对时触点等。IED 装置也有很多开关量（触点）的输出，例如跳合闸触点、中央信号触点、收发信机的发信触点以及遥信触点等。其中有些开关量是经过很长的电缆才引到 IED 装置的，因而也引入了很多干扰。为了不使这些干扰影响 IED 装置的工作，在 IED 装置与外界所有触点之间都要经过光电耦合器件进行光电隔离。由于 IED 装置与外部触点之间经过了电信号→光信号→电信号的光电转换，两者之间没有直接的电与磁的联系，保护了 IED 装置免受外界干扰影响。

1. 开关量输入系统

图 2-3 表示出了开关量的输入系统。当外部触点闭合时，光电耦合器的二极管内流过驱动电流，二极管发出的光使三极管导通，因此输出低电平。当外部触点断开时，光电耦合器的二极管内不流过驱动电流，二极管不发光，三极管截止，因此输出高电平。微机系统只要测量输出电平的高低就可以得知外部开关量的状态。开入专用电源一般使用装置内电源输出的 24V 直流电源。对于某些距离远的触点必要时也可用变电站的 220/110V 直流电源，装置提供强电的光电耦合电路。

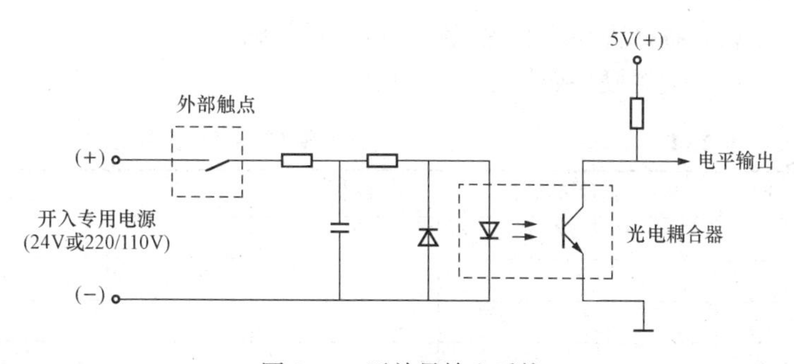

图 2-3 开关量输入系统

2. 开关量输出系统

图 2-4 表示出了开关量的输出系统。当 IED 装置欲使输出开关量触点闭合时，只要在控制端输入一个低电平使光电耦合器的二极管内流过驱动电流，二极管发出的光使三极管导通，从而使继电器 K 动作，其闭合的触点作为开关量输出。

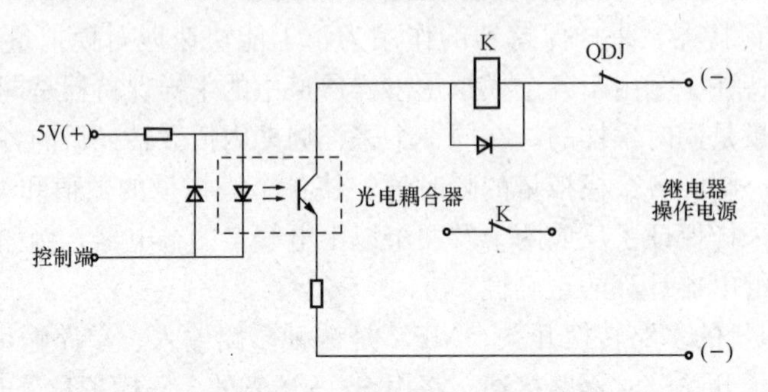

图 2-4　开关量输出系统

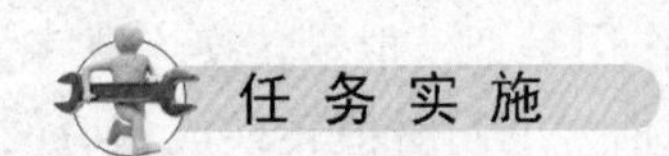

1. 所需设备和工具

CSI-200E 测控装置一套（或者根据实际实训环境，找到相应的间隔层 IED 装置即可）；放大镜一只；螺钉旋具一个；打印机一台。

2. 单板焊接质量检查

直接观察或用放大镜检查各插件上有无元器件焊反、焊错、漏焊或虚焊现象。

3. 外观和插件检查

(1) 检查本装置所有互感器的屏蔽层的接地线均已可靠接地，装置外壳已可靠接地。

(2) 检查装置面板型号标示、灯光标示、背板端子贴图、端子号标示、装置铭牌标注完整、正确。可参考最新的有效图纸。

(3) 插件拔、插灵活，插件和插座之间定位良好，插入深度合适。大电流端子的短接片在插件插入时应能顶开。

(4) 各插件跳线及短接线连接设置正确。

(5) 装置硬件插件见表 2-1。

表 2-1　　装置硬件插件表

序号	插件名称	版本号	作　　用
1			
2			
3			
4			
5			
6			
7			
8			
9			

4. 硬件展示

（1）整体展示，如图 2-5～图 2-7 所示。采用前插拔方式，现场调试、故障维修极其方便。强弱电端子分开。

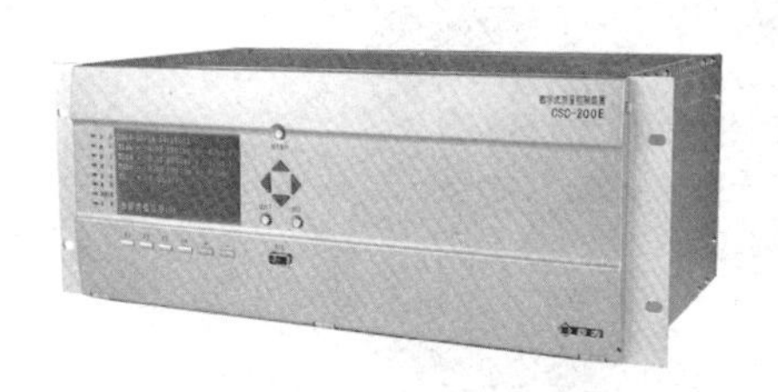

图 2-5　整体效果图

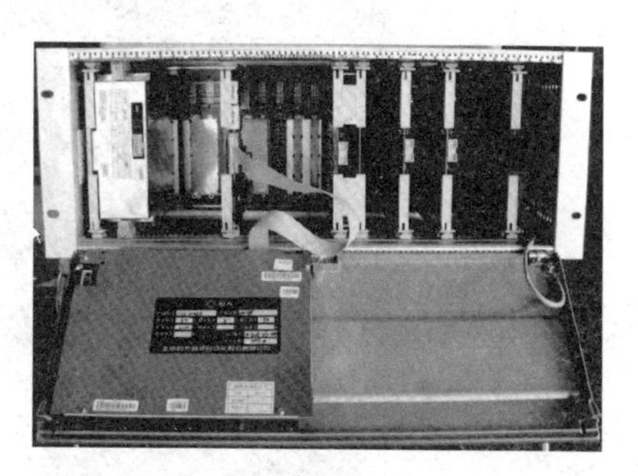

图 2-6　插件布置图

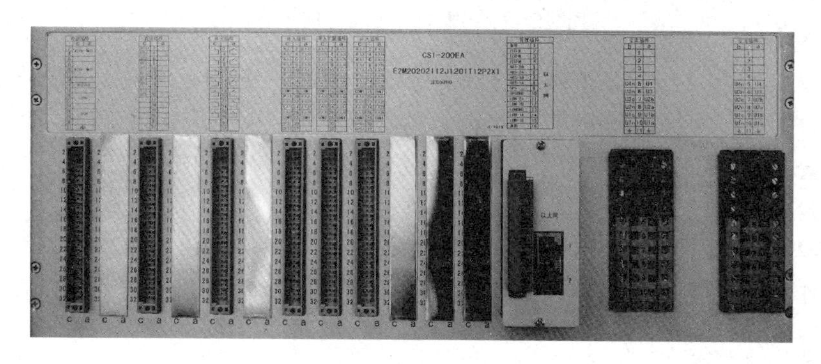

图 2-7　装置背面节点图

（2）交流插件（AI）如图 2-8 所示。

AI 插件型号说明：A，8U4I；B，6U6I；C，4U3I；E，8U。

测量精度：电压电流 0.2 级，功率 0.5 级；更换 AI 时，零漂、刻度不用重调。

（3）管理插件（MASTER）如图 2-9 所示。

图 2-8　交流插件展示图

图 2-9　管理插件展示图

功能：报文转发与组织、可编程逻辑。配有大容量 FLASH 芯片，可保存运行及操作记录，掉电数据不丢失，便于事故分析；内含嵌入式以太网，直接提供光及电以太网接口；硬时钟、GPS 对时；提供 LON 网、RS-485 接口（103 规约）。

（4）基本开入插件（DI）如图 2-10 所示。

图 2-10 基本开入插件展示图

24 路开入，分为 4 组，各组路数分别为 8、4、8、4。每组一个公共端；各组功能可配置（单、双位置，开关挡位，电度脉冲等），参数可整定（SOE，长短延时，双遥变位时差，电铃电笛告警等）；SOE 分辨率为 1ms；每路防抖时间可整定为1ms～25s。

（5）组合开入插件（DI）如图 2-11 所示。

48 路开入，分组情况与基本配置开入板相同；积木式搭接，与基本配置开入板靠硬插针连接，仅作路数扩展；48 路开入不够则需另插一块基本配置开入板。通过Ⅳ级快速瞬变干扰测试。

图 2-11 组合开入插件展示图

（6）开出插件（DO）如图 2-12 所示。

14 副独立隔离输出触点；用 PLC 逻辑实现断路器、隔离开关控制；开出触点容量为 5A；开出自检，闭锁故障触点并告警；可提供端子出口的绝对时间供事故分析；可以开出传动；通过Ⅳ级快速瞬变干扰测试。

（7）直流插件（DT）如图 2-13 所示。

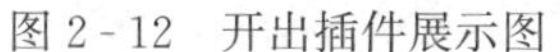

图 2-12　开出插件展示图

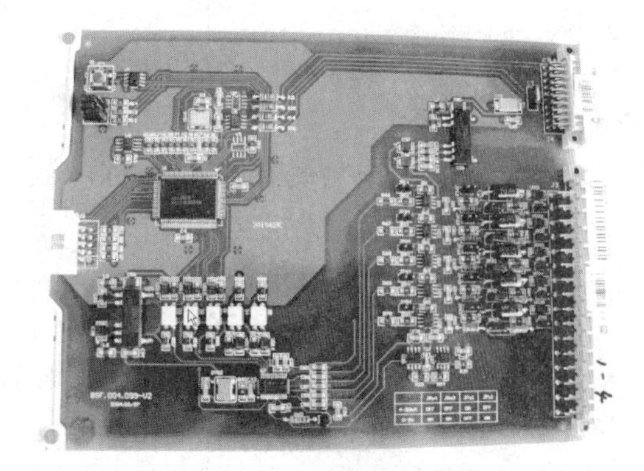

图 2-13　直流插件展示图

DT 插件种类：电流型，4～20mA；电压型，0～5V。

可采集 5 路直流或 5 路温度。通过跳线可设置电压型或电流型。

（8）电源插件（POWER）如图 2-14 所示。

输入：DC110V 或 DC220V（订货时说明）。

输出：＋5、±12、＋24V（内部开出）；＋24V（外部开入）；装置失电告警输出触点。

图 2-14　电源插件展示图

（9）人机接口插件（MMI）如图 2-15 所示。

正常轮循主接线图、测量值及连接片状态，有主动上送信息立即显示；四方按键进行常规操作；应急按键供高级用户就地分合断路器、隔离开关；包括运行、告警、解锁、远方、就地指示灯；RS-232 口接面板 PC。

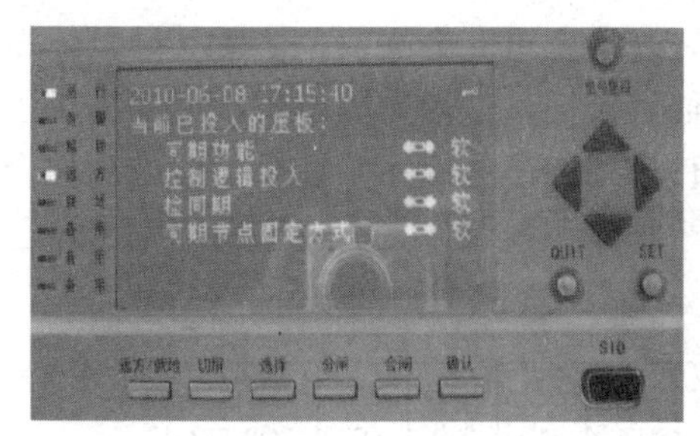

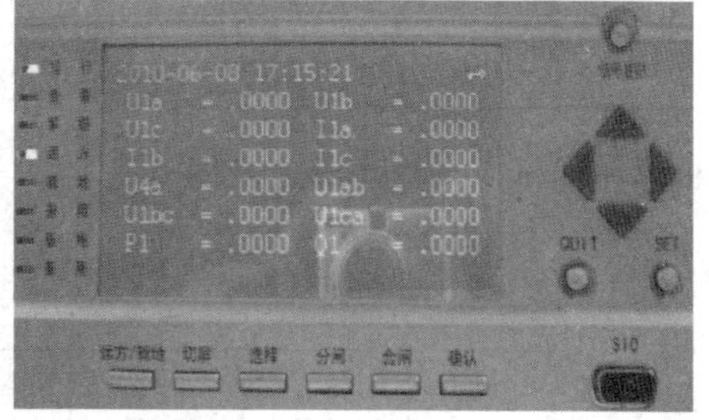

图 2-15　人机接口展示图

相 关 知 识

一、CSI-200E 测控装置概述

CSI-200E/CSI-200EA 数字式综合测量控制装置主要用于变电站自动化系统，也可单独使用作为普通测控装置。按间隔设计，主要用于 110kV 及以上电压等级。这类间隔包括主变压器（高、中、低压）间隔、110kV 出线间隔、220kV 出线间隔、500kV 出线间隔、750kV 出线间隔、母联间隔、旁路间隔、小间间隔、整个变电站间隔（指一个站内公共部

分）等。

CSI-200E 测控装置可以满足不同电压等级变电站（间隔）的遥测、遥控、遥信、遥脉、遥调功能。

CSI-200E 测控装置具有以下特点：

(1) 全汉化界面，人机交互简单、方便；

(2) 现场免调试，易维护；

(3) 设计模块化，灵活组合，功能可由用户按典型配置选择或者自行根据需组合配置；

(4) 支持多种通信方式，接口简单，数据传输速度快；

(5) 使用大容量 FLASH 存储器，可长期保存运行数据、事件报告；

(6) 通用硬件平台，易升级，扩展性强。

二、CSI-200E 测控装置硬件配置

1. 机箱结构

装置采用前插拔组合结构，强弱电回路分开，弱电回路采用背板总线方式，强电回路直接从插件上出线，进一步提高了硬件的可靠性和抗干扰性能。各 CPU 插件间通过母线背板连接，相互之间通过内部总线进行通信，这就保证了各插件位置可互换，使得装置的功能可灵活配置。

2. 机箱尺寸

有两种机箱尺寸：一种为 19in 的 4U 标准机箱，另一种为 19/2in 的 4U 标准机箱。机箱内电源模块占 30.64mm 宽度，管理主插件占用 40.64mm 宽度。其他插件的宽度除交流测量插件占用 60.96mm 外都是 20.32mm 宽。这些插件在机箱内不同插槽上具有可互换性，其位置和配置相对灵活。

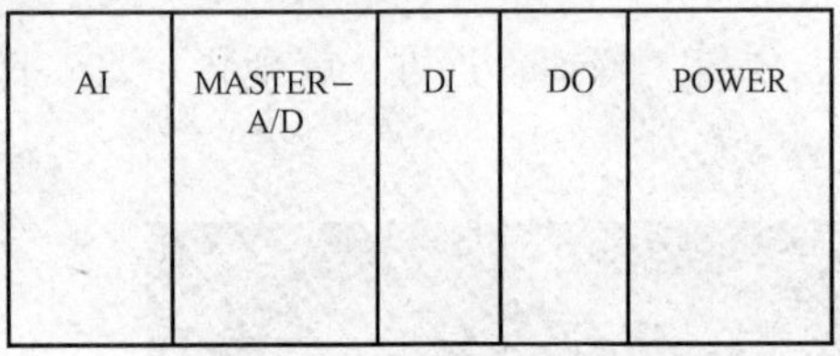

AI	MASTER－A/D	DI	DO	POWER

图 2－16 19/2in 机箱配置示意图

图 2－16 是 19/2in 机箱的配置示意图（正视）。图 2－17 是 19in 机箱的配置示意图（正视）。各插件的配置是非常灵活的，插件宽度相同，理论上可完全互换。但对某种具体型号的装置而言其插件位置是固定的，厂家提供了机箱内插件排列的参考次序并针对不同应用场合提供了数十种典型配置方案，建议用户根据自己的实际要求按典型方案套用，这样不仅便于厂家管理，而且也便于用户管理的规范化。

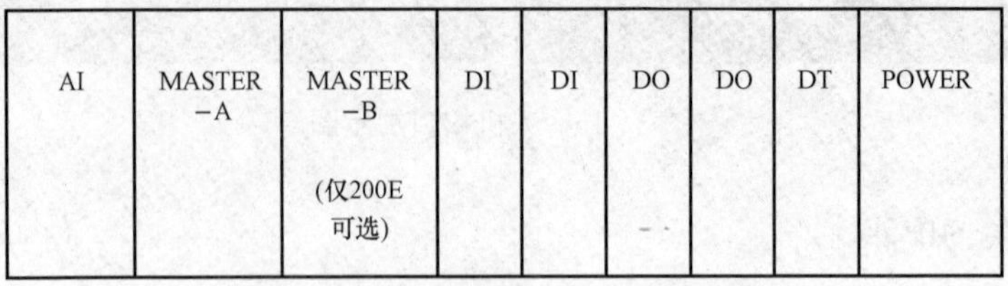

AI	MASTER－A	MASTER－B (仅200E可选)	DI	DI	DO	DO	DT	POWER

图 2－17 19in 机箱配置示意图

3. 插件说明

CSI-200E 数字式综合测量控制装置由人机接口板（MMI）、管理插件（MASTER）、交流测量插件（AI）、开入插件（DI）、开出插件（DO）、直流测温插件（DT）、电源模块

（POWER）等部分组成。

（1）人机接口板（MMI）。人机接口板是测控装置的人机接口部分，如图 2 - 18 所示。采用大液晶显示，实时显示当前的测量值、当前投入的连接片及间隔主接线图。间隔主接线图可根据用户要求配置。

1）整体面板。内装人机接口 CPU 板。

2）汉化液晶显示屏。在没有作任何按键操作时，将循环显示装置当前的测量值、装置当前投入的连接片及间隔主接线图。这几类信息每隔 3s 自动刷新，运行人员可以按 QUIT 键锁定其中一个画面，再按 QUIT 键则恢复循环显示。在进行菜单操作时，若 5min 内无任何按键，液晶自动退回循环状态。

3）四方按键。操作键盘，使光标在液晶菜单中上、下、左、右移动，其中上、下键对数字有“+”“—”功能和“是”“否”的选择操作。

4）QUIT 键。退出子菜单，返回上一级菜单或取消当前操作。

5）SET 键。进入下一级菜单或确认当前操作。

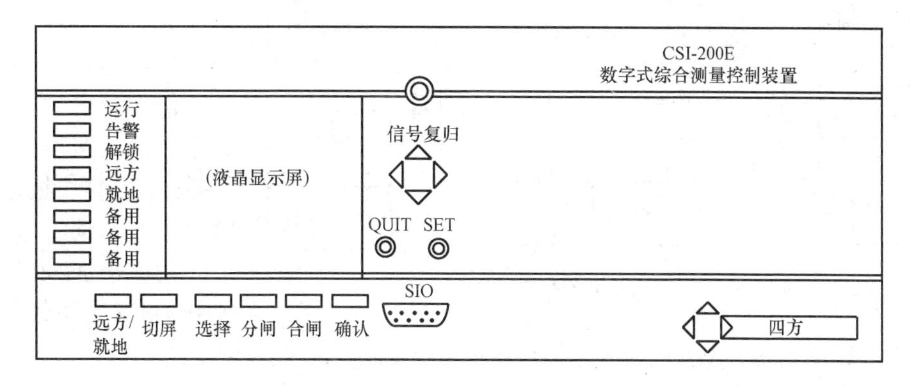

图 2 - 18　CSI-200E 装置人机接口板

6）就地操作键。共设置 6 个就地功能操作键，从左向右依次为：

a）“远方/就地”键：切换远方、就地状态。只有切到就地状态下，“切屏”“选择”“分闸”“合闸”“确认”5 个键就地操作才有效。进入就地操作状态需要密码确认。

b）“切屏”键：在主接线图、交流有效值、连接片状态等循环显示信息间切换。

c）“选择”键：在主接线图中选择需控制且可控制的元件。

d）“分闸”键：就地跳闸操作键。

e）“合闸”键：就地合闸操作键。

f）“确认”键：确认操作，任何分、合闸操作都需要确认后才能完成。

7）运行指示灯。从上向下依次为：

a）“运行”灯：装置运行时为长亮。

b）“告警”灯：灯亮表示装置内部故障。

c）“解锁”灯：进入解锁状态，其具体解锁逻辑由 PLC 决定。

d）“远方”灯：灯亮表示装置可遥控操作，就地不能操作。

e）“就地”灯：灯亮表示只能进行就地操作，远方操作被闭锁。

按键操作分两部分。显示屏右侧的四方键盘区，用于完成普通情况下用户和装置的交互工作；显示屏下方的一排就地操作功能按键，是为了应付紧急情况下的就地控制而专门设置的。当操作人员正确进入就地状态后，就能在面板上完成原来需要远方遥控操作的开关分合闸功能。

8）“信号复归”键。复归告警信号及告警灯。

9）调试串口。对装置下发主接线图、配置表、PLC 逻辑等。

（2）管理插件（MASTER）。管理插件按硬件配置可分为以下三种：

1）用于 220kV 及以上电压等级变电站、网络结构采用以太网的 CSI-200E 的管理插件。此管理插件内含通信速度高、具备通用性接口的以太网络芯片，可直接对外提供光及电以太网接口，减少了中间环节，提高了装置通信的可靠性。管理插件分为 MASTER-A、MASTER-B、MASTER-C 三种，这三种类型的区别在于软件功能的差别，硬件是完全一样的。图 2-19 为 MASTER-A 原理图。

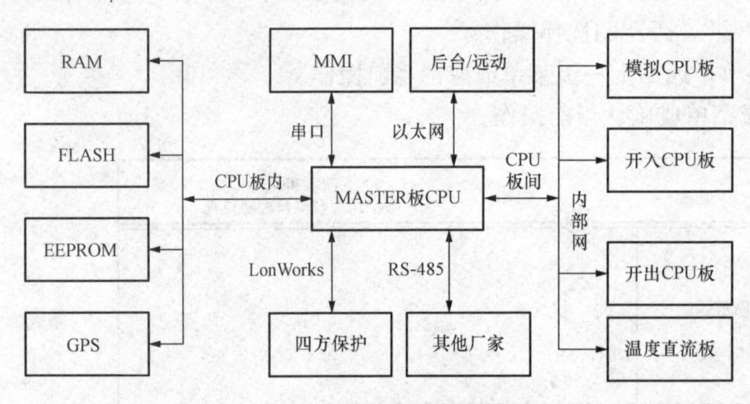

图 2-19　MASTER-A 原理图

a）MASTER-A 插件。实现装置的间隔管理功能，可对外提供 LonWorks 网络及 RS-485 接口，通过这些接口可将间隔内的保护装置信息以及本装置的信息通过以太网与后台相连。此插件与 MMI 板之间通过串口连接，向上将需要显示的数据给 MMI，向下接收 PC 机下发的装置配置表及可编程 PLC 逻辑等。MASTER-A 插件是 CSI-200E 装置的必备插件。

b）MASTER-B 插件。实现装置的间隔管理功能，可对外提供 LonWorks 网络及 RS-485 接口，通过这些接口可将间隔内的保护装置信息以及本装置的信息通过以太网与后台相连。MASTER-B 插件是 CSI-200E 装置的可选插件，当需要双网配置时选择。

c）MASTER-C 插件。用于录波网，将四方录波插件的录波数据直接转发到以太网。MASTER-C 插件是 CSI-200E 装置的可选插件。

2）用于 110kV 及以下电压等级变电站、网络结构采用 LonWorks 网的 CSI-200E 的管理插件。此管理插件只有 MASTER-D 一种。图 2-20 所示为 MASTER-D 原理图。MASTER-D 插件对外提供 Lonworks 网络及 RS-485 接口，通过该接口装置可与后台相连。此插件与

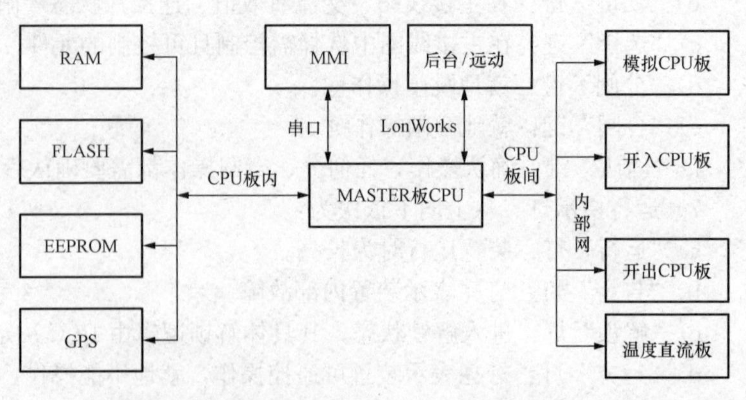

图 2-20　MASTER-D 原理图

MMI 板之间通过串口连接，向上将需要显示的数据给 MMI，向下接收 PC 机下发的装置配

置表及可编程 PLC 逻辑等。MASTER-D 插件是装置的必备插件。

3）新 MASTER 板（NMASTER）。NMASTER 板是应用在 CSI-200EA 装置上，可以代替原来 CSI-200EA 装置上的 MASTER 板。但是如果采用光以太网通信接口，两块 MASTER 板不能够相互替换。同时 NMASTER 和 MASTER 板应与相应的外接通信子板配套使用，不能相互混用。

NMASTER 板采用了处理速度快、功能强大的 MPC 系列 32 位 CPU。其硬件主要配置为：

a）数据记录：大容量的 RAM 及 FLASH。

b）外部接口：10/100M 双电以太网（RJ45 接口）；100M 双光以太网（SC 接口，波长 1300nm，采用多模光纤）；双 LonWorks 网。

c）对时方式：差分 IRIG-B 和 GPS 脉冲对时接口。

NMASTER 板采用了性能卓越的嵌入式实时操作系统，并且在软件上支持 IEC 61850 国际标准。

（3）交流测量插件（AI）。交流测量插件可进行配置。第一种配置：每块有 8 路电压、4 路电流的交流测量插件可测量一路功率，同步电压为 U1、U2、U3、U4 四路输入，任意两路电压可以进行同步。第二种配置：每块有 6 路电压、6 路电流的交流测量插件可测量两路功率，同步电压为 U1、U2 两路输入，同步方式也可由控制字灵活整定。

（4）开入插件（DI）。数字量输入模块的功能包括开关量输入（单位置或双位置遥信）、BCD 码或二进制输入、脉冲量输入等。

数字量输入模块分为带 CPU 的基本 DI 板及不带 CPU 的扩展 DI 板两种。两种板上开入数量均为 24 路，各分为 4 组，各组依次为 8、4、8、4，每组有一个公共端，需要的话可将公共端相连。各组功能可通过配置表灵活配置，可避免硬件资源浪费。

分接头挡位输入固定接在第一块基本 DI 板的第一组。

（5）开出插件（DO）。开出插件可以实现对断路器、隔离开关、有载调压变压器（升、降、急停）等设备的控制。每路输出脉冲的长短可通过可编程逻辑随意控制。

（6）直流插件（DT）。直流插件的原理图如图 2-21 所示。待测的直流或测温电阻先接到变送器端子，再从变送器端子接入 CSI-200E 装置的 5 路 DC 输入。

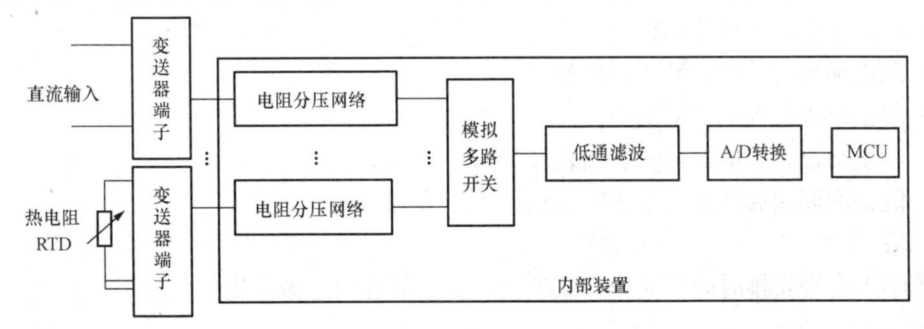

图 2-21　直流插件原理图

一台 CSI-200E 装置内最多可插入两块直流测温插件，每块插件上各通道采集量的属性可通过配置表下传辅助软件进行设定。

（7）电源模块（POWER）。电源模块为直流逆变电源插件。直流 220V 或 110V 电压输入，经抗干扰滤波回路后，利用逆变原理输出 CSI-200E 装置所需要的四组直流电压，即 5、±12、24V（1）和 24V（2）。4 组电压均不共地，采用浮地方式，同外壳不相连。

各输出电压系统的用途分别为：5V 用于各处理器系统的工作电源；±12V 用于模拟系统的工作电源；24V（1）或写为 24V 用于开出继电器的电源，装置内部使用；24V（2）或写为 R24V 用于装置外部开入的电源；只有 R24V 电源引入端子排，可以用万用表检查，其余电源不可以检查。

4. 其他说明

（1）单插件最大可配置原则为：交流插件最多 3 块；开入插件最多 4 块（2 块带 CPU，2 块不带 CPU）；开出插件最多 4 块；直流插件最多 2 块；出 Lon 网的 MASTER－D 插件最多 1 块（单 Lon 网），且 MASTER-D 要单独使用。

（2）220kV 及以上主变压器宜按分侧配置测控装置考虑，I/O 量少的特殊工程另行处理。220kV 及以上主变压器公用测控，宜单独配置。

（3）220kV 及以上站母线设备间隔宜单独配置 CSI-200E/CSI-200EA 装置。

（4）220kV 及以上站 3/2 断路器接线每个完整串按 5 个间隔配置 CSI-200E/CSI-200EA 装置。

（5）组屏建议：整层考虑 2～3 台一面柜，根据工程要求确定，其中 3/2 断路器接线时，宜按 2 台断路器测控加 1 台线路测控考虑；半层考虑 4 台一面柜（220kV 及以上间隔）、6 台一面柜（110kV 及以下间隔）；主变压器间隔根据工程要求确定。

任务二　线路保护柜调试及运行维护

教学目标

1. 专业能力

（1）了解继电保护的安全规程。

（2）了解硬件构成及软件功能。

（3）能根据安装图进行接线安装，能正确使用保护校验仪进行接线正确性的检查。

（4）能正确进行采样值的检验。

（5）能正确地进行软、硬压板的投退。

（6）能正确进行开出传动实验。

（7）能正确进行定值的输入、固化及定值的检验。

（8）能正确调阅保护定值及进行各项保护定值的切换。

2. 方法能力

培养学生合理安排时间的能力，收集信息、制订计划、做出决策的能力等。

3. 社会能力

培养锻炼学生的团队分工协作能力、人际交流能力、职业道德。

任务描述

以北京四方继保自动化股份有限公司（简称四方）线路保护柜为载体，使学生具备线路保护柜的调试与运行维护能力。检测 CSC-103B 数字式超高压线路保护装置各插件元器件好坏及焊接质量，并进行整机调试，插件的硬件及回路的正确性检查，以及装置操作和保护功能的基本检查。通过调试检验，完成相应的调试记录。

任务准备

目前，220kV 及以上电压等级的输电线路基本上都配有双套主保护和后备保护。主保护一般为纵联保护。按照保护的动作原理，国内常使用的纵联保护有闭锁式方向或距离、允许式方向或距离保护、分相电流差动保护。

随着计算机和数字通信技术的发展，光纤和微波通信在电力系统中得到广泛应用，可供继电保护使用的信道不再单一，可以选用导引线、专用载波通道、复用载波机、复用微波通道、专用光纤通道、复用光纤通道。而主保护的形式根据通信方式可以分为四种：导引线纵联保护、电力线路载波纵联保护、微波纵联保护、光纤纵联保护。

一、硬件构成

如图 2 - 22 所示，CSC-103B 型装置配置了 10 个插件，即交流插件、保护 CPU 插件（CPU1 插件）、启动 CPU 插件（CPU2 插件）、管理插件、开入插件 1、开入插件 2、开出插件 1、开出插件 2、开出插件 3、电源插件。

CSC-103B数字式线路保护装置插件布置图										
1 交流插件	2 CPU1 插件	3 CPU2 插件	4 管理插件	5 开入1插件	6 开入2插件	7 开出1插件	8 开出2插件	9 开出3插件		10 电源插件

图 2 - 22　CSC-103B 型装置插件布置图

二、检验过程中的注意事项

（1）断开直流电源后才允许插、拔插件，并注意不要将插件插错位置。插、拔交流插件时应防止交流电流回路开路。

（2）打印机及每块插件应保持清洁，注意防尘。

（3）调试过程中发现有问题时，不要轻易更换芯片，应先查明原因，当证实确实需更换芯片时，则必须更换经筛选合格的芯片，芯片插入的方向应正确，并保证接触可靠。

（4）试验人员接触、更换芯片时，应采用人体防静电接地措施，以确保不会因人体静电而损坏芯片。

（5）原则上在现场不能使用电烙铁，试验过程中如需使用电烙铁进行焊接时，应采用带接地线的电烙铁或电烙铁断电后再焊接。

（6）使用交流电源的电子仪器（如示波器、毫秒计等）进行电路参数测量时，仪器外壳应与保护屏（柜）在同一点接地。

三、继电保护工现场工作流程

继电保护工现场工作流程如图 2 - 23 所示。

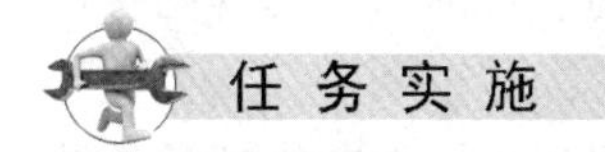

任务实施

1. 所需设备和工具

CSC-103B 线路保护装置一台（或包含 CSC-103B 保护装置的线路保护屏一面）；0.1 级

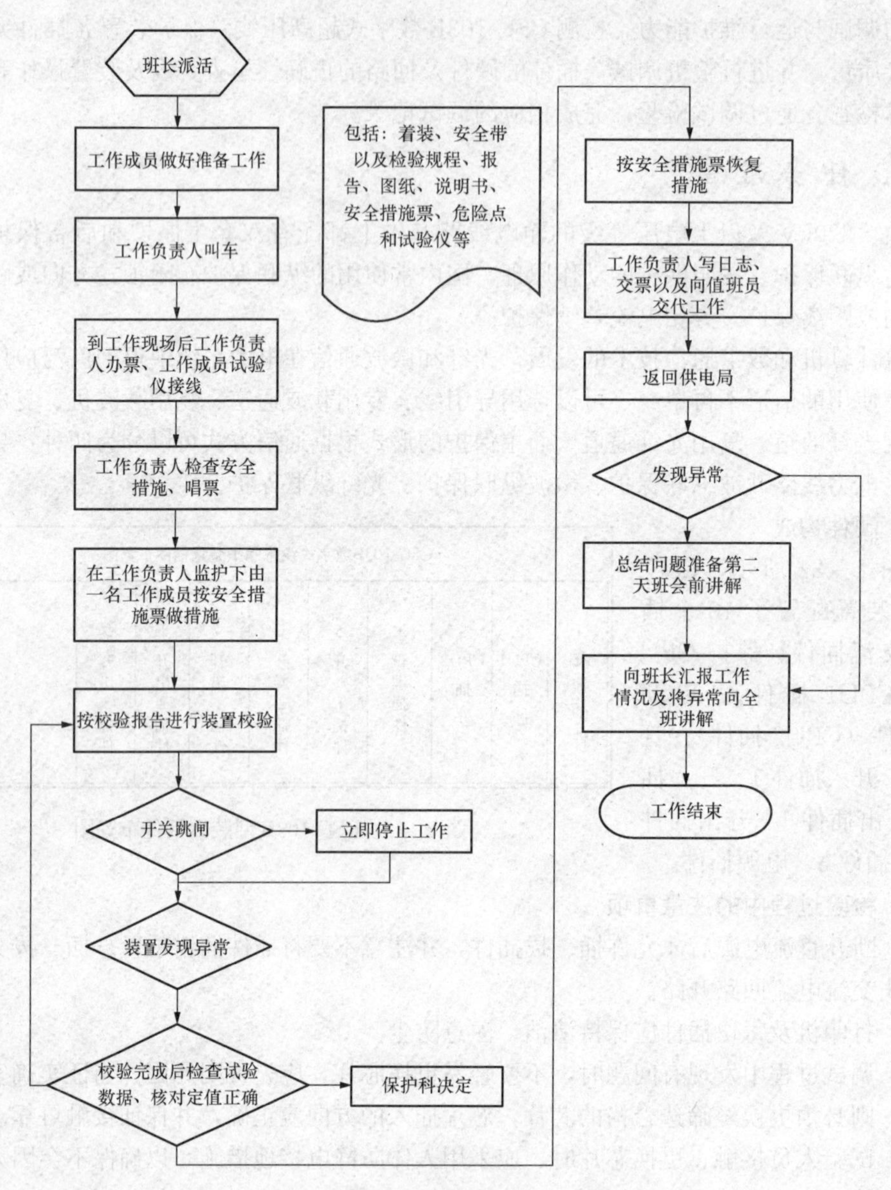

图 2-23 继电保护工现场工作流程

以上继电保护测试仪一台；万用表一只；放大镜一只；改锥一个，导线若干，打印机一台。

2. 单板焊接质量检查

直接观察或用放大镜检查各插件上有无元器件焊反、焊错、漏焊或虚焊现象。

3. 通电前的外观和插件检查

（1）检查装置所有互感器的屏蔽层的接地线均已可靠接地，装置外壳已可靠接地

（2）检查装置面板型号标示、灯光标示、背板端子贴图、端子号标示、装置铭牌标注完整、正确。可参考最新的有效图纸。

（3）插件拔、插灵活，插件和插座之间定位良好，插入深度合适。大电流端子的短接片在插件插入时应能顶开。

（4）各插件跳线及短接线连接设置正确。

4. 上电观察

（1）在断电情况下，按技术说明书中装置插件位置图插入全部插件，连接好面板与管理板之间的扁平电缆线。

（2）合上直流电源，由于装置保护 CPU 板的初始状态未定，所以要对装置保护 CPU 进行初始化设定。如果不设定 CPU 的初始状态，装置会告警。设定步骤如下：

1）“QUIT”和“SET”键同时按下，密码为 7777。进入“CPU 设置”菜单下，将 CPU1 和 CPU2 都投入，按 SET 键保存。并将装置重新上电。

2）“QUIT”和“SET”键同时按下，密码为 7777。进入“压板模式”菜单下，选择装置需要的压板模式即可。

3）进入装置主菜单→测试操作→切换定值区菜单中，切换到一个最常用的定值区，如 00 区。

4）进入装置主菜单→测试操作→投退压板菜单中，投退任何一个压板即可。

5）进入装置主菜单→定值设置→保护定值菜单，固化保护定值，默认固化到 00 区。

6）进入装置主菜单→定值设置→装置参数菜单，固化装置参数。

以上步骤操作完毕，按复归键，装置将正常运行，不会有告警 1 现象，如果已经投压板且没有加正常电压，会有 TV 断线告警（属于告警 2），现象正确。

5. 保护设置

在装置主菜单→定值设置→装置参数菜单中正确设置装置参数。

6. 定值整定及定值区切换

进入装置主菜单→定值设置→保护定值菜单，选择定值区，根据定值通知单输入定值并固化到相应区。

在液晶面板循环显示内容中，确认当前定值区是否正确。若不正确，进入装置主菜单→测试操作→切换定值区菜单中，将定值区切换至正确定值区。

7. 保护压板投退

确认压板模式，分为硬压板和软硬压板串联。

对于硬压板，将压板对应的端子接入＋24V 电源。对于软硬压板串联，首先要确保装置后背板的压板开入均已给入，然后进入装置主菜单→测试操作→投退压板菜单中，根据要求投入相应保护压板。注意一次只能投退一个压板。检查所有压板投退是否正常。

8. 软件版本检查

进入装置主菜单→运行工况→装置编码菜单，记录装置类型、各软件的版本号和 CRC 校验码，并检查其与有效版本是否一致。

9. 打印功能检查

在确认打印机不带电的情况下，把打印卡的一端通过专用的打印电缆与打印机相连，另一端通过另一种专用打印电缆与装置相连，然后打开打印机。每次打开打印机都应打印 1 行打印卡的版本号，确认打印卡版本号为有效版本。否则即认为打印盒工作不正常，应更换。

进入装置主菜单→打印→定值菜单中，选择定值区打印定值。打印机应正确打印。

10. 开入量检查

（1）进入装置主菜单→运行工况→开入菜单中，查看各开入当前状态。

（2）参照图纸，按表 2-2 找出各开入的端子号，然后将＋24V 端子逐个与找到的端子用导线短连，面板显示相应开入应显示合。如某一路不正确，检查与之对应的光隔、电阻等元件有无虚焊、焊反或损坏。

端子位置含义：X4：a2 代表 4 号插件 a2 端子，依此类推。

表 2-2　开入量端子名称及其位置

直流正电源端子：________

序号	开入名称	开入端子号	保护实际开入	开入结果
1	跳位 A			
2	跳位 B			
3	跳位 C			
4	远传命令 1			
5	远传命令 2			
6	沟通三跳			
7	远方跳闸			
8	闭锁远方操作			
9	闭锁重合闸			
10	三跳启动重合闸			
11	单跳启动重合闸			
12	低气压闭锁重合闸			
13	复归信号			
序号	硬压板	端子号	保护实际硬压板投入	结果
1	差动压板			
2	距离Ⅰ段压板			
3	距离Ⅱ、Ⅲ段压板			
4	零序Ⅰ段压板			
5	零序其他段压板			
6	零序反时限压板			
7	检修状态压板			
8	单重方式压板			
9	三重方式压板			
10	综重方式压板			
11	重合闸停用压板			
12	重合闸长延时压板			

11. 开出传动

进入装置主菜单→开出传动菜单，进行传动试验。传动时，装置相应的继电器触点应动作，并有灯光信号，无关触点应不动作。复归已驱动的开出只要按面板上的复归按钮即可。试验结果应填入表 2-3。

表 2-3　　开出传动记录表

开出名称	端子号	结果
告警Ⅰ		
告警Ⅱ		
跳 A 相		
跳 B 相		
跳 C 相		
跳三相		
永跳		
合闸出口		
沟通三跳		
远传命令 1		
远传命令 2		

12. 模拟量通道检查

（1）零漂检查。调整零漂时，应断开装置与测试仪或标准源的电气连接，确保装置交流端子上无任何输入，选择菜单装置主菜单→测试操作→调整零漂，选择所有通道，进行零漂调整，调整成功后会报“零漂调整成功”，之后选择菜单装置主菜单→测试操作→查看零漂，电流通道应小于 0.1A（5A 额定值 TA）或小于 0.02A（1A 额定值 TA），电压通道应小于 0.1V。记录测试结果，见表 2-4。

（2）刻度调整。用 0.1 级以上测试仪，输出 U_A、U_B、U_C、I_A、I_B、I_C 接至装置输入电压 U_A、U_B、U_C、I_A、I_B、I_C，$3I_0$ 串接测试仪输出 I_A，U_A 并连到 U_0 上，选择菜单装置主菜单→测试操作→调整刻度，按方向键和 SET 键选择所有通道，设置调整值为 I_n 与 50V，从测试仪输出交流量到装置，然后确认执行。若操作失败，装置将显示模拟通道异常及出错通道号，检查接线、标准值、版本号是否正确。记录测试结果，见表 2-4。

（3）模拟量精度及线性度检查测试。刻度和零漂调整好以后，用 0.1 级以上测试仪检测装置测量线性误差，并记录检测结果，见表 2-4。

要求：在 TA 二次额定电流为 5A 时，通入电流分别为 25、10（上述两挡时间不许超过 10s）、2、1、0.4A；在 TA 二次额定电流为 1A 时，通入电流分别为 5、2、0.5、0.2、0.08A；通入电压分别为 60、30、5、1、0.4V；观察面板显示或选择菜单装置主菜单→测试操作→查看刻度，要求电压通道在 0.4、1V 时液晶显示值与外部表计值误差小于 0.1V，其余小于 2.5%；电流通道在 $0.08I_n$、$0.2I_n$ 时误差小于 $0.02I_n$，其余小于 2.5%。

（4）模拟量极性检查。交流插件 X1 的 b1-b4 短接，测试仪 I_A、I_B、I_C、I_n 输出分别接入装置 X1-a1、X1-a2、X1-a3、X1-a4，U_0 并接与 U_B，U_0' 并接于 U_n 端子。分别加三相对称额定电流、三相对称电压 50V，各相电压分别超前于各相电流的相角 60°，检查液晶循环显示或进入菜单装置主菜单→运行工况→测量量查看，A、B、C 相电压应相差 120°，U_0 电压应落后于 U_A120°，A、B、C 相电流应相差 120°，同相电流应落后同相电压 60°，角度误差应小于等于 1°，否则检查装置或交流插件接线是否正确。记录测试结果，见表 2-4。

加三相对称电压 50V，单加 A 相电流（通入额定电流），滞后 A 相电压 60°，观察 $3I_0$ 幅值与角度显示应与 I_a 相同，否则检查装置或交流插件接线是否正确。

表 2-4　　流量测试结果

交流量		I_A	I_B	I_C	$3I_0$	U_A	U_B	U_C	U_X
零漂	标准值	0.000	0.000	0.000	0.000	0.000	0.000	0.000	0.000
	实测值								
	结论								
刻度值	标准值	5.000A	5.000A	5.000A	5.000A	50.00A	50.00A	50.00A	50.00A
	实测值								
	结论								
极性	标准值	0°	90°	180°	90°	0°	−120°	120°	0°
	实测值								
	结论								
线性度	1A/10V								
	2A/20V								
	5A/50V								
	结论	1A/10V：		2A/20V：			5A/50V：		

13. 光纤通道检查

双通道方式，正确连接 A 光纤通道和 B 光纤通道，装置上电后，液晶屏幕应显示报文“通道 A 通信恢复”和“通道 B 通信恢复”；正常循环显示应显示“通道 A 正常，丢帧＝0”和“通道 B 正常，丢帧＝0”；7 号插件通道 A 告警触点（a2-c2、a4-c4、a6-c6、a8-c8）及通道 B 告警触点（a10-c10、a12-c12、a14-c14、a16-c16）应断开。

单通道方式，正确连接 A 光纤通道或 B 光纤通道，装置上电后，液晶屏幕应显示报文“通道 A 通信恢复”或“通道 B 通信恢复”；正常循环显示应显示“通道 A 正常，丢帧＝0”或“通道 B 正常，丢帧＝0”；7 号插件通道 A 告警触点（a2-c2、a4-c4、a6-c6、a8-c8）或通道 B 告警触点（a10-c10、a12-c12、a14-c14、a16-c16）应断开。

断开一路光纤通道，装置告警亮，液晶屏幕应显示“通道 A 通信中断”或“通道 B 通信中断”，7 号插件通道 A 告警触点（a2-c2、a4-c4、a6-c6、a8-c8）或通道 B 告警触点（a10-c10、a12-c12、a14-c14、a16-c16）应闭合。恢复光纤通道后，液晶屏幕应显示“通道 A 通信恢复”或“通道 B 通信恢复”，7 号插件通道 A 告警触点（a2-c2、a4-c4、a6-c6、a8-c8）或通道 B 告警触点（a10-c10、a12-c12、a14-c14、a16-c16）应断开。

14. CSC-103B 保护定值

（1）打印定值单。

（2）控制字说明。每个控制字是由 16 位的二进制数转换而来的 4 位十六制数，16 位的二进制数中每位代表着对某一种功能的取舍选择，KG.15 为最高位，KG.0 为最低位。

15. 输入装置定值

检修状态压板投入。按调度下达的定值单输入装置定值，若无调度定值可按表 2-5 输入定值。

表 2-5　　保护定值

序号	定值名称	整定值（I_n=1A）	整定值（I_n=5A）	单位
1	公用控制字	0000	0000	无
2	纵差控制字	2081（单通道）	2081（单通道）	无
		20A1（双通道）	20A1（双通道）	无
3	距离控制字	0094	0094	无
4	零序控制字	82EF	82EF	无
5	重合闸控制字	0009	0009	无
6	突变量电流定值	0.2	1	A
7	静稳失稳电流定值	1.2	6	A
8	零序电抗补偿系数	0.690	0.690	无
9	零序电阻补偿系数	2.440	2.440	无
10	全线路正序电抗值	15	3	Ω
11	全线路正序电阻值	1.5	0.3	Ω
12	线路长度定值	100	100	km
13	电压一次额定值	220	220	kV
14	电流一次额定值	1.250	1—2	kA
15	电流二次额定值	1.000	5.000	A
16	分相差动高定值	0.400	2.0	A
17	分相差动低定值	0.300	1.5	A
18	零序差动定值	0.20	1.0	A
19	TA 断线后分相差动定值	20	100	A
20	零序差动时间定值	0.1	0.1	S
21	TA 变比补偿系数	1	1	无
22	线路正序容抗定值	9000	9000	Ω
23	线路零序容抗定值	9000	9000	Ω
24	并联电抗器正序电抗	9000	9000	Ω
25	并联电抗器零序电抗	9000	9000	Ω
26	接地电阻定值	20.00	5.00	Ω
27	接地Ⅰ段电抗定值	12.00	2.4	Ω
28	接地Ⅱ段电抗定值	18.0	3.6	Ω
29	接地Ⅲ段电抗定值	22.5	4.5	Ω
30	接地Ⅱ段时间定值	0.500	0.500	S
31	接地Ⅲ段时间定值	1.500	1.500	S
32	相间电阻定值	20.00	5.00	Ω

续表

序号	定值名称	整定值（I_n=1A）	整定值（I_n=5A）	单位
33	相间Ⅰ段电抗定值	12.00	2.4	Ω
34	相间Ⅱ段电抗定值	18.0	3.6	Ω
35	相间Ⅲ段电抗定值	22.5	4.5	
36	相间Ⅱ段时间定值	0.500	0.500	S
37	相间Ⅲ段时间定值	1.500	1.500	S
38	TV 断线后过电流定值	3.000	10.00	A
39	TV 断线后零序过电流定值	3.000	10.00	
40	TV 断线后延时定值	0.200	0.200	S
41	零序Ⅰ段电流定值	3.000	10.00	A
42	零序Ⅱ段电流定值	1.000	5.000	
43	零序Ⅲ段电流定值	0.500	2.500	A
44	零序Ⅳ段电流定值	0.20	1.0	A
45	不灵敏Ⅰ段电流定值	4.000	12.000	
46	零序Ⅱ段时间定值	0.500	0.500	S
47	零序Ⅲ段时间定值	1.500	1.500	S
48	零序 Ⅳ 段时间定值	2.000	2.000	
49	零序反时限电流定值	1.000	5.000	A
50	零序反时限时间系数	500	500	无
51	零序反时限指数定值	1	1	无
52	零序反时限延时定值	5	5	S
53	单相重合闸短延时定值	1	1	S
54	单相重合闸长延时定值	3	3	S
55	三相重合闸短延时定值	2	2	S
56	三相重合闸长延时定值	4	4	S
57	重合闸检同期角度定值	30	30	°

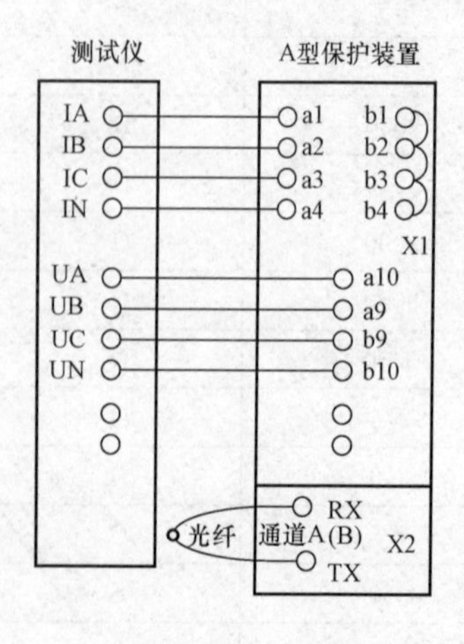

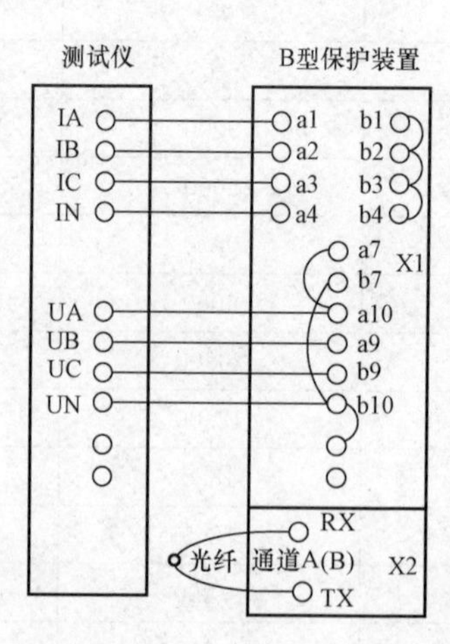

图 2-24 保护试验接线图

16. 保护功能测试

保护试验接线如图 2-24 所示。根据背板端子图，正确接入交流电流电压输入回路，引出装置动作触点，用于监视保护动作行为，测试保护动作时间。根据定值通知单，输入装置定值。定值说明详见说明书。

投入相应的压板，模拟各种短路试验，保护动作结果应符合调试记录的表格。装置自环试验和通道环回试验功能详见调试说明书。

为方便用户进行带通道整组试验，装置提供远方环回试验功能。将本侧装置的控制字3的B4位置1（对侧装置该位必须置0，否则会报“通道环回设置错”，通道环回试验只能在一侧进行），对侧装置自动进入远方环回状态，收到本侧的采样报文后再回传给本侧。这样就可在本侧进行各种短路试验。

差动保护只有在两侧压板都处于投入状态时才能动作，两侧压板互为闭锁。若两侧压板投入状态不一致，装置会报告“差动压板不一致”。

投入相应的压板、综重方式，模拟各种短路试验，保护动作结果填入表2-6。

表2-6　整组实验结果

序号	保护功能	故障类型	面板的正确报文	信号灯	试验结果
1	相间距离Ⅰ段、纵联差动保护	AB相，$I=0.95$倍（$I_{DZH}/2$）定值，$R=0$，$X=0.95$倍Ⅰ段定值	保护启动，Ⅰ段阻抗出口、分相差动出口（低定值分相差动动作）	跳A、B、C灯亮	
2		AB相，$I=1.05$倍（$I_{DZH}/2$）定值，$R=0$，$X=1.05$倍Ⅰ段定值	保护启动、分相差动出口	跳A、B、C灯亮	
3	相间距离Ⅱ段、纵联差动保护	BC相，$I=0.95$倍（$I_{DZL}/2$）定值，$R=0$，$X=0.95$倍Ⅱ段定值	保护启动，Ⅱ段阻抗出口	跳A、B、C灯亮	
4		BC相，$I=1.05$倍（$I_{DZL}/2$）定值，$R=0$，$X=1.05$倍Ⅱ段定值	保护启动、Ⅲ段阻抗出口、分相差动出口	跳A、B、C灯亮	
5	相间距离Ⅲ段	CA相，$R=0$，$X=0.95$倍Ⅲ段定值	保护启动，Ⅲ段阻抗出口	跳A、B、C灯亮	
6		CA相，$R=0$，$X=1.05$倍Ⅲ段定值	保护启动	无	
7	接地距离Ⅰ段、零序Ⅰ段、纵联差动保护	A相，$I_A=1.05$倍I_{01}段定值，$R=0$，$X=0.95$倍阻抗Ⅰ段定值	保护启动，Ⅰ段阻抗出口、零序Ⅰ段出口、分相差动出口	跳A灯亮	
8		A相，$I_A=0.95$倍I_{01}段定值，$R=0$，$X=1.05$倍Ⅰ段定值	保护启动、零序Ⅱ段出口、Ⅱ段阻抗出口、零序差动出口	跳A灯亮	
9	接地距离Ⅱ段、零序Ⅱ段、零序差动保护	B相，$I_B=1.05$倍I_{02}段定值，$R=0$，$X=0.95$倍Ⅱ段定值	保护启动，Ⅱ段阻抗出口、零序Ⅱ段出口、零序差动出口	跳B灯亮	
10		B相，$I_B=0.95$倍I_{02}段定值，$R=0$，$X=1.05$倍Ⅱ段定值	保护启动，Ⅲ段阻抗出口、零序Ⅲ段出口	跳B灯亮	

续表

序号	保护功能	故障类型	面板的正确报文	信号灯	试验结果
11	接地距离Ⅲ段、零序Ⅲ段	C相，$I_C=1.05$倍I_{03}段定值，$R=0$，$X=0.95$倍Ⅲ段定值	保护启动，Ⅲ段阻抗出口、零序Ⅲ段出口	跳A、B、C灯亮	
12		C相，$I_C=0.95$倍I_{03}段定值，$R=0$，$X=1.05$倍Ⅲ段定值	保护启动，零序Ⅳ段出口	跳A、B、C灯亮	
13	反方向故障	C相，$I_C=1.05$倍I_{03}段定值，$R=0$，$X=-0.7$倍Ⅲ段定值	保护启动	保护不动	
14	零序Ⅳ段	C相，$I_C=1.05$倍I_{04}段定值，$R=0$，$X=1.05$倍Ⅲ段定值	保护启动，零序Ⅳ段出口	跳A、B、C灯亮	
15		C相，$I_C=0.95$倍I_{04}段定值，$R=0$，$X=1.05$倍Ⅲ段定值	保护启动	无	
16	TV断线过电流	A相故障，$I=1.05$倍定值	保护启动，TV断线过电流出口	跳A、B、C灯亮	
17		A相故障，$I=0.95$倍定值	保护启动	无	

相关知识

一、CSC-103B主保护——纵联差动保护

1. 纵联保护的分类

（1）按保护所利用的通道不同可分为导引线纵联保护（导引线保护）、电力线载波纵联保护（高频保护）、微波纵联保护（微波保护）、光纤纵联保护（光纤保护）。

（2）按保护动作原理不同可分为纵联差动保护（纵差保护）、方向纵联保护与距离纵联保护。

1）电流差动原理。纵差保护利用通道将本侧电流的波形或代表电流相位的信号传送到对侧，每侧保护根据两侧电流的幅值和相位比较的结果区分是区内故障还是区外故障，这类保护在每一侧都是直接比较两侧的电气量。

2）纵联方向原理。对于方向纵联保护与距离纵联保护，两侧保护只反应本侧的电气量，利用通道将保护元件对故障方向判别的结果传送到对侧，每侧保护根据两侧保护元件的动作结果经过逻辑判断区分是区内故障还是区外故障。这类保护是间接比较线路两侧的电气量，在通道中传送的是逻辑信号。按照保护判别方向所用的方向元件不同，分为方向纵联保护和距离纵联保护。

（3）按通道传送信息的含义（作用）不同可分为闭锁式纵联保护和允许式纵联保护。通道传送的信息（信号）主要有闭锁信号、允许信号和跳闸信号。目前应用广泛的是闭锁信号和允许信号。

2. 保护的基本构成

电流差动保护的基本构成如图 2-25 所示。

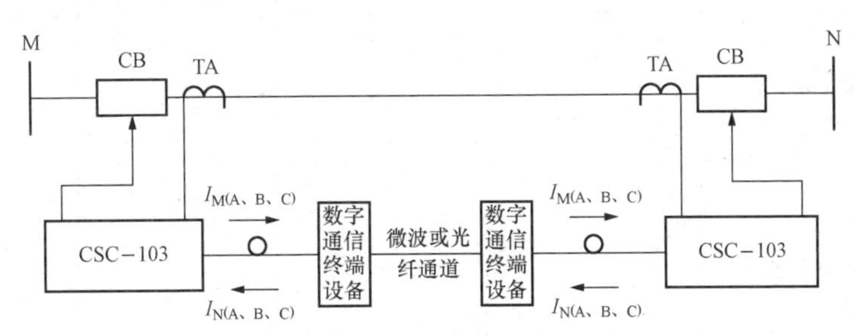

图 2-25　电流差动保护基本构成示意图

M、N 两端均装设 CSC-103B 高压线路保护装置，保护与通信终端设备间采用光缆连接。保护侧光端机装在保护装置的背板上。通信终端设备侧由四方公司配套提供光接口盒 CSC-186A/CSC-186B。

电流差动保护装置与通信系统的连接方式有复用方式和专用方式两种，如图 2-26 所示。

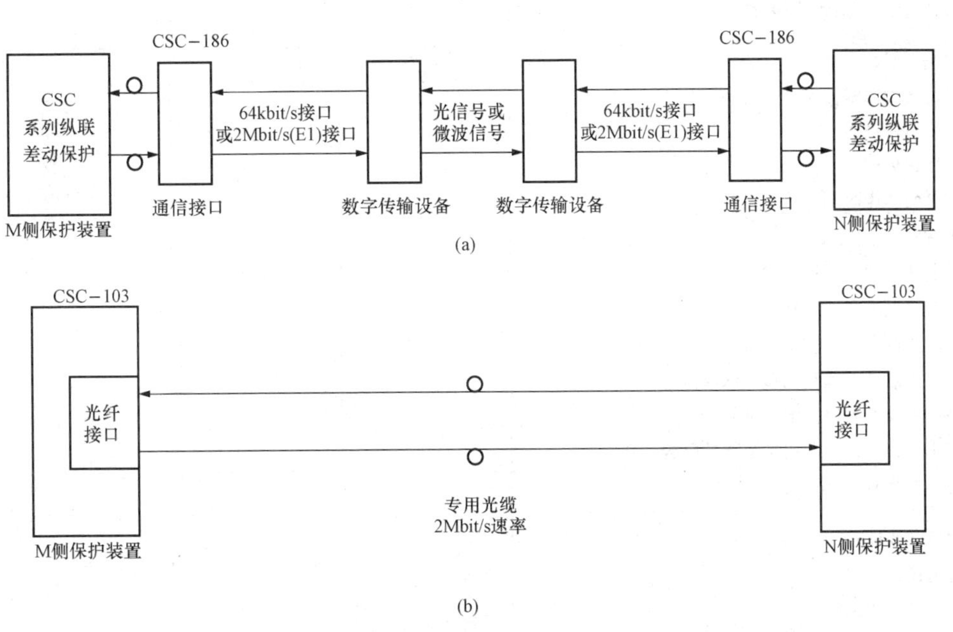

图 2-26　电流差动保护装置与通信系统的连接方式

（a）复用连接方式；（b）专用连接方式

为了提供差动保护的性能和通信可靠性，推荐使用不同路由的双 2Mbit/s 通道（专用、复用均可）。

二、检验项目及检验周期

新安装检验、全部检验和部分检验的项目参见表 2-7。

表 2-7　　新装检验、全部检验和部分检验项目

检　验　项　目	新装检验	全部检验	部分检验
1 外观及接线检查	√	√	√
2 绝缘电阻检测	√	√	√
3 逆变电源性能检验			
3.1 逆变电源自启动性能检验	√	√	√
3.2 逆变电源输出电压及稳定性检验			√
4 通电初步检验	√	√	
4.1 保护装置通电检验			
4.2 软件版本与 CRC 码核查			
4.3 时钟整定与校核			√
4.4GPS 对时的接线和调试			√
4.5 定值整定检查			
4.6 失电检查			
5 开关量输入回路检验	√	√	√
6 模数转换系统检验	√	√	√
6.1 零漂检验			
6.2 模拟量输入幅值特性检验			
6.3 模拟量输入相位特性检验			
7 保护定值检验			
7.1 纵差保护检验	√	√	√
7.2 距离保护检验			√
7.3 零序保护检验			√
7.4 重合闸动作时间的检验			
8 整组试验	√	√	
8.1 输出接点和信号检查			
8.2 与其他保护装置联动			√
8.3 与断路器失灵保护联动试验			√
8.4 与中央信号、远动装置的联动试验			√
8.5 与母差及失灵保护配合试验			√
8.6 与中央信号、自动化系统等的配合			√
8.7 传动断路器试验			
9 带通道联调试验	√	√	
9.1 通道检查			√
9.2 装置带通道试验			
10 带负荷试验	√		
11 投运前定值与开关量的核查	√	√	√

注　1. 全部检验周期：新安装的微机保护装置 1 年内进行 1 次，以后每隔 6 年进行 1 次。

2. 部分检验周期：每隔 1～2 年进行 1 次。

3. 表中有“√”符号的项目表示要求进行检验。

任务三　变压器保护柜的安装调试及运行维护

教学目标

1. 专业能力

（1）了解继电保护的安全规程。

（2）了解硬件构成及软件功能。

（3）能根据安装图进行接线安装，能正确使用保护校验仪进行接线正确性的检查。

（4）能正确进行采样值的检验。

（5）能正确进行软、硬压板的投退。

（6）能正确进行开出传动试验。

（7）能正确进行定值的输入、固化及定值的检验。

（8）能正确调阅保护定值及进行各项保护定值的切换。

2. 方法能力

培养学生合理安排时间的能力，收集信息、制订计划、做出决策的能力等。

3. 社会能力

培养锻炼学生的团队分工协作能力、人际交流能力、职业道德。

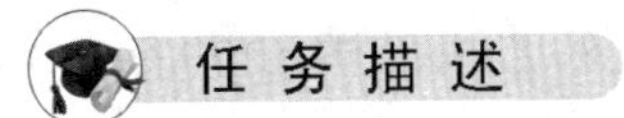

任务描述

以北京四方继保自动化股份有限公司变压器保护柜为载体，使学生具备变压器保护柜的调试与运行维护能力。对 CSC-326B 数字式变压器保护装置进行整机调试，插件的硬件及回路的正确性检查，以及装置操作和保护功能的基本检查。通过调试检验，完成相应的调试记录。

任务准备

一、装置概述

CSC-326 数字式变压器保护装置，采用主保护和后备保护一体化的设计原则，主要适用于 110kV 及以上电压等级的各种接线方式的变压器。装置可用于最大六侧制动的变压器。该装置适用于变电站综合自动化系统，也可用于常规的变电站。

不同型号的装置应用场合不同，详见表 2 - 8。

表 2 - 8　　CSC-326 变压器的保护配置表

型号	应用场合
CSC-326A	220kV 低压不带分支的双绕组变压器
CSC-326B	220kV 低压不带分支的三绕组变压器
CSC-326C	330kV 及以上等级的变压器
CSC-326D	220kV 低压带分支的变压器
CSC-326EA	220kV 变压器，主保护和后备保护接入不同的 TA

续表

型号	应 用 场 合
CSC-326EB	330kV 及以上变压器，主保护和后备保护接入不同的 TA
CSC-326EC	110kV 及以上变压器，主保护和后备保护接入不同的 TA，最大六侧制动
CSC-326FA	110kV 变压器，主保护和后备保护一体化设计，最大四侧制动
CSC-326FB	110kV 变压器，主保护，最大三侧制动
CSC-326FC	110kV 变压器，主保护，最大四侧制动
CSC-326FD	110kV 电压等级变压器后备保护
CSC-326G	110kV 及以下电压等级的变压器主保护、各侧后备保护完全独立

二、装置的特点

1. 高性能、高可靠、大资源的硬件系统

采用 DSP 和 MCU 合一的 32 位单片机，高性能的硬件体系保证了装置对所有继电器进行并行实时计算。

保持了总线不出芯片的优点，有利于保护装置的高可靠性。

大容量的故障录波，储存容量达 4MB，全过程记录故障数据，可以保存不少于 24 次。完整的事件记录和动作报告，可保存不少于 2000 条动作报告和 2000 次操作记录，停电不丢失。

2. 硬件自检智能化

装置内部各模块智能化设计，实现了装置各模块全面实时自检。

模拟量采集回路采用双 A/D 冗余设计，实现了模拟量采集回路的实时自检。

继电器检测采用新方法，可以检测继电器励磁回路线圈完好性和监视出口触点的状态，实现了继电器状态的检测与异常告警。

开入回路检测采用新方法，开入状态经两路光隔同时采集后判断。

对微机保护的电源模块各级输出电压进行实时监测。

对机箱内温度进行实时监测。

3. 用户界面人性化

采用大液晶显示，可实时显示电流、电压、功率、频率、压板状态、定值区等信息，可根据用户要求配置。

汉化操作菜单简单易用，对运行人员和继保人员赋予不同权限，确保安全性，装置提供四个快捷键，可以实现“一键化”操作，方便了现场运行人员的操作。

装置面板采用一体化设计、一次精密铸造成型的弧面结构。具有造型美观，精度高，造价低，安装方便等特点。

4. 可选择的励磁涌流判别原理

提供了两种方法识别励磁涌流，即二次谐波原理和模糊识别原理。用户可以选择其中一种原理。

5. 方便地差动保护二次电流相位自动补偿

软件采用 Y/△变换调整变压器各侧电流互感器二次电流相位，使的变压器各侧电流互感器可以按 Y 接入。

6. 可靠的比例制动差动保护

采用三段式折线特性，提高了区外故障大电流导致电流互感器饱和时的制动能力。

7. 自适应的比率制动差动保护

通过自动识别故障状态的变化，采用自适应的差动保护，提高了区外故障切除时防误动的能力。

8. 具有电流互感器饱和综合判据

在比率制动差动保护中采用了电流互感器饱和的综合判据，可以有效识别电流互感器饱和，从而有效防止区外故障时电流互感器饱和引起的差动保护误动作。

9. 可靠、灵敏的制动电流选取方式

新型的制动电流选取方式，既保证了变压器区内故障时制动量较小，区外故障时有较大的制动量，又兼顾了保护的灵敏性和可靠性的要求。

10. 灵活完善的后备保护配置

后备保护配置灵活，出口采用矩阵整定，满足各种变压器接线要求。

三、CSC-326B 数字式变压器保护装置保护功能的配置

CSC-326B 变压器保护装置（主要适用于 220kV 的三绕组变压器且低压侧不带分支）配置见表 2-9。

表 2-9　　CSC-326B 变压器保护装置配置

<table>
<tr><th colspan="2">保护类型</th><th>段数</th><th>每段时限数</th><th>备注</th></tr>
<tr><td rowspan="4">主保护</td><td>差动速断</td><td></td><td></td><td></td></tr>
<tr><td>二次谐波比例差动</td><td></td><td></td><td rowspan="2">二者任选其一</td></tr>
<tr><td>模糊判别比例差动</td><td></td><td></td></tr>
<tr><td>零序差动保护</td><td></td><td></td><td>只适用于自耦变压器</td></tr>
<tr><td rowspan="11">高压侧后备保护</td><td>复合电压闭锁（方向）过电流保护</td><td>Ⅰ、Ⅱ</td><td>3/Ⅰ、3/Ⅱ</td><td>复合电压可投退，方向可投退</td></tr>
<tr><td>复合电压闭锁过电流保护</td><td>Ⅰ</td><td>2/Ⅰ</td><td>复合电压可投退</td></tr>
<tr><td>零序方向过电流保护</td><td>Ⅰ、Ⅱ</td><td>3/Ⅰ、3/Ⅱ</td><td>可以取中性点 $3I_0$ 或自产 $3I_0$</td></tr>
<tr><td>零序过电流保护</td><td>Ⅰ</td><td>2/Ⅰ</td><td>固定取中性点 $3I_0$</td></tr>
<tr><td>间隙过电流保护</td><td>Ⅰ</td><td>2/Ⅰ</td><td>一般取自专用间隙电流互感器，可选择与间隙过压保护并联输出</td></tr>
<tr><td>间隙过电压保护</td><td>Ⅰ</td><td>2/Ⅰ</td><td>可选择与间隙过电流保护并联输出</td></tr>
<tr><td>非全相保护</td><td>Ⅰ</td><td>2/Ⅰ</td><td></td></tr>
<tr><td>过负荷</td><td>Ⅰ</td><td>1/Ⅰ</td><td>告警</td></tr>
<tr><td>启动风冷</td><td>Ⅰ、Ⅱ</td><td>1/Ⅰ、1/Ⅱ</td><td></td></tr>
<tr><td>闭锁调压</td><td>Ⅰ</td><td>1/Ⅰ</td><td></td></tr>
</table>

续表

保护类型		段数	每段时限数	备注
中压侧后备保护	复合电压闭锁（方向）过电流保护	Ⅰ、Ⅱ	3/Ⅰ、3/Ⅱ	复合电压可投退，方向可投退
	复合电压闭锁过电流保护	Ⅰ	2/Ⅰ	复合电压可投退
	零序方向过电流保护	Ⅰ、Ⅱ	3/Ⅰ、3/Ⅱ	可以取中性点 $3I_0$ 或自产 $3I_0$
	零序过电流保护	Ⅰ	2/Ⅰ	固定取中性点 $3I_0$
	间隙过电流保护	Ⅰ	2/Ⅰ	一般取自专用间隙电流互感器，可选择与间隙过电压保护并联输出
	间隙过电压保护	Ⅰ	2/Ⅰ	可选择与间隙过电流保护并联输出
	充电保护	Ⅰ	1/Ⅰ	
	过负荷	Ⅰ	1/Ⅰ	告警
低压侧后备保护	复合电压闭锁（方向）过电流保护	Ⅰ、Ⅱ	3/Ⅰ、3/Ⅱ	复合电压可投退，方向可投退
	电流限时速断保护	Ⅰ	2/Ⅰ	
	充电保护	Ⅰ	1/Ⅰ	
	零序过电压保护	Ⅰ	1/Ⅰ	取自产 $3U_0$，用于告警
	过负荷	Ⅰ	1/Ⅰ	告警
公组共保绕护	过负荷	Ⅰ	1/Ⅰ	
	过电流保护	Ⅰ	1/Ⅰ	只适用于自耦变压器
	零序电流告警	Ⅰ	1/Ⅰ	

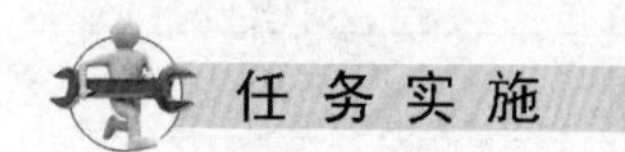

（一）通电前的检查

1. 通电前的外观和插件检查

参考最新的有效图纸或随装置的图纸检查。

（1）检查装置所有互感器的屏蔽层接地线已可靠接地，外壳已可靠接地。

（2）装置面板型号标示、灯光标示、背板端子贴图、端子号标示、装置铭牌标注完整、正确。

（3）将交流插件、CPU 插件、MASTER 插件、开入插件、开出插件、信号插件、电源插件依次插入机箱（参考 CSC-326 装置的插件布置图），注意插件顺序不可弄错。各插件应插拔灵活、插件和插座之间定位良好，插入深度合适。接触可靠。大电流端子的短接片在插件插入时应能顶开。

（检验结果：　　　　　　　　）

2. 绝缘电阻检验

进行本项试验前，应先检查保护装置内所有互感器的屏蔽层的接地线是否全部可靠接地。在装置端子处按表 2 - 10 分组短接。用 500V 绝缘电阻表依次测量 5 组短接端子间及各组对地的绝缘电阻，绝缘电阻应不小于 100MΩ，测绝缘电阻时，施加绝缘电阻表电压时间不少于 5s，待读数稳定时读取绝缘电阻值。

表 2-10 绝缘电阻检查分组短接

A组：交流电压输入回路	按端子上标注的所有有效电压输入端子	实测绝缘电阻值
B组：交流电流输入回路	按端子上标注的所有有效电流输入端子	
C组：直流电源输入回路	电源插件：a/c20、a/c22、a/c26、a/c28	
D组：开出触点	开出1、开出2、开出3的所有端子。 信号插件所有端子；开入1：a/c30、a/c32	
E组：开入触点	开入1：除a/c30、a/c32所有端子。 电源插件：a/c2、a/c4、a/c8、a/c10、a/c12	

（检验结果：　　　　　　　　）

（二）通电检查

1. 逆变电源检查

仅插入直流电源插件做以下检验：

（1）给上额定直流电源，失电告警继电器应可靠吸合，用万用表检查其触点，电源插件的c16和a16应可靠断开。

（检验结果：　　　　　　）

（2）检查电源的自启动性能：当外加试验直流电源由零缓慢调至80%额定值时，用万用表监视失电告警继电器触点应为从闭合到断开。然后，拉合一次直流电源，万用表应有同样反应。

（检验结果：　　　　　　）

（3）检查输出电压值及稳定性：在断电的情况下，转插电源插件，然后在输入电压为（80%～110%）U_n时，各级输出电压值应保持稳定，见表2-11。

表 2-11 各级输出电压值检查

直流输出电压额定值（V）	5	+12	−12	24	R24
允许误差范围	0～+3%	−20%～0%	−20%～0%	0～+5%	0～+8%
测量值允许范围（V）	5.0～5.15	9.6～12.0	−12.0～−9.6	24.0～25.2	24～25.92
实测值					

（4）快速拉合直流试验：做3次快速拉合直流试验，装置应无任何异常。

（检验结果：　　　　　　）

2. 装置基本功能检查

（1）合上直流电源，装置的运行灯亮，液晶显示应正常。若有定值错告警，请重新固化定值；若有定值区指针错，请切换定值区到00区。

（2）MASTER板设置。用CSPC软件直接将MASTER设置配置下载到装置的MASTER板，装置重新上电后，并检查核对MASTER设置配置CRC校验码是否正确。

（3）出厂调试菜单设置。同时按QUIT键及SET键，密码“7777”，进入出厂调试菜单，进行设置。

1）禁止操作内容说明。“出厂调试菜单”中，“内存查看”“清除配置”和“装置配置”禁止进行操作。

2）CPU设置。进入“出厂调试→CPU设置”菜单中，将光标用右键移至右侧，用上下键投退CPU，请设置为投入CPU1和CPU2，并将装置重新上电。

3）压板模式。进入“出厂调试→压板模式”菜单中，将光标移至“软硬压板串联”，按SET键确认，MMI显示“压板模式切换”。

进入“出厂调试→压板投退→软压板投退”菜单中，将所有压板逐一投入，进入“出厂调试→压板投退→查看压板状态”菜单，查看压板状态第一列应全为投入状态，此时投入相应的硬压板，压板状态的第二列相应压板应为投入状态。

(4) 时钟检查。在“装置主菜单→修改时钟”菜单中正确设置装置时钟。回到液晶正常显示下，观察时钟应运行正常。拉掉装置电源5min，然后再上电，检查液晶显示的时间和日期，在掉电时间内装置时钟应保持运行，并走时准确。

(5) 在“装置主菜单→定值设置菜单”中修改保护定值及设置装置参数，检查是否可以正确设置。

(6) 用以太网线接入CSPC，检查是否可以修改和固化保护的定值。用串口线接CSPC，检查是否可以修改和固化保护的定值。

(7) 按复归按钮，此时应无任何告警，然后进行版本号记录。进入“装置主菜单→运行工况→装置编码”菜单，记录装置类型、各软件的版本号和CRC校验码，并检查其与有效版本是否一致。

(8) 快捷键试验及打印功能。操作装置MMI液晶下部的快捷键，应正常反应。

F1键：打印最近一次动作报告，在“定值菜单”中为向下翻页键。

F2键：打印当前定值区的定值，在“定值菜单”中为向上翻页键。

F3键：打印采样值。

F4键：打印装置信息和运行工况。

(9) 功能键试验。操作“+”键和“-”键，进行定值区号加1、减1操作，应正确反应。

3. 模拟量通道检查检查

(1) 零漂调整。调整零漂时，应断开装置与测试仪或标准源的电气连接，确保装置交流端子上无任何输入，选择“装置主菜单→测试操作→调整零漂”，选择所有通道，进行零漂调整，调整成功后会报“零漂调整成功”，之后选择“装置主菜单→测试操作→查看零漂”，电流通道应小于0.5（5A额定值电流互感器）或小于0.1（1A额定值电流互感器），电压通道应小于0.5。CSC-326B装置这项操作要对CPU1、CPU2分别进行。

(2) 刻度调整。试验前将所有保护压板退出以防装置频繁启动。变压器保护采用按侧调整。将调整侧所有有效电流回路串接，所有有效电压回路并接。用0.5级以上测试仪，输出标准电压50V，电流为I_n（1A或5A），用电流表及电压表监视保证标准值的误差在5‰。选择菜单“装置主菜单→测试操作→调整刻度”，按方向键和SET键选择需要调整的通道，设置调整值为I_n（1A或5A）和50V。从测试仪输出交流量到装置，然后确认执行。若操作失败，装置将显示采样出错及出错通道号，检查接线、标准值、版本号是否正确。CSC-326B装置这项操作要对CPU1、CPU2分别进行。

(3) 模拟量精度及线性度检查测试。刻度和零漂调整好以后，用0.5级或以上测试仪检测装置测量线性误差，并记录结果。要求：通入电流分别为$5I_n$（时间不许超过10s），如果

测试仪不能加 $5I_n$，则加 $2I_n$、I_n、$0.08I_n$（I_n 分别为 1A 或 5A），通入相电压分别为 80、60、1V，通入 $3U_0$ 分别为 200、100、3V。

观察面板显示或选择“装置主菜单→测试操作→查看刻度”要求相电压通道在 1V 时液晶显示值与外部表计值误差小于 0.2V，其余小于 2.5%；要求 $3U_0$ 电压通道在 3V 时液晶显示值与外部表计值误差小于 0.2V，其余小于 2.5%；电流通道在 $0.08I_n$ 时误差小于 $0.02I_n$，其余小于 2.5%。

（4）模拟量极性检查。先将所有电流回路串接，电压回路并接。加标准电压和电流，角度分别为 0°和 90°。检查液晶循环显示或进入“装置主菜单→运行工况→测量量”查看所有通道的电流、电压相角是否为 0°和 90°，角度误差应不大于 3°。否则检查装置或交流插件接线是否正确。

注：每路模拟量需要观察保护 CPU 及启动 CPU 的显示结果。需要观察两个 CPU 的显示情况。

4. 开入检测

（1）进行开入自动检测。进入“装置主菜单→修改时钟”，整定时间为“0：59：50”，等待约 1min 后，装置应正常，没有开入错的告警。

（2）进行开入检查。选择菜单“装置主菜单→运行工况→开入”，将开入和 24V＋电源短接，根据不同装置型号需要检验的开入不一样。查看各开入状态是否正确。如某一路不正确，检查与之对应的光隔、电阻等元件有无虚焊、焊反或损坏。

5. 开出检测

（1）进行开出自动检测。进入“装置主菜单→修改时钟”，整定时间为“1：59：50”，等待约 1min 后，装置应正常，没有开出错的告警。完成后恢复时钟为实际时间。

（2）开出传动。选择菜单“装置主菜单→开出传动”，根据不同装置型号需要检验的开出不一样。依次进行开出传动，开出时运行灯闪烁，开出信号保持直到按复归按钮或接收到远方复归命令。如果该通道正常则可以听到继电器动作声音，MMI 相应的灯应点亮，同时液晶显示“开出传动成功”，此时万用表应当可以测到相应开出触点为导通状态；否则检查该通道的继电器管脚有无漏焊虚焊，光隔有无虚焊、焊错。

6. 保护性能测试

（1）输入定值：输入装置参数和保护定值。请参照说明书和相应的定值清单、设计说明。

（2）根据背板端子图，正确接入交流电流电压输入回路，引出装置动作触点，用于监视保护动作行为、测试保护动作时间，见表 2-12。

表 2-12　　保护性能测试

保护类型	监视的保护动作触点
差动速断保护	高压侧断路器触点
比率差动保护	中或高压侧断路器触点
高后备保护	低压 1 侧断路器触点
中后备保护	低压 2 侧或中压侧断路器触点
低 1 后备保护	高母联断路器触点
低 2 后备保护	中母联断路器触点或低压 2 侧断路器触点

(3) 差动速断保护。

1）投入差动保护压板及相应控制位。

2）模拟区内瞬时性短路故障，记录保护报文，面板信号灯及打印报告，检查动作值及动作时间是否准确，保护动作行为是否正确。

(4) 比率差动保护。

1）投入差动保护压板。

2）模拟区内瞬时性故障，记录保护报文，面板信号灯及打印报告，检查动作值及动作时间是否准确，保护动作行为是否正确。

(5) 后备保护。

要求每侧后备保护各做一个试验。

高压侧：相间阻抗保护、接地阻抗保护、间隙保护（保护配置中如果有这些功能，优先选前面的）。

中压侧：零序过电流保护、复压过电流保护（保护配置中如果有这些功能，优先选前面的）。

低压Ⅰ：复压过电流保护。

低压Ⅱ：复压过电流保护。

1）相间阻抗保护：

a）投入相间阻抗保护相应压板，投入跳闸矩阵相应位。

b）根据相间阻抗保护控制字、电抗分量、电阻分量、偏移比及各时限定值，模拟区内、区外相间短路故障。

c）检查定值是否正确，保护动作行为是否正确。

2）接地阻抗保护：

a）投入接地阻抗保护相应压板。

b）根据接地阻抗保护控制字、电抗分量、电阻分量、偏移比及各时限定值，模拟区内、区外相间短路故障。

c）检查定值是否正确，保护动作行为是否正确。

3）间隙保护：

a）投入间隙保护相应压板（间隙电压压板及间隙电流压板）以及投入跳闸矩阵相应位。

b）根据间隙保护控制字、间隙电压定值、间隙电流定值及各时限定值，模拟故障。

c）检查定值是否正确，保护动作行为是否正确。

4）零序过电流保护：

a）投入零压电压闭锁零序（方向）过电流保护相应压板以及投入跳闸矩阵相应位。

b）根据零序保护控制字、零序电流、零序电压闭锁及各时限定值模拟区内外接地短路故障。

c）检查定值是否正确，保护动作行为是否正确。

5）复合电压闭锁（方向）过电流保护：

a）投入复合电压闭锁（方向）过电流保护相应压板。

b）根据复流保护控制字，电流、低电压及负序电压闭锁及各时限定值模拟区内外相间短路故障。

c）检查定值是否正确，保护动作行为是否正确。

将以上试验结果分别填入调试记录表格中。

7. 录波打印功能试验

（1）录波打印量设置。进入“装置主菜单→装置设定→打印设置→录波打印量设置→CSC-326→模入量打印设置”菜单，进行模拟量打印设置。设置各侧电流通道为“√”，其他通道为“×”（即不打印）。

进入“装置主菜单→装置设定→打印设置→录波打印量设置→CSC-326→开关量打印设置”菜单，进行开关量打印设置。设置差动保护动作的相应开关量通道为“√”，其他通道为“×”（即不打印）。

（2）录波打印。进入“装置主菜单→装置设定→打印设置→录波方式设置”菜单，禁止打印录波设置为“×”，模拟故障试验，保护出口后，正确打印录波。

相关知识

一、装置告警说明

装置的告警分为告警Ⅰ和告警Ⅱ，告警Ⅰ为严重告警。有告警Ⅰ时，装置面板告警灯闪亮；有告警Ⅱ时，装置面板告警灯长亮。有告警Ⅰ时，装置闭锁保护出口电源。

CSC-326系列装置的告警报文、告警类别及处理措施见表2-13、表2-14。

表2-13　告警Ⅰ的类别及处理措施

告警报文	告警类别	可能原因及处理措施
模拟量采集错	告警Ⅰ	检查电源输出情况、更换保护CPU插件
跳闸失败	告警Ⅰ	检查跳闸出口回路
装置参数错	告警Ⅰ	重新固化装置参数，若无效，更换保护CPU插件
ROM和校验错	告警Ⅰ	更换保护CPU插件
定值错	告警Ⅰ	重新固化保护定值及装置参数，若仍无效，更换保护CPU插件
定值区指针错	告警Ⅰ	切换定值区，若仍无效，更换保护CPU插件
开出不响应	告警Ⅰ	检查是否有其他告警Ⅰ导致闭锁24V+失电，否则更换相应开出插件
开出击穿	告警Ⅰ	更换相应开出插件
压板模式未确认	告警Ⅰ	未设置压板模式，进入出厂调试菜单进行设置（由厂家设置）
软压板错	告警Ⅰ	进行一次软压板投退
系统配置错	告警Ⅰ	重新下载保护配置（由厂家处理）
开出配置错	告警Ⅰ	重新下载保护配置（由厂家处理）
开出EEPROM出错	告警Ⅰ	更换相应开出插件

表2-14　告警Ⅱ的类别及处理措施

告警报文	告警类别	可能原因及处理措施
传动状态未复归	告警Ⅱ	开出传动后没有复归，按复归按钮
开入击穿	告警Ⅱ	检查开入情况，更换开入插件
开入输入不正常	告警Ⅱ	检查装置的电源24V输出情况，或更换开入插件

续表

告警报文	告警类别	可能原因及处理措施
双位置输入不一致	告警Ⅱ	检查或更换开入插件
开入自检回路出错	告警Ⅱ	检查或更换开入插件
开入 EEPROM 出错	告警Ⅱ	更换相应开入插件
开入异常	告警Ⅱ	检查相应开入外回路及开入插件
开入配置错	告警Ⅱ	重新下载保护配置（由厂家处理）
开入通信中断	告警Ⅱ	检查开入插件是否插紧，更换开入插件
开出通信中断	告警Ⅱ	检查开出插件是否插紧，更换开出插件
通信中断	告警Ⅱ	检查保护 CPU 是否插紧，更换保护 CPU 插件
TA 断线	告警Ⅱ	检查 TA 回路，按照运行规程执行
差流越限	告警Ⅱ	检查各侧电流回路极性情况以及定值情况
零序差流越限	告警Ⅱ	检查各侧电流回路极性情况以及定值情况
××侧 TV 断线	告警Ⅱ	按照运行规程执行
××侧过负荷	告警Ⅱ	提示变压器某侧过负荷，按照运行规程执行
非全相开入告警	告警Ⅱ	检查非全相开入的外回路情况
××侧母充开入告警	告警Ⅱ	检查该侧充电保护开入的外回路情况
××侧零序过电压告警	告警Ⅱ	按照运行规程执行
××侧选跳开入告警	告警Ⅱ	检查该侧选跳开入的外回路情况
消弧零流 1 告警	告警Ⅱ	按照运行规程执行
消弧零流 2 告警	告警Ⅱ	按照运行规程执行
定值不一致	告警Ⅱ	重新整定定值
装置参数不一致	告警Ⅱ	重新整定装置参数
压板不一致	告警Ⅱ	重新投退所有软压板
定值区号不一致	告警Ⅱ	重新整定定值区号

二、数字式变压器保护装置与电流互感器的连接

变压器各侧电流互感器二次均采用星形接线，其二次电流直接接入装置，如图 2 - 27 所示。

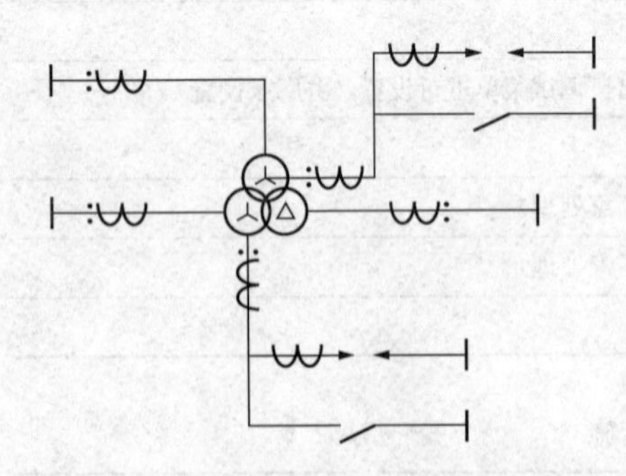

图 2 - 27　电流互感器连接极性示意图

变压器各侧电流互感器二次也可选择按常规相位补偿接线（但极性仍然如图 2 - 27 所示），此时系统参数定值“KMD 变压器接线型式”控制字的 B2 位选择“软件不做 TA 接线星三角转换”。

各侧相电流互感器均为减极性，都以母线侧为极性端。中性点零序 TA 的极性需要注意，为减极性，以变压器侧为极性端。

装置内部电流回路装有小 TA（电流变换器），装置端子图上标“′”的为接装置内部 TA 非极性端的端子。

对于零序差动保护以及分相差动保护，TA 接线方法：对于变压器高、中压侧电流互感器，采用星形接线，不可采用常规相位补偿接线，二次电流直接接入装置，均以母线侧为极

性端，以母线指向变压器为正方向指向；对于公共绕组电流互感器：采用星形接线，不可采用常规接线，二次电流直接接入本装置，其极性端远离变压器，以大地指向变压器为正方向指向。

三、差动速断保护

一般情况下，比率制动的微机差动保护作为变压器的主保护已足够了，但是在严重内部短路故障时，短路电流很大的情况下，电流互感器将会严重饱和而使交流暂态传变严重恶化，电流互感器的二次侧在电流互感器严重饱和时基波为零，高次谐波分量增大，比率制动的微机差动保护将无法反应区内短路故障，从而影响了比率制动的微机差动保护正确动作。

因此，微机差动保护都配有差动速断保护。差动速断保护是差动电流过电流瞬时速断保护，即差动速断保护没有制动量，它的动作一般在半个周期内实现，而决定动作的测量过程在 1/4 周期内完成，这时电流互感器还未严重饱和，能实现快速正确地切除故障。差动速断的整定值以躲过最大不平衡电流和励磁涌流来整定，这样在正常操作和稳态运行时差动速断保护可靠不动作。根据有关文献的计算和工程经验，差动速断的整定值一般不小于变压器额定电流的 6 倍，如果灵敏度够的话，整定值取不小于变压器额定电流的 7～9 倍较好。

当任一相差动电流大于差动速断整定值时，差动速断保护瞬时动作，跳开各侧开关，其动作判据为

$$I_{d} > I_{sd}$$

式中：I_d 为变压器差动电流；I_{sd}为差动速断电流保护定值。

目前，微机型变压器差动保护装置常常还设启动元件。保护启动方式主要有三种：①不采用专用启动元件；②采用相电流突变量启动；③采用差流越限或零序电流越限。

四、比率差动保护

1. 比率差动保护特性

比率差动保护采用常规三段式折线，如图 2-28 所示。

2. 比率差动保护的动作判据

判据如下

当 $I_{zd} \leqslant 0.6I_{N}$ 时 $I_{dz} \geqslant K_{b1}I_{zd} + I_{cd}$

当 $0.6I_{N} < I_{zd} \leqslant 5I_{N}$ 时 $I_{dz} \geqslant K_{b2}(I_{zd} - 0.6I_{N}) + K_{b1} \times 0.6I_{N} + I_{cd}$

当 $5I_{N} < I_{zd}$ 时 $I_{dz} \geqslant K_{b3}(I_{zd} - 0.6I_{N}) + K_{b2}(5I_{N} - 0.6I_{N}) + K_{b1} \times 0.6I_{N} + I_{cd}$

式中：I_{cd}为差动保护电流定值；I_{dz}为动作电流；I_{zd}为制动电流；I_N 为变压器基准侧二次额定电流；K_{b1}为第一段折线的斜率（固定取 0.2）；K_{b2}为第二段折线的斜率（其值等于比例制动系数定值）；K_{b3}为第三段折线的斜率（固定取 0.7）。

程序中按相判别，任一相满足以上条件时，比率差动保护动作。比率差动保护经过励磁涌流判别、TA 断线判别（可选择）后出口。

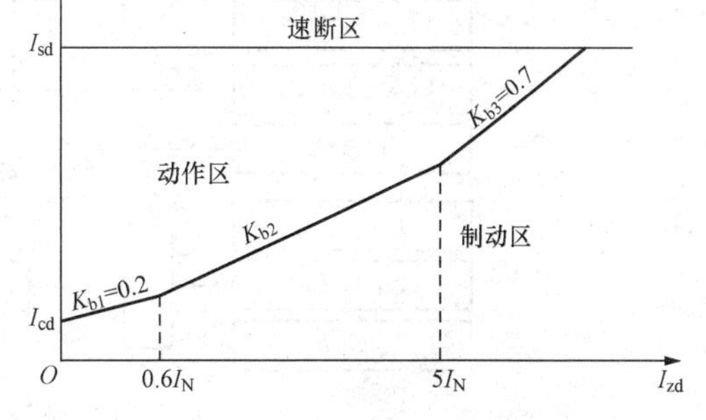

图 2-28　比率差动保护特性曲线

3. 异常检测和一些判别

（1）整组复归判别：启动元件返回后，连续 5s 内差流均不越限，则差动保护整组复归。

（2）TA 断线检测：

1）正常情况下，通过检查所有相别的电流中有一相或两相无流且存在差流，即判为 TA 断线。

2）在有电流突变时，判据如下：①发生突变后电流减小（而不是增大）；②本侧三相电流中有一相或两相无流，且对侧三相电流无变化。满足以上条件时判为 TA 二次回路断线。TA 二次断线后，发出告警信号，并可选择闭锁或不闭锁差动保护出口。

（3）差流越限告警。正常情况下，监视各相差流异常，延时 5s 非常告警信号，判据如下：

$$I_{d\phi} > K_{yx} I_{cd}$$

式中：$I_{d\phi}$、K_{yx}、I_{cd}分别为各相差动电流、装置内部固定的系数（固定取 0.3）、差动保护启动电流定值。

4. 差动保护动作逻辑框图

差动保护动作逻辑框图如图 2-29 所示，图中：I_{SD}为差动速断电流保护定值；I_{CD}为差动保护启动电流定值；I_{dA}、I_{dB}、I_{dC}分别为 A、B、C 各相的差动电流；$I_{dA.1}$、$I_{dB.1}$、$I_{dC.1}$分

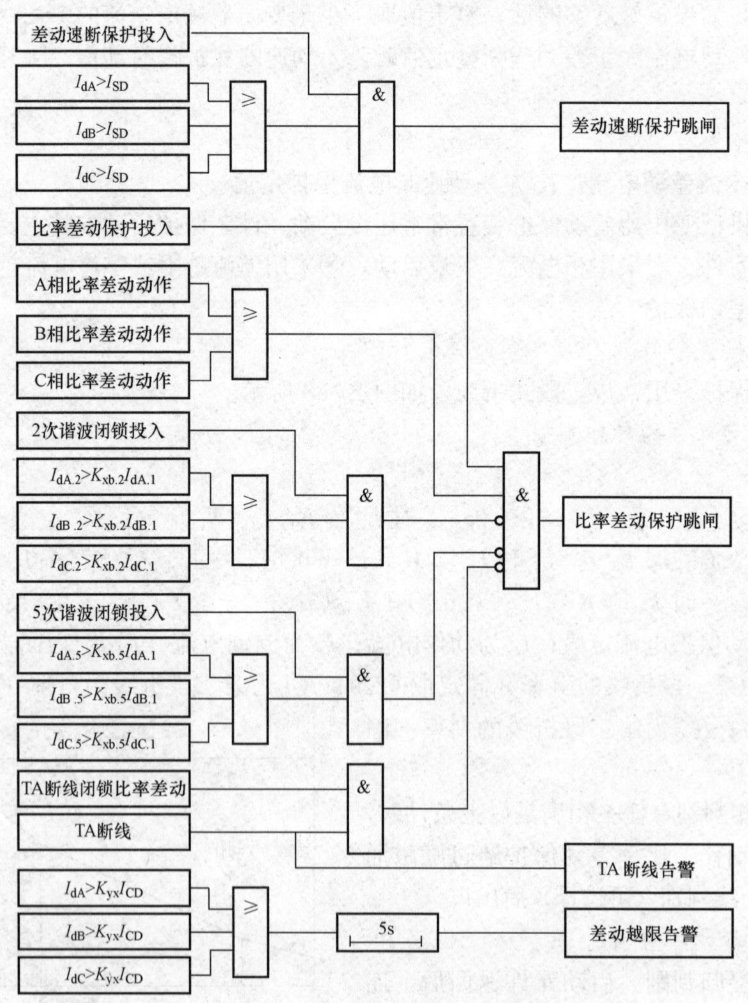

图 2-29 差动保护动作逻辑框图

别为A、B、C各相差动电流的基波分量；$I_{dA.2}$、$I_{dB.2}$、$I_{dC.2}$分别为A、B、C各相差动电流的二次谐波分量；$I_{dA.2}$、$I_{dB.2}$、$I_{dC.2}$分别为A、B、C各相差动电流的五次谐波分量；$K_{xb.2}$为二次谐波制动系数；$K_{xb.5}$为二次谐波制动系数（固定取0.35）；K_{yx}为越限系数（固定取0.3）。

任务四　母线保护柜的安装调试及运行维护

教学目标

（1）通过学习和实践，学生能够熟练使用继电保护测试仪对母线保护装置进行测试。

（2）熟悉母线保护装置测试工艺和测试方法。

（3）能制定测试方案对母线保护装置进行测试，能做测试数据记录、测试数据分析处理。

（4）能对母线保护装置二次回路出现的故障进行正确分析和排查。

（5）学生应具有制定学习和工作计划的能力，具有查找资料的能力，能对文献资料进行利用与筛查，具有初步解决问题的能力，具有独立学习继电保护技术领域新技术的初步能力，具有评估工作结果的能力，具有一定的分析与综合能力。

（6）学生还应具有人际交往能力、语言文字表达能力，具有吃苦耐劳、顾全大局和团队协作能力。

任务描述

以北京四方继保自动化股份有限公司母线保护柜为载体，使学生具备母线保护柜的调试与运行维护能力。对CSC-150母线保护装置进行整机调试，插件的硬件及回路的正确性检查，装置操作和保护功能的基本检查。通过调试检验，完成相应的调试记录。

任务准备

一、母线保护的配置

根据国家标准GB/T 14285《继电保护和安全自动装置技术规程》，下列情况下均应装设专门的母线保护。

（1）在110kV的双母线和220kV及以上的母线上，为保证快速地有选择性地切除任一组（或段）母线上发生的故障，而另一组（或段）无故障的母线仍能继续运行，应装设专用的母线保护。对于3/2断路器接线的每组母线应装设两套母线保护。

（2）110kV及以上的单母线，重要发电厂的35kV母线或高压侧为110kV及以上的重要降压变电站的35kV母线，按照系统的要求必须快速切除母线上的故障时，应装设专用的母线保护。

二、CSC-150型母线保护装置的面板布置

CSC-150型母差保护装置包含两个机箱CSC-150/1和CSC-150/2，分别如图2-30和图2-31所示。CSC-150/1为一个8U高度的保护箱，CSC-150/2为一个4U高度的辅助箱。装置内部的功能组件具有锁紧机构，采用前插拔方式。装置的安装方式为嵌入式，接线为后接

线方式。

CSC-150 数字式成套母线保护装置适用于 750kV 及以下电压等级，包括单母线、单母分段、双母线、双母分段及 3/2 断路器接线等多种接线形式，最大接入单元为 24 个（包括线路、元件、母联及分段开关）。

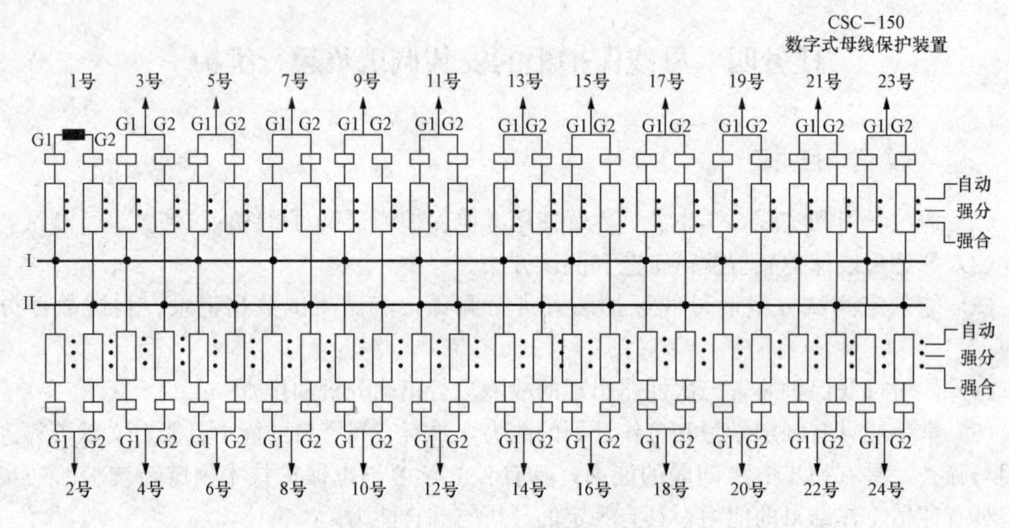

图 2-30 CSC-150/2 面板布置图

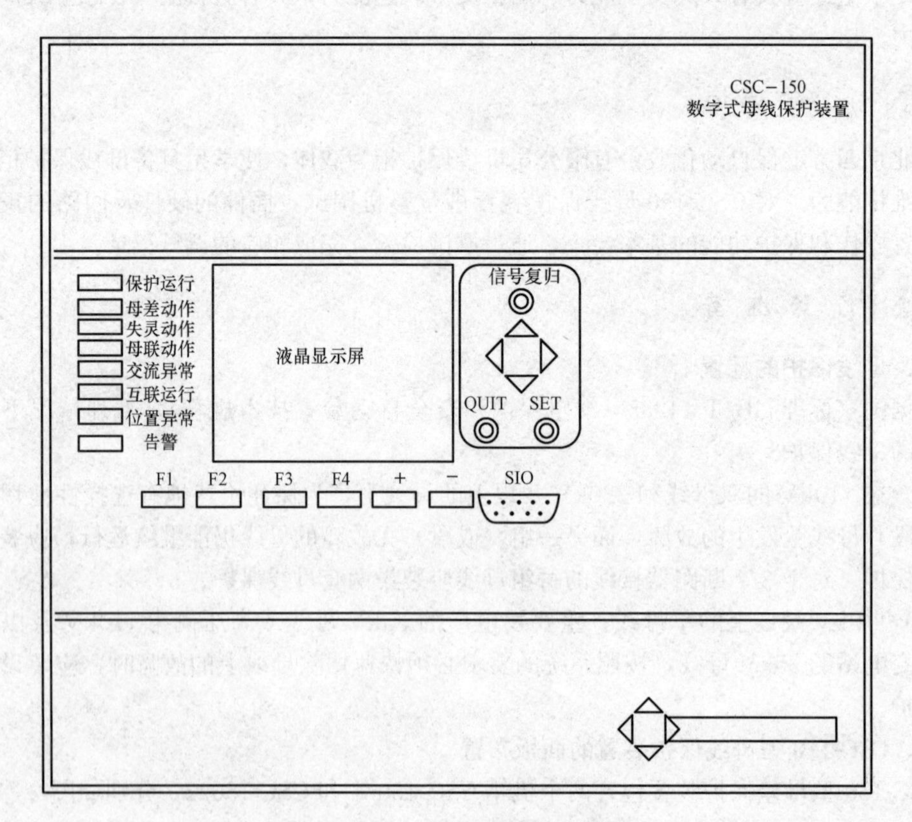

图 2-31 CSC-150/1 面板布置图

三、CSC-150型母线保护装置的插件布置

8U保护机箱、4U辅助机箱的插件布置分别如图2-32、图2-33所示。

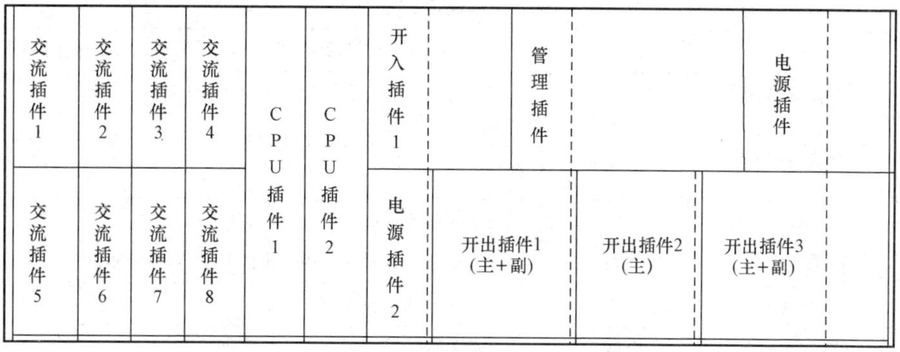

<table>
<tr><td>交流插件1</td><td>交流插件2</td><td>交流插件3</td><td>交流插件4</td><td rowspan="2">CPU插件1</td><td rowspan="2">CPU插件2</td><td>开入插件1</td><td></td><td>管理插件</td><td></td><td>电源插件</td><td></td></tr>
<tr><td>交流插件5</td><td>交流插件6</td><td>交流插件7</td><td>交流插件8</td><td>电源插件2</td><td colspan="2">开出插件1
(主+副)</td><td>开出插件2
(主)</td><td colspan="2">开出插件3
(主+副)</td></tr>
</table>

图2-32 8U保护机箱（CSC-150/1）的插件布置图

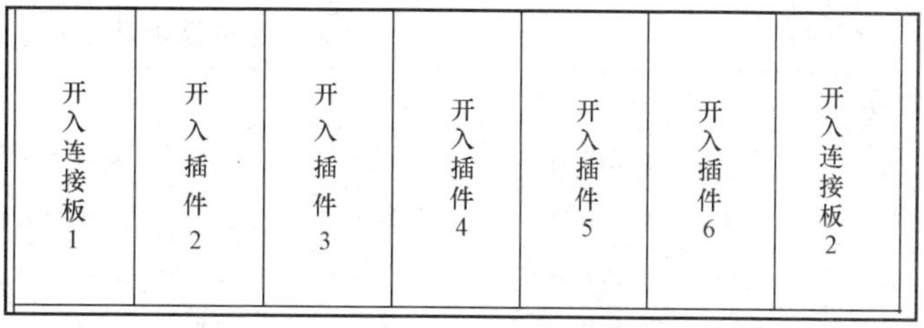

8U保护机箱共配置17个插件和1个CAN网接口，包括8个交流插件、CPU1插件、CPU2插件、开入插件1、管理插件、开出插件1（主板加副板）、开出插件2（主板）、开出插件3（主板加副板）及电源插件。此外还有一定的空间，可以根据用户需要设置独立的电压闭锁CPU及独立的电压闭锁电源。

开入连接板1	开入插件2	开入插件3	开入插件4	开入插件5	开入插件6	开入连接板2

图2-33 4U辅助机箱（CSC-150/2）的插件布置图

4U辅助机箱共配置7个插件和1个CAN网接口，包括开入连接板1、开入插件2、开入插件3、开入插件4、开入插件5、开入插件6、开入连接板2。此外对于双母线系统辅助机箱还配置了模拟盘显示功能，除直观显示主接线形式外，还提供强分/强合控制开关供用户强行干预不对应的隔离开关辅助触点状态。装置内部插件可根据用户的需求配置。交流插件、开出插件、开入插件和电源插件为“直通式”，即插件连接器直接与机箱端子相连，增加了接线的可靠性。

四、CSC-150型母线保护装置的告警报文

（1）告警Ⅰ为严重告警。有告警Ⅰ时，装置面板告警灯闪烁，退出所有保护的功能，装置闭锁保护出口电源。

（2）告警Ⅱ为其他告警。有警Ⅱ时，装置面板告警灯常亮，仅退出相关保护功能（如TV断线），不闭锁保护出口电源。

装置的告警报文、类别及处理措施见表2-15、表2-16。

表2-15 告警Ⅰ报文及处理措施

序号	告警报文	告警类别	可能原因及处理措施
1	模拟量采集错	告警Ⅰ	检查电源输出情况，更换保护CPU插件
2	装置参数错	告警Ⅰ	重新固化装置参数，若无效，更换保护CPU插件

续表

序号	告警报文	告警类别	可能原因及处理措施
3	ROM 和校验	告警Ⅰ	更换保护 CPU 插件
4	定值错	告警Ⅰ	重新固化保护定值及装置参数，若仍无效，更换保护 CPU 插件
5	定值区指针错	告警Ⅰ	切换定值区，若仍无效，更换保护 CPU 插件
6	开出不响应	告警Ⅰ	检查是否有其他告警Ⅰ导致闭锁 24V+失电，否则更换相应开出插件
7	开出击穿	告警Ⅰ	更换相应开出插件
8	压板模式未确认	告警Ⅰ	没有设置压板模式，进入出厂调试菜单进行设置
9	软压板错	告警Ⅰ	进行一次软压板投退
10	系统配置错	告警Ⅰ	重新下载保护配置，由厂家完成
11	开出 EEPROM 出错	告警Ⅰ	更换相应开出插件

表 2-16　　告警Ⅱ报文及处理措施

序号	告警报文	告警类别	可能原因及处理措施
1	A 相失灵启动异常	告警Ⅱ	长期有“A 相失灵启动”开入，检查 A 相失灵启动开入回路
2	B 相失灵启动异常	告警Ⅱ	长期有“B 相失灵启动”开入，检查 B 相失灵启动开入回路
3	C 相失灵启动异常	告警Ⅱ	长期有“C 相失灵启动”开入，检查 C 相失灵启动开入回路
4	解除电压闭锁异常	告警Ⅱ	长期有“解除电压闭锁”开入，检查解除电压闭锁开入回路
5	母联手合异常	告警Ⅱ	长期有“母联手合”开入，检查母联手合开入回路
6	模拟通道异常	告警Ⅱ	调整刻度时，可能输入值和选择的基准值不一致。重新调整刻度
7	传动状态未复归	告警Ⅱ	开出传动后没有复归，按复归按钮
8	开入击穿	告警Ⅱ	检查开入情况，更换开入插件
9	开入输入不正常	告警Ⅱ	检查装置的电源 24V 输出情况，或更换开入插件
10	双位置输入不一致	告警Ⅱ	检查或更换开入插件
11	开入自检回路出错	告警Ⅱ	检查或更换开入插件
12	开入 EEPROM 出错	告警Ⅱ	更换相应开入插件
13	开入异常	告警Ⅱ	检查相应开入外回路及开入插件
14	开入配置错	告警Ⅱ	重新下载保护配置，由厂家完成
15	开入通信中断	告警Ⅱ	检查开入插件是否插紧，更换开入插件
16	开出通信中断	告警Ⅱ	检查开出插件是否插紧，更换开入插件
17	通信中断	告警Ⅱ	检查保护 CPU 是否插紧，更换保护 CPU 插件

任务实施

1. 装置调试检验所用仪器仪表及接线图

装置调试与检验需要微机保护测试仪一台、交流电流表一块（精确等级 0.2 级或 0.5 级）、交流电压表一块（精确等级 0.2 级或 0.5 级）、万用表一块。

CSC-150 母线保护装置检验接线示意图如图 2-34 所示。

测试仪的 U_A、U_B、U_C、U_N 分别接装置的 X14 插件的Ⅰ母电压 a10、a9、b9、b10 或Ⅱ母电压 a8、a7、b7、b8 端。测试仪的 I_A、I_B、I_C、I_N 按装置测试需要分别和相应的电流端子相联。

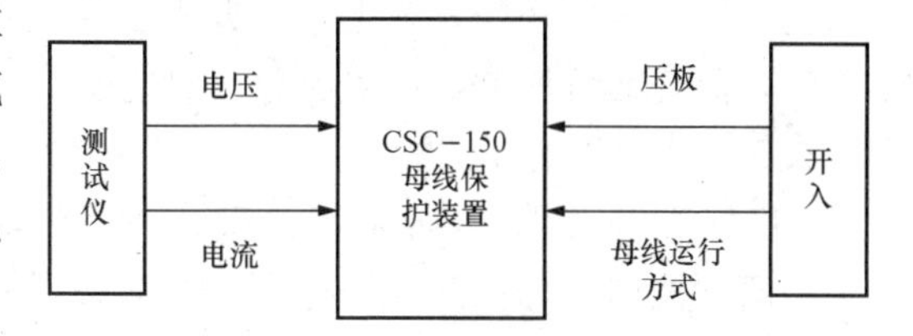

图 2-34 CSC-150 母线保护装置检验接线示意图

2. 通电前检查

（1）逐一检查插件上的机械零件、元器件是否松动、脱落，有无机械损伤，接线是否牢固；检查各插件连接器是否能插入到位、锁紧是否可靠；检查人机接口（MASTER）和面板连接是否可靠。

（2）检查装置面板型号标示、灯光标示、背板端子贴图、端子号标示、装置铭牌标注应完整、正确。

（3）对照装置的分板材料表，逐个检查各插件上元器件应与其分板材料表相一致，印制电路板应无机械损伤或变形，所有元件的焊接质量良好，各电气元件应无相碰、断线或脱焊现象。

（4）各插件拔、插灵活，插件和插座之间定位良好，插入深度合适；大电流端子的短接片在插件插入时应能顶开。

（5）交流插件上的电压、电流互感器规格应与要求的参数相符。

3. 直流稳压电源通电检查

（1）同时接入两个直流电源插件。

（2）电源输出检查。在断电的情况下，转插电源插件，然后在直流电压分别为 80%、100%、115%额定值下，用万用表测量各级电压，允许范围见表 2-17，+5、±12、+24V 不共地。

表 2-17 电源输出允许范围

标准电压（V）	5	+12	−12	+24
允许范围（V）	4.8～5.2	9～19	−9～−15	22～26

（3）失电告警。通入额定直流电源，失电告警继电器应可靠吸合，用万用表检查其触点（端子 X9/a16-c16 或端子 X25/a16-c16）应可靠断开。切断额定直流电源，失电告警继电器应可靠失磁，用万用表检查其触点（端子 X9/a16-c16 或端子 X25/a16-c16）应可靠闭合。

（4）检查电源的自启动性能。当外加试验直流电源由零缓慢调至 80%额定值时，用万用表监视失电告警继电器触点应为从闭合到断开。然后，拉合一次直流电源，万用表应有同样反应。

4. 开入和主接线显示灯检查

开入主要为 220V（或 110V）开入和少数的 24V 开入。220V（或 110V）开入包括：隔离开关辅助触点开入（插件 X19、X24）、失灵启动开入（插件 X20、X21、X22）、母联跳位及合位、母联旁路状态、母联手合开入、接触电压闭锁等（插件 X5）。24V 开入包括：信号复归、隔离开关位置确认等（插件 X5）。

隔离开关辅助触点开入是通过开入报文来确认开入的正确性的。把 4U 机箱面板上的开关拨到“自动”，用+220V（或+110V）接通各开入端子，4U 机箱面板上对应的灯被点亮呈绿色，同时逐一通断开入电平，并查看相应报文是否正确。把 4U 机箱面板上的开关拨到“强合”，对应的灯应亮，而且颜色呈红色。

失灵开入和其他的 220V（或 110V）开入通过用+220V（或 110V）接通各开入端子，查看 MASTER 的开入显示状态来确认。

隔离开关位置确认开入通过用+24V 接通其端子后查看开入显示状态确认；信号复归开入可以用+24V 接通其端子号后查看开入显示状态确认，也可以在模拟试验时进行，保护动作后用+24V 接通信号复归开入可以使 CPU 复位。

5. 开出传动试验

选择保护开出传动菜单。传动出口继电器时对应的触点应闭合，传动信号继电器时对应的触点应闭合且有灯光信号，复归已驱动的开出只要按面板上的复归按钮即可。

6. 保护功能试验

以下主要以专用母联、专用旁路的双母线为例，其他方式参照进行。整定“装置参数”中“最大单元编号”大于等于 3。

(1) 差动试验（按 A、B、C 分相进行）。

投“差动保护投入”压板，设置系统定值控制字“母联 TA 极性与Ⅰ母一致”。

1) 区外故障模拟。合母联（1 号元件）的Ⅰ、Ⅱ母隔离开关位置触点，无母联 TWJ 开入，合 2 号元件的Ⅰ母隔离开关位置触点和 3 号元件的Ⅱ母隔离开关位置触点。在保证母线保护电压闭锁开放的条件下。将母联 TA 与 2 号元件 TA 反极性串联，再与 3 号元件 TA 同极性串联，模拟母线区外故障，保护动作应正确、可靠不出口。

2) 区内故障模拟。合母联（1 号元件）的Ⅰ、Ⅱ母隔离开关位置触点，无母联 TWJ 开入，合 2 号元件的Ⅰ母隔离开关位置触点和 3 号元件的Ⅱ母隔开关位置触点。在保证母线保护电压闭锁开放的条件下，在 2 号元件上加入一个大于差动电流门槛定值的电流，模拟Ⅰ母区内故障，此时保护应动作跳开与Ⅰ母相联的所有单元，包括母联；再在 3 号元件上加入一个大于差动电流门槛定值的电流，模拟Ⅱ母区内故障，此时保护应动作跳开与Ⅱ母相联的所有单元，包括母联，保护动作行为应正确、可靠，其误差应小于±5%。在大于 2 倍整定电流、小于 0.5 倍整定电压下，保护整组动作时间不大于 15ms。

3) 制动系数测试。差动电流门槛定值整定为 $0.2I_n$，合 2 号元件的Ⅰ母隔离开关位置触点和 3 号元件的Ⅰ母隔离开关位置触点。在 2 号元件上加电流 I_1，在 3 号元件上加电流 I_2（注意电流 I_1 和 I_2 应加在 2 号元件和 3 号元件的同一相上），将 2 号单元电流 I_1 固定（大于 $0.02I_n$），3 号元件电流 I_2 极性与 I_1 极性相反，缓慢增大 I_2 的值，记下保护刚好动作时的两个电流值，然后计算 $|I_1-I_2|$ 和 $|I_1+I_2|$ 的值，两者相除即为制动系数。

4) 互联。

a) 自动互联：合 2 号元件的Ⅰ、Ⅱ母隔离位置触点和 3 号元件的Ⅱ母隔离位置触点，在 3 号元件上加入电流模拟Ⅱ母区内故障，此时保护应该动作跳开所有运行单元。合 2 号元件的Ⅰ、Ⅱ母隔离开关位置触点和 3 号元件的Ⅰ母隔离开关位置触点，在 3 号元件上加入电流模拟Ⅰ母区内故障，此时保护应该动作跳开所有运行元件。

b) 强制互联：投入“母联运行”压板。合 2 号元件的Ⅰ母隔离开关位置触点和 3 号元件的Ⅱ母隔离开关位置触点，在 2 号元件上加入电流模拟Ⅰ母区内故障，此时保护应该动作跳开所有运行单元。在3号元件上加入电流模拟Ⅱ母区内故障，此时保护应该动作跳开所有运行元件。

5）母联失灵故障。合母联（1号元件）的Ⅰ、Ⅱ母隔离开关位置触点且无母联TWJ开入，合2号元件的Ⅰ母隔离开关位置触点和3号元件的Ⅱ母隔离开关位置触点。在保证母线保护电压闭锁开放的条件下，在母联和2号元件上反串一个电流来模拟Ⅱ母区内故障且母联失灵，此时保护应瞬时跳开与Ⅱ母相联的所有元件并延时跳开与Ⅰ母相联的所有元件。在母联和3号元件上顺串一个电流来模拟Ⅰ母故障且母联失灵，此时保护应瞬时跳开与Ⅰ母相联的所有元件并延时跳开与Ⅱ母相联的所有元件。

6）母联死区故障。合母联（1号元件）的Ⅰ、Ⅱ母隔离开关位置触点，合2号元件的Ⅰ母隔离开关位置触点和3号元件的Ⅱ母隔离开关位置触点，元件1出口触点接母联跳位。在保证母线保护电压闭锁开放的条件下，在母联和2号元件上反串一个电流来模拟Ⅱ母区内故障，此时保护应瞬时跳开与Ⅱ母相联的所有元件，延时200ms跳开与Ⅰ母相联的所有单元。在母联和3号元件上顺串一个电流来模拟Ⅰ母区内故障，此时保护应瞬时跳开与Ⅰ母相联的所有元件，延时200ms跳开与Ⅱ母相联的所有元件。

（2）TA断线。

1）投“差动保护投入”压板。

2）投“TA断线告警投入”控制位，在元件1以外的任意元件上加入电流使得差动电流大于TA断线告警段定值，此时装置延时10s发“TA断线”告警信号，随后增大电流值使之大于差动电流门槛定值，差动保护仍能动作。

3）投“TA断线闭锁投入”控制位，在元件1以外的任意元件上加入电流使得差动电流大于TA断线闭锁段定值，此时装置延时10s发“TA断线”告警信号，随后增大电流值使之大于差动电流门槛定值，差动保护被闭锁而无法动作。

TA断线告警或闭锁可以通过控制字投退分别测试，也可以通过电流定值区分，TA断线闭锁执行“按段按相”闭锁原则。

（3）充电保护。

1）使用本装置的充电保护。投“充电保护投入”压板，并设置控制字投入相应的充电保护段。

自动方式：母联断路器断开（母联TWJ存在），其中一段母线正常运行而另一段母线停运（无压、无流、无隔离开关开入），当母联电流从无到有时自动判为充电状态，若在整定延时内电流越限即跳开母联断路器。

手动方式：一段母线停运（无压、无流、无隔离开关开入），外部接入母联手合开入即进入充电状态，若在整定延时内电流越限即跳开母联断路器。自动充电和手合充电均短时开放300ms，之后充电保护自动返回等待下次充电。手合充电开入持续存在时间超过2s即告警手合充电开入异常。

2）使用外部充电保护且需要短时闭锁差动保护。退“充电保护”压板，并设置控制字“充电闭锁差动投入”。在不使用本装置的充电保护，而使用外部充电保护，且需要在充电时短时闭锁差动保护情况下使用。外部接入“手合充电开入”，即进入充电闭锁状态，保护闭锁差动15s，15s后装置自动恢复差动。“手合充电开入”接入持续超过15s，告警“母联手合异常”。

(4) 母联过电流保护。投“母联过电流保护投入”压板和母联过电流、零流控制字。

当母联 TA 电流大于母联过电流保护电流定值时，母联过电流保护经整定延时动作跳开母联。当母联自产零流大于母联零流保护电流定值时，母联零流保护经整定延时动作跳开母联。

(5) 切换异常（运行方式位置异常）。合母联（1 号元件）的Ⅰ、Ⅱ母隔离开关位置触点，2 号元件的Ⅰ母隔离开关位置触点及 3 号元件的Ⅱ母隔离开关位置触点，在 2 号、3 号元件上反串一个电流大于 $0.1I_n$ 的方式识别电流门槛值，装置延时 200ms 发“切换异常”信号。

(6) 电压闭锁。在差动动作的情况下，分别校验差动低电压、差动负序电压、差动零序电压的动作值，满足误差要求。

(7) TV 断线。

1) 大电流接地系统 TV 断线判据为：

a) 三相 TV 断线：三相母线电压均小于 8V 且运行于该母线上的支路电流不全为 0；

b) 单相和两相 TV 断线：自产 $3U_0$ 大于 7V。

2) 小电流接地系统 TV 断线判据为：

a) 三相 TV 断线：三相母线电压均小于 8V 且运行于该母线的支路电流不全为 0；

b) 单相 TV 断线：自产 $3U_0$ 大于 7V 且线电压两两模值之差中有一者大于 18V；

c) 两相 TV 断线：自产 $3U_0$ 大于 7V 且三个线电压均小于 7V。

持续 10s 满足以上判据，确定为 TV 断线。TV 断线后发告警信号，但不闭锁保护。

(8) 断路器失灵保护。投“断路器失灵保护投入”压板，并设置控制字选择失灵保护模式。

1) 自带电流模式。在保证失灵保护电压闭锁条件开放的前提下，短接任一分相失灵启动触点，并在对应元件的对应相别中加入电流使之大于 $0.2I_n$，失灵保护启动后经跟跳延时再次动作于该断路器。延时确认仍没有跳开后，经跳母联延时动作于母联断路器，经失灵母线延时切除该元件所在母线上的其他连接元件。检验断路器失灵保护电流门槛的误差应在±5%以内。

2) 无电流模式。在保证失灵保护电压闭锁条件开放的前提下，短接各元件的失灵开入，断路器失灵保护启动后经跟跳延时再次动作于该断路器。延时确认仍没有跳开后，经跳母联延时动作于母联断路器，经失灵母线延时切除该元件所在母线上的其他连接元件。失灵开入持续 2s 存在则告警失灵开入出错。

3) 电压闭锁元件。在满足失灵电流元件动作的条件下，分别检验断路器失灵保护电压闭锁元件中相电压、负序和零序电压定值，误差应在±5%以内。

(9) 母联非全相保护。投“母联非全相保护投入”压板。短接母联非全相开入，当母联自产零流大于母联非全相零流定值时，母联非全相保护经整定延时动作跳开母联。母联非全相开入持续 2s 存在则告警母联非全相开入出错。

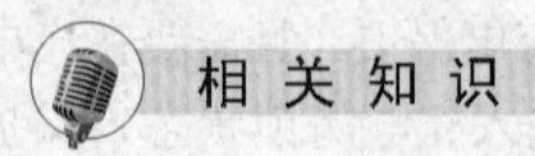

一、母线差动保护的基本原理

为满足速动性和选择性的要求，母线保护基本都是按差动原理构成的。实现母线差动保护必须考虑在母线上一般连接着较多的电气元件（如线路、变压器、发电机等），但不管母线上元件有多少，实现差动保护的基本原则仍是适用的，即：

（1）在正常运行以及母线范围以外故障时，在母线上所有连接元件中，流入的电流和流出的电流相等，或表示为$\sum \dot{I}=0$。

（2）当母线上发生故障时，所有与母线连接的元件都向故障点供给短路电流或流出残留的负荷电流，按基尔霍夫电流定律，$\sum \dot{I}=\dot{I}_{k}$（$\dot{I}_{k}$为短路点的总电流）。

母线总差动是指除母联断路器和分段断路器外所有支路电流所构成的差动回路。某段母线的分差动是指该段母线上所连接的所有支路（包括母联和分段断路器）电流所构成的差动回路。因总差动的保护范围涵盖了各段母线，因此总差动也常被称为“总差”或“大差”；分差动因其差动保护范围只是相应的一段母线，常被称为“分差”或“小差”。大差大多数情况下不受运行方式的控制；小差受运行方式控制，具有选择性。

母线差动保护的特点是母线的运行方式变化大。在最大运行方式下外部短路时穿越性电流可能很大，造成的不平衡电流也很大，在最小运行方式下内部短路时短路电流可能很小，这就使母差保护在满足选择性和灵敏性上发生困难。

一般母线有多条引出线，假设在某条引线的外部发生故障，其余引线中的电源将对故障点提供短路电流。故障线的电流会很大，等于穿越性故障电流。如果是超高压母线，系统的一次时间常数很大，则故障线的电流互感器会严重饱和，其二次电流在一个周期中将有一段时间降为零，其余各条线的电流互感器甚至可能都无误差。在这种极端情况下，差动保护不平衡电流几乎与穿越性电流相等，如同在母线内部故障，此时差动保护也不应失去选择性。

差动保护的基本原理是在忽略两侧电流互感器误差及励磁电流的前提下提出的，在实际应用中不能忽略电流互感器特性不同的影响，故采用比率制动式的差动保护原理。

二、复式比率差动母线保护的动作判据

在复式比率制动的差动母线保护中，差动电流为

$$I_{d}=\left|\sum_{j=1}^{n}\dot{I}_{j}\right|$$

而制动电流采用复合制动电流，即

$$|I_{res}-I_{d}|=\left|\left|\sum_{j=1}^{n}\dot{I}_{j}\right|-\left|\sum_{j=1}^{n}\dot{I}_{j}\right|\right|$$

由于在制动电流中引入了差动电流，使得该元件在发生区内故障时因$I_{d}\approx I_{res}$，复合制动电流$|I_{res}-I_{d}|\approx 0$，保护系统无制动量；在发生区外故障时$I_{res}\geqslant I_{d}$，保护系统有极强的制动特性。所以，复式比率制动系数K_{res}变化范围理论上为$0\sim\infty$，因而能十分确切区分内部故障和外部故障。复式比率差动母线保护差动元件由分相复式比率差动判据和分相突变量复式比率差动判据构成。

（1）分相复式比率差动判据为

$$I_{d}>I_{d.set}$$
$$I_{d}>K_{res}(I_{res}-I_{d})$$

式中：$I_{d.set}$为差动电流门槛定值；K_{res}为比率制动系数。

复式比率差动动作特性如图2-35所示。

可见，在拐点之前，动作电流大于整定的最小制动电流，差动即动作；在拐点之后，差

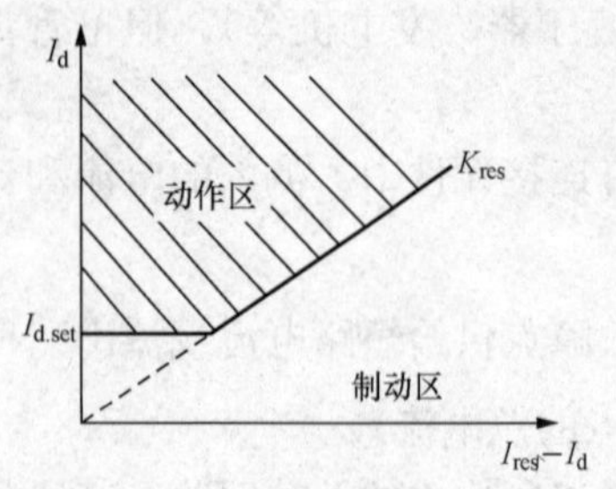

图 2-35 复式比率差动动作特性

动元件的实际动作电流是按（$I_{res}-I_d$）成比例增加的。

（2）分相突变量复式比率差动判据。根据叠加原理，将母线短路电流分解为故障分量和负载电流分量，其中故障分量电流有以下特点：①母线内部故障时，母线各支路同名相故障分量电流在相位上接近相等（即使故障前系统电源功角摆开）；②理论上，只要故障点过渡电阻不是无穷大，母线内部故障时故障分量电流的相位关系不会改变。利用这两个特点构成的母线差动保护原理能迅速对母线内部故障做出正确反应。相应动作电流为

$$\Delta I_d = \left| \sum_{j=1}^{n} \Delta \dot{I}_j \right|$$

式中：ΔI_d 为故障分量动作电流；$\Delta \dot{I}_j$ 为各元件故障分量相量和；n 为出线条数。

制动电流为

$$\Delta I_{res} = \sum_{j=1}^{n} \left| \Delta \dot{I}_j \right|$$

式中：ΔI_{res} 为故障分量制动电流。

差动保护动作判据为

$$\left.\begin{array}{l} \Delta I_d > \Delta I_{d.set} \\ \Delta I_d > K_{res}(\Delta I_{res} - \Delta I_d) \\ I_d > I_{d.set} \\ I_d > 0.5(I_{res} - I_d) \end{array}\right\}$$

式中：$\Delta I_{d.set}$ 为故障分量差动的最小动作电流定值；K_{res} 为比率制动系数；I_d 为差动电流；I_{res} 为制动电流；$I_{d.set}$ 为最小动作电流定值。

由于电流故障分量的暂态特性，突变量复式比率差动判据只在差动保护启动后的第一个周波内投入，并使用比率制动系数为 0.5 的比率制动判据加以闭锁。

三、母线差动保护的动作逻辑

母线差动保护的动作逻辑如图 2-36 所示。

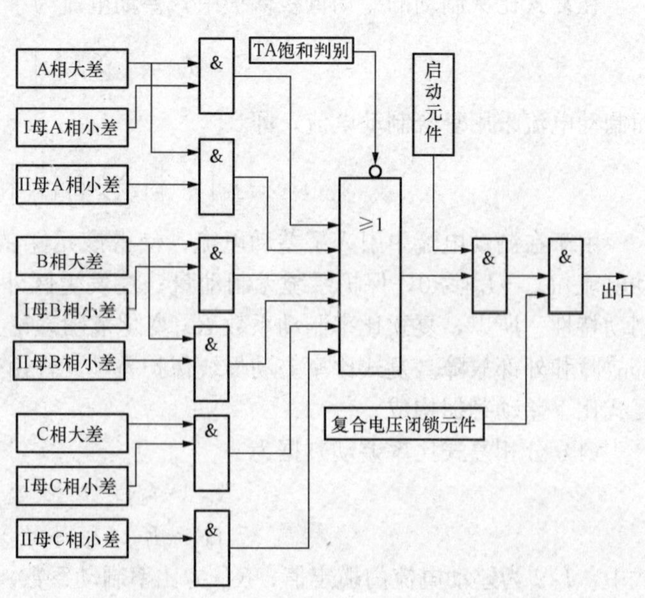

图 2-36 母线差动保护的动作逻辑

对于固定连接式分段母线，如单母分段、3/2 断路器等主接线，由于各个元件固定连接在一段母线上，不在母线段之间切换，因此大差电流只作为启动条件之一，各段母线的小差既是区内故障判别元件，也是故障母线选择元件。

对于双母线、双母线分段等主

接线，差动保护使用大差作为区内故障判别元件，使用小差作为故障母线选择元件。即由大差比率元件是否动作来区分区内还是区外故障，当大差比率元件动作时，由小差比率元件是否动作决定故障发生在哪段母线上。这样可以最大限度减少由于隔离开关辅助触点位置不对应造成的母差保护误动作。

考虑到分段母线的联络断路器断开的情况下发生区内故障，非故障母线段电流流出母线。影响大差比率元件的灵敏度，因此，大差比率差动元件的比率制动系数可以自动调整。

母联断路器处于合位时（母线并列运行），大差比率制动系数与小差比率制动系数相同（可整定）；母联断路器处于分位时（母线分列运行），大差比率制动元件自动转用比率制动系数低值（也可整定）。

学习情境（项目）总结

通过本情境的学习，了解间隔层 IED 装置的硬件构成及原理；掌握 IED 装置的日常运行维护、压板的设置、全检调试项目和调试方法。能熟练应用一到两种继电保护测试仪。

复习思考

1. 说明 CSI-200E 测控装置插件的名称及其作用。

2. 什么是开入量，什么是开出量？各举 2～3 个例子。并在实际设备上找到所对应的端子。

3. 在 CSI-200EA 装置中，分别找出第 13、14、15、16 路开出所对应的端子号，结合实际设备，说明上述开出的功能。

4. 加入三相平衡电流电压，使线电压保持为 100V，电流为 1A，$f=50$Hz，功率因数 $\cos\varphi=0.5$，试计算有功功率 P 和无功功率 Q，并画出电压电流的相量图（以 U_a 为参考相量）。将功率因数 $\cos\varphi$ 改为 0.866，重新计算 P 和 Q，并画出电流电压相量关系。

5. 结合实际设备，说明测控柜上各个自动空气开关的作用。

6. 写出 CSC-103B 保护装置所包含的插件。

7. 写出 CSC-103B 保护装置的一级主菜单结构。

8. 阅读保护柜图册，说明屏上空开 ZKK、1DK、4DK1、4DK2 的作用。

9. CSC-103B 保护装置需要采集哪些开关量，具体列写出 8 个开入量。

10. 以 CSC-103B 保护装置为例，明确硬压板、软压板的概念及其逻辑关系。

11. CSC-103B 线路保护装置能够实现的保护功能有哪些？

12. 什么是控制字？写出纵差控制字 B0、B6、B7、B8、B9、B10、B11、B12、B13 位分别置“0”、置“1”的含义。

13. 写出 CSC-326B 保护装置所包含的插件。

14. 写出 CSC-326B 保护装置的一级主菜单结构。

15. CSC-326B 保护装置需要采集哪些开关量，具体列写出 8 个开入量。

16. CSC-326B 保护装置能够实现的保护功能有哪些？

17. CSC-326B 保护装置中设有几组控制字，其内容是什么？

18. 写出CSC-326B保护装置两个一级菜单运行工况、测试操作各自所包含的二次菜单的名称。

19. 写出CSC-150保护装置所包含的插件。

20. CSC-150保护装置需要采集哪些开关量，具体列写出5个开入量。

21. CSC-150保护装置能够实现的保护功能有哪些？

22. 母线保护调试时的安全防护措施有哪些？

参考文献

[1] 高翔．数字化变电站应用技术．中国电力出版社，2008.

[2] 杨利水．变电站综合自动化实训指导．北京：中国电力出版社，2010.

[3] 路文梅．变电站综合自动化技术．北京：中国电力出版社，2007.

[4] 王远璋．变电站综合自动化现场技术与运行维护．北京：中国电力出版社，2007.

[5] 变电站综合自动化原理与运行．北京：中国电力出版社，2008.

[6] 丁书文．变电站综合自动化原理及应用．北京：中国电力出版社，2010.

[7] 周立红．变电站综合自动化技术问答．北京：中国电力出版社，2008.

[8] 张全元．变电站综合自动化现场技术问答．北京：中国电力出版社，2008.

[9] 韩天行．微机继电保护及自动化装置检验手册．北京：中国电力出版社，2011.

[10] 高亮．电力系统微机继电保护．北京：中国电力出版社，2007.

学习情境三　变电站综合自动化系统二次回路接线及使用

情境描述

描述自动化变电站6～35、110kV线路和主变压器保护、测量、控制二次回路；使学生了解保护二次回路。

教学目标

1. 知识目标

了解自动化变电站6～35、110kV线路和主变压器的保护、测量、控制二次回路中各元件的名称、型号及作用、使用方法，以及各二次回路工作原理。

2. 能力目标

注重培养综合运用多种分析方法解决问题的能力。培养和提高对学生所学知识进行整理和概括、消化吸收的能力，以及围绕如何解决学习中碰到的问题进行资料检索的能力。通过对各任务的分析性学习，提高学生清晰地表达自己解决问题的思路和步骤的能力。培养学生独立思考、独立钻研的习惯和发散性思维的能力。

教学环境

建议实施小班上课，在智能变电站实训室（或校外实训基地）进行教学，便于“教、学、做”一体化教学模式的具体实施。配备需求：白板、一定数量的电脑、一套多媒体投影设备。多媒体教室应能保证教师播放教学课件、教学录像及图片。

继电保护装置迅速而有选择性地切除故障元件，是保证电力系统安全运行的最有效方法之一。它可以做到在电力系统出现故障时，自动迅速有选择性地将故障元件从电力系统中切除，使故障元件免于遭到继续破坏，保证其他无故障部分迅速恢复正常运行；并且可以反映电气元件的不正常工作状态，并根据运行维护条件，而动作于发出信号、减负荷或跳闸。

在实现继电保护的计算机化和网络化的条件下，保护装置是电力系统计算机网络上的一个智能终端。它可从网上获取电力系统运行和故障的信息和数据，也可将它所获得的被保护元件的信息和数据传送给网络控制中心或任何一终端。因此，每个微机保护装置实现保护、控制、测量、数据通信一体化。

在变电站中，必须具备对电气设备进行控制、测量、监视、调节的功能。传统变电站对断路器的控制是采用万能转换开关直接进行操作，并由红、绿信号灯监视断路器的位置。测量是通过电流表、电压表、有功功率表、无功功率表、频率表等强电仪表连接在电流互感器、电压互感器的回路中实现。信号是通过光字牌及中央信号系统与相关设备连接来传输。这些分散的设备装设在控制屏及中央信号屏上。在变电站综合自动化系统中，这些都是监控子系统的功能。要实现这一功能，在变电站综合自动化系统的结构中设置了单元层，其中包括测量监控装置（简称测控装置）。

测控装置首先要能正确测量交流电流、电压、功率等。这些物理量不能直接接入计算机中，一是因为这些量都属强电，它们的电压高、电流大，会烧坏计算机芯片；二是因为这些量都属于模拟量，而模拟量都是随时间变化的物理量，计算机无法识别这些量。必须经过测控装置将电流互感器和电压互感器送出的电流、电压转换为弱电信号，并进行隔离，将这些连续变化的模拟信号转换为数字信号。通过通信网络将这些数字信号传送到监控计算机中，然后通过数字运算得到所需要测量的电流、电压的有效值（或峰值）和相位，以及频率、有功功率、无功功率等量，并在计算机中进行存储、处理和显示。测控装置是模拟信号源和计算机系统之间联系的桥梁。

任务一　6～35kV线路的保护、测量、控制二次回路调试

教 学 目 标

（1）依据屏面布置图，能说明屏中各元件的名称、型号及作用、使用方法。

（2）说明保护测控装置遥测及遥信二次回路的工作原理。

（3）掌握保护测控装置插件二次接线检查的方法。

（4）完成保护测控装置及其二次回路的基本测试。

任 务 描 述

通过对6～35kV线路的保护、测量、控制二次回路调试，使学生具备低压线路的保护测控二次回路的调试能力。

任 务 准 备

教师说明完成该任务需具备的知识、技能、态度，说明观看设备的注意事项，说明观看设备的关注重点。帮助学生确定学习目标，明确学习重点、将学生分组；学生分析学习项目、任务解析和任务单，明确学习任务、工作方法、工作内容和可使用的助学材料。

（1）基本知识：

1）输电线路的电流保护和方向电流保护；

2）输电线路的零序方向电流保护；

3）输电线路的微机距离保护。

（2）工作原理介绍。

任 务 实 施

1. 实施地点

综合自动化变电站或变电站自动化系统实训室。

2. 实施所需器材

（1）多媒体设备。

（2）一套变电站自动化系统实物；可以利用变电站自动化系统实训室装置，或去典型综合自动化变电站参观。

（3）变电站自动化系统音像材料。

3. 实施内容与步骤

（1）学员分组：3～4 人一组，指定小组长。

（2）资讯：指导教师下发项目任务书，描述项目学习目标，布置工作任务，讲解 6～35kV 线路的保护、测量、控制二次回路的基本调试；学生了解工作内容，明确工作目标，查阅相关资料。

（3）指导教师通过图片、实物、视频资料、多媒体演示等手段，让学生初步了解变电站自动化系统。

（4）计划与决策：学生进行人员分配，制订工作计划及实施方案，列出工具、仪器仪表、装置的需要清单。教师审核工作计划及实施方案，引导学生确定最终实施方案。

（5）实施：学生可以实行不同小组分别观察系统的不同环节和应用功能，循环进行，仔细观察、认真记录，进行智能变电站高级应用的认识。

1）观察 6～35kV 线路的保护、测量、控制装置外形及操作界面，观察结果记录在表 3-1、表 3-2 中。

表 3-1　　6～35kV 线路的保护、测量、控制装置观察记录表

序号	所观察的线路保护测控装置是哪家的产品	该产品的型号	保护功能配置	测量控制功能	不明白的地方或问题	询问指导教师后对疑问理解情况	备注
1							
2							
3							
4							
5							
6							
…							

表 3-2　　6～35kV 线路的保护、测量、控制装置二次回路学习记录表

序号	保护测控装置二次回路的接线	各回路的工作原理	备注
1			
2			
3			
4			
…			

2）注意事项：①认真观察，记录完整；②有疑问及时向指导教师提问；③注意安全，保护设备，不能触摸到设备。

（6）检查与评估：学生汇报计划与实施过程，回答同学与教师的问题。重点对6～35kV线路的保护、测量、控制二次回路的基本调试。教师与学生共同对学生的工作结果进行评价。

1）自评：学生对本项目的整体实施过程进行评价。

2）互评：以小组为单位，分别对其他组的工作结果进行评价和建议。

3）教师评价：教师对互评结果进行评价，指出每个小组成员的优点，并提出改进建议。

相关知识

在电网中6～35kV电压等级同属小电流接地系统，即变压器中性点不接地或不直接接地系统。在这个系统中所采用的一次电气设备基本相同，城市电网中多采用户内布置的开关柜组成，农村电网中多采用户外布置的柱上开关或其他户外开关组成。它们的继电保护及自动化装置的构成原理及控制、测量、信号回路基本相同。

综合自动化变电站中，6～35kV线路采用的微机保护测控装置，一般都具有保护、测量、控制、通信功能。在分层分布式综合自动化系统中，作为间隔层的设备就地布置在开关柜上，依靠网络通信和综合自动化系统进行联系。

一、开关柜上二次设备的布置

在开关柜上，设计有继电器室，专门用于安装继电器或保护测控装置，以及控制开关、信号灯、保护出口连接片、开关状态显示器、电能表和端子排等二次设备。

1. 继电器室面板上安装的设备

图3-1是6～35kV线路开关柜继电器室的面板布置图。在面板上安装的设备有KZQ开关状态显示器、CSC-211微机线路保护装置（1X）、断路器储能指示灯（1BD）、远方就地切换开关（1KSH）、断路器控制开关（1KK）、电气编码锁（1BS）、柜内照明开关（1HK）、断路器储能开关（HK）、柜内加热开关（2HK）、保护跳闸出口连接排片（1CXB1）、重合闸出口连接片（2CXB2）、低频减载投入连接片（1KXB1）、装置检修状态投入连接片（1KXB2）、装置复归按钮（1FA）。在面板上开有用于观察电能表的玻璃窗。

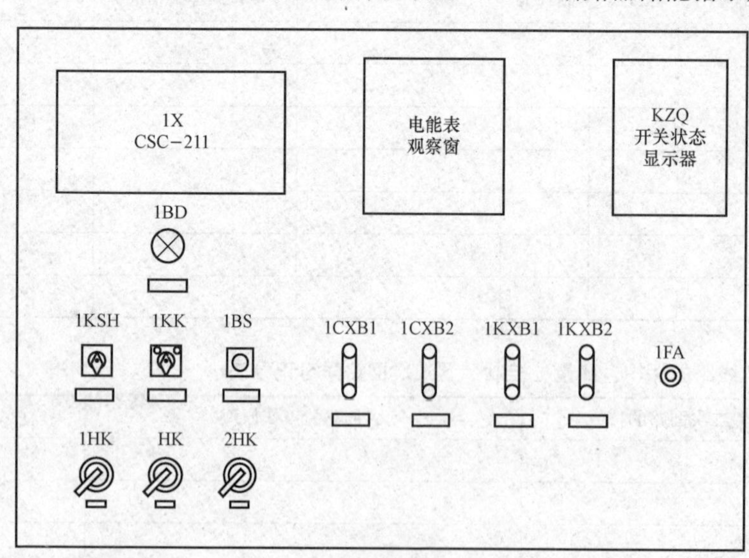

图3-1　6～35kV线路开关柜继电器室面板布置图

2. 继电器室内后板上安装的设备

在继电器室的内部，一般在低板上安装端子排，在后板上安装小空气断路器、电能表等。图3-2是6～35kV线路开关柜继电器室的后板布置图。其中有电能表（DSSD331）、保护回路直流电源开关（1Q1）、控制回路在直流电源开关（1Q2）、交流电压回路开关

(1Q3)、储能电源开关（2Q）、开关状态显示器电源开关（3Q）、交流电源开关（4Q）等。

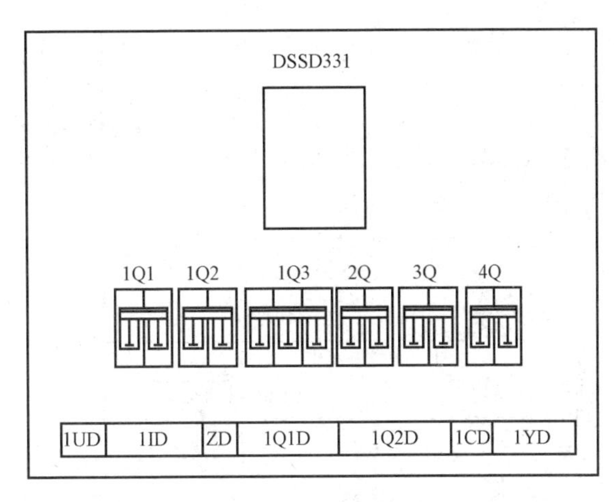

图 3-2 线路开关柜继电器室的后板布置图

二、开关柜的交流电流、电压回路

1. 电流互感器的配置

6～35kV 的小电流接地系统中，线路的电流互感器按规定采用两相式布置，即在 A、C 相装设，如图 3-3 所示。

电流互感器二次绕组一般配三组。一组供保护用，准确度级别为保护专用的 5P10 级（5P10 级的含义是指在电流互感器 10 倍的额定电流时，其变比误差不超过 5%）。一组供测量用，准确度级别为 0.5 级（0.5 级的含义是指在电流互感器额定电流时，其变化误差不超过 0.5%）。一组供电能表计量用，准确度级别为 0.2 级（0.2 级含义是指在电流互感器额定电流时，其变化比误差不超过 0.2%）。6～35kV 线路还装设一只套管式零序电流互感器，作为小电流接地选线用。

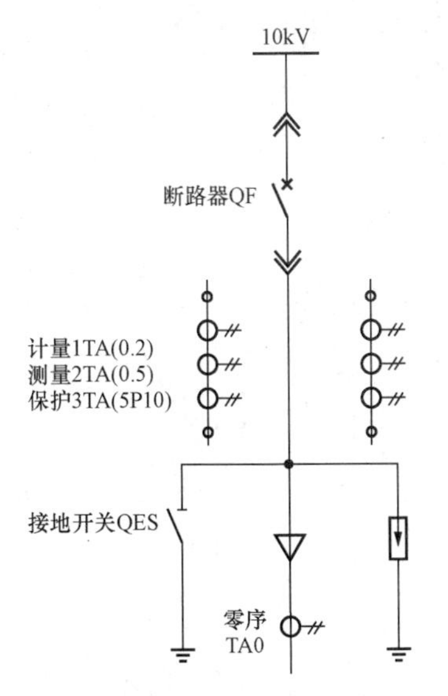

图 3-3 线路开关柜一次接线及电流互感器配置示意图

2. 保护测控装置的交流电流回路接线

图 3-4 是 6～35kV 线路选用 CSC-211 型保护测控装置的交流电流回路接线图。图中保护、测量的电流回路都采用两相不完全星形接线，这种接线方式适合小电流接地系统，可以反映各种相间故障。CSC-211 型保护装置具有小电流接地选线功能，一般变电站装设的消弧线圈自动消谐装置也具有接地选线功能，在运行中可以并行使用。它们采集零序电流来自专用的套管式零序电流互感器。

图 3-4～图 3-7 中，1UD1、1UD2、1UD3…是电压回路端子排的编号；1ID1、1ID2、1ID3…是电流回路端子排的编号；ZD1、ZD2、ZD3…是直流电源端子排的编号；1Q1D1、1Q1D2、1Q1D3…是强电开入回路端子排的编号；1Q2D1、1Q2D2、1Q2D3…是操作控制回路端子排的编号；1CD1、1CD2、1CD3…是出口回路端子排的编号；1X1、1X2、1X4…是保护装置背板端子的编号；1K1、1K2、2K1、2K2…是电流互感器二次绕组端子的编号。

3. 保护测控装置的交流电压回路接线

图 3-5 是 6～35kV 线路选用 CSC-211 型保护测控装置的交流电压回路接线图。图中保护和测量的交流电压共用一组电压小母线，它所接的电压互感器二次绕组准确度级别为 0.5 级，从该线路所接母线的电压互感器二次绕组引入，如Ⅰ段母线引自 1YM（630）的一组电压小母线，Ⅱ段母线引自 2YM（640）的一组电压小母线。小电流接地线所选用的零序电压引自电压互感器开口三角绕组 L630 或 L640 回路。

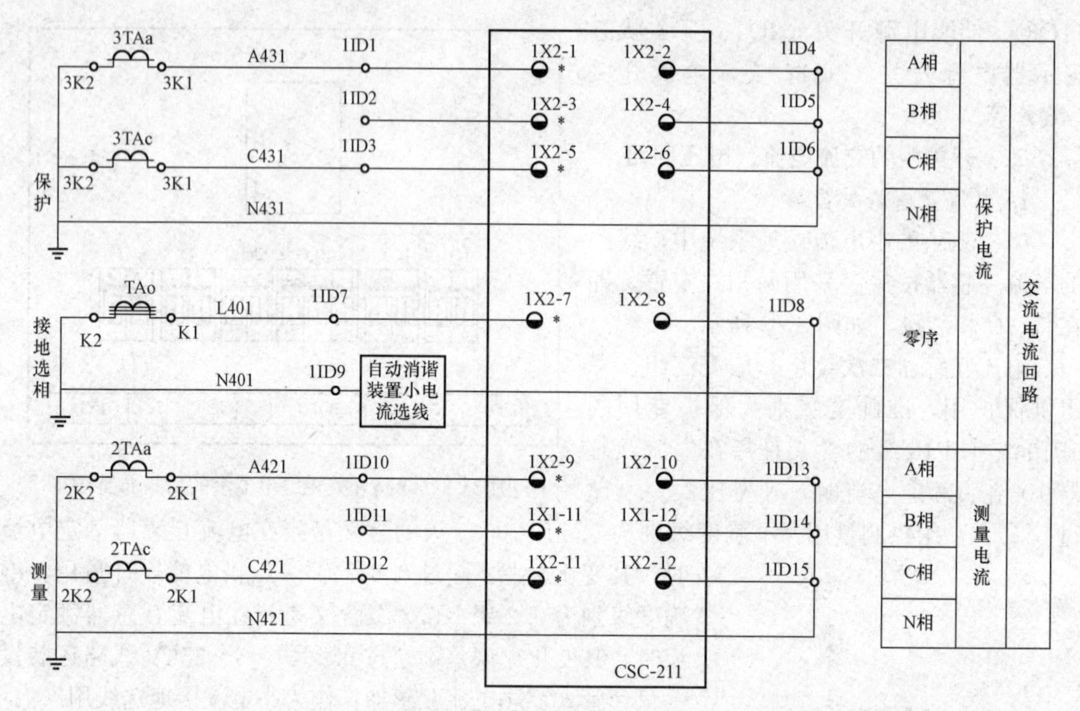

图 3-4 CSC-211 型保护测控装置交流电流回路图

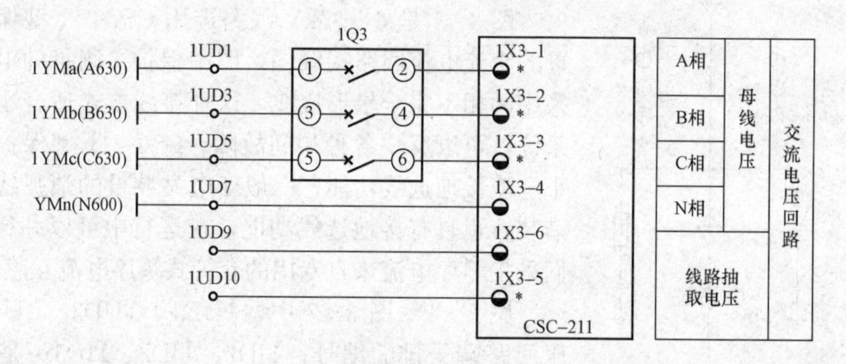

图 3-5 CSC-211 型保护测控装置交流电压回路图

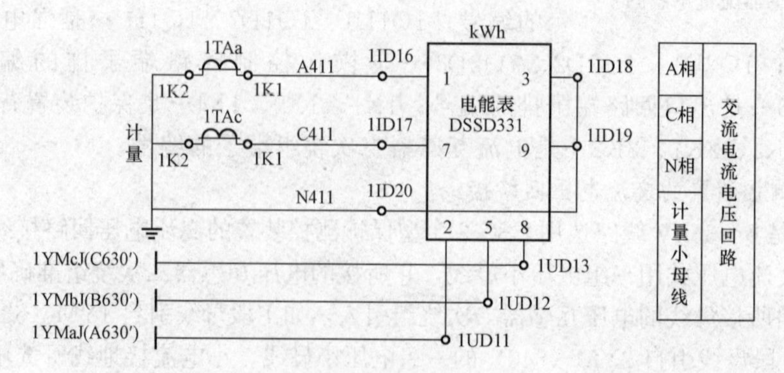

图 3-6 6～35kV 线路电能表的电流、电压回路接线图

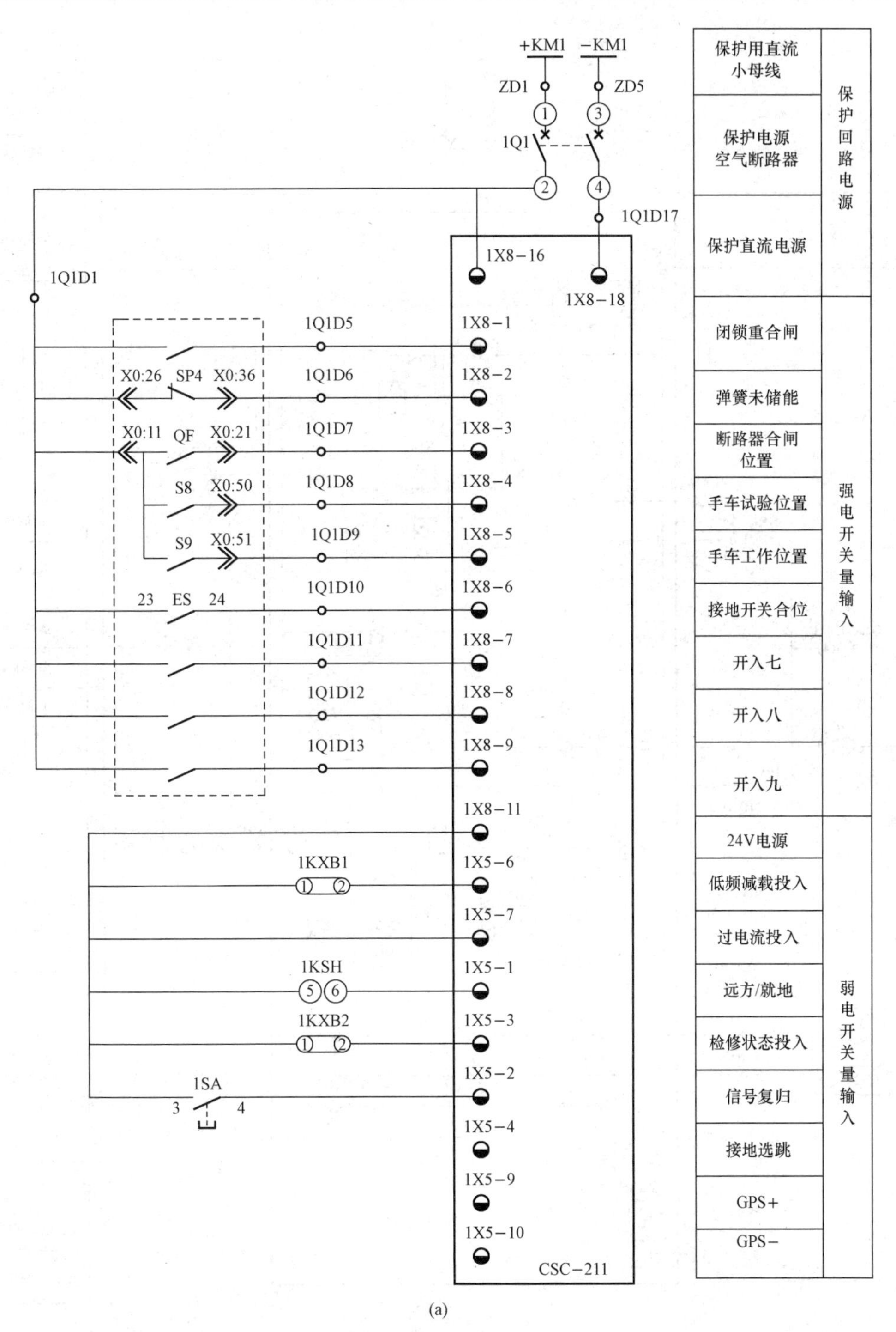

(a)

图 3-7　线路开关柜控制信号回路图（一）

(a) 回路图一

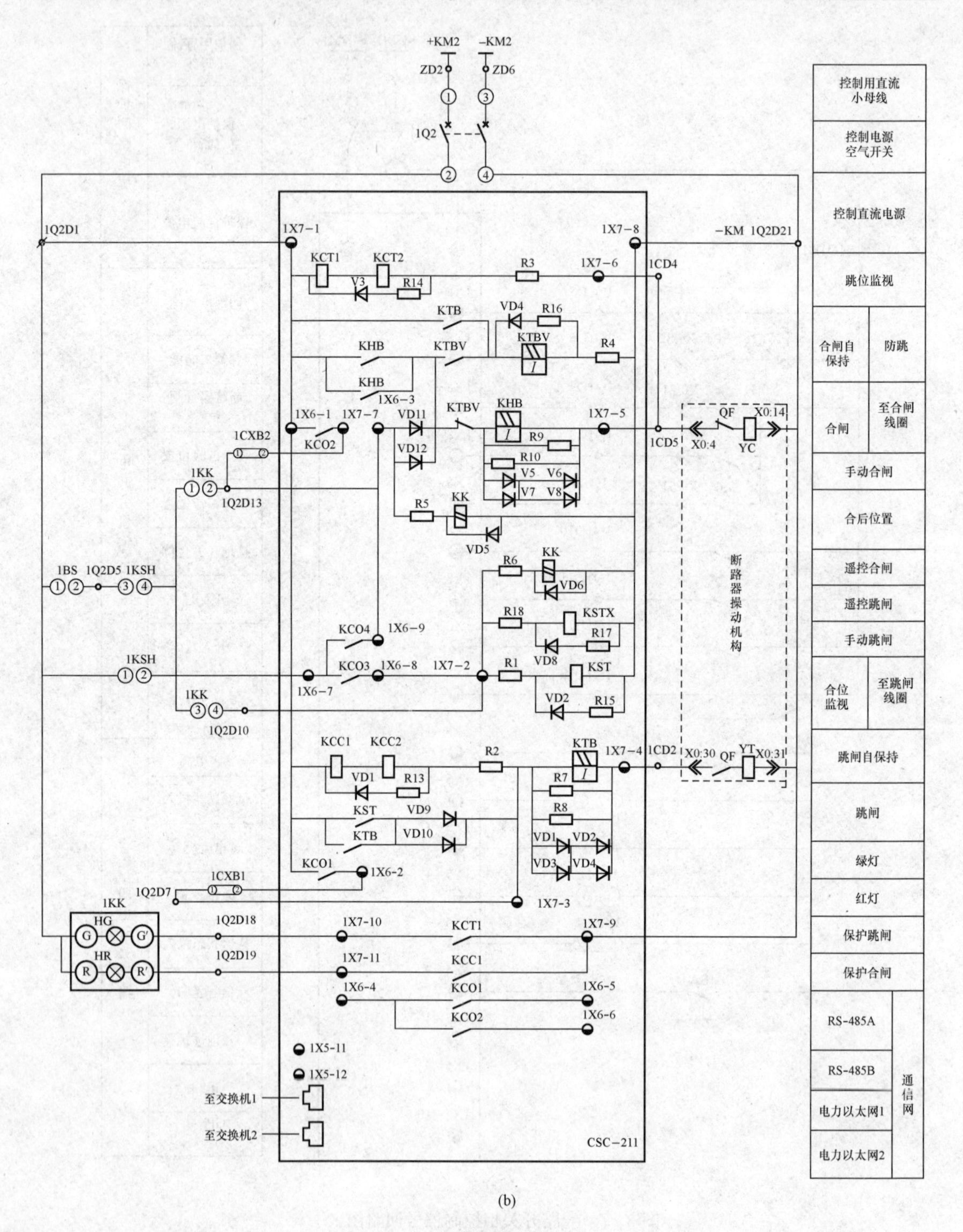

(b)

图 3-7 线路开关柜控制信号回路图（二）

（b）回路图二

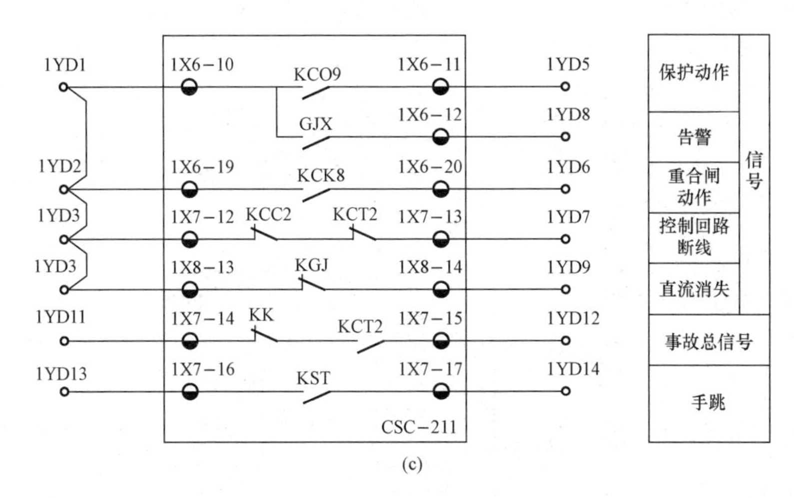

(c)

图 3-7 线路开关柜控制信号回路图（三）
（c）回路图三

4. 电能表的电流、电压回路接线

图 3-6 是 6～35kV 线路电能表的电流、电压回路接线图。电能表采用两相式接地，接入 A 相、C 相电流和 AB、BC 电压。为保证电能计量的精度，电流回路接在专用的 0.2 级电流互感器绕组上，电压回路接计量专用的一组电压小母线 630′或 640′，其电压互感器二次绕组准确度级别为 0.2 级。

三、保护测控装置的直流控制与信号回路

6～35kV 线路的控制对象是断路器。断路器的控制方式有就地控制和远方控制两种。就地控制是指在开关柜上对断路器进行控制；远方控制是指通过监控主机在变电站主控室、集控中心或调度中心对断路器进行控制。

目前使用的 6～35kV 保护测控装置具有保护、测量、控制、信号等功能。断路器的控制与信号回路一般由跳、合闸回路，防跳回路，位置信号，开入信号等部分组成。

图 3-7 是 6～35kV 线路的直流与信号回路接线图。回路中的主要设备有 CSC-211 型线路保护测控装置、1KSH 就地与远方控制的切换开关、1KK 控制开关、1BS 电气编码锁、断路器的操动机构等。

1. 断路器的操动机构

保护测控装置对断路器的操作控制是通过操动机构来实现的。操动机构是断路器的组成部分，包括机械和电气两部分。对于固定式断路器与抽出式（或称手车式、小车式）断路器，操动机构电气原理图有所不同。图 3-8 是 VS1 型抽出式断路器操动机构的电气原理接线图，图中 VS1 处于试验位置，为未储能、分闸状态，图中主要元件及其功能如下：

YC 为合闸线圈，用来使合闸电磁铁励磁，产生电磁力，将储能弹簧储存的能量释放，推动操动机构运动，完成断路器的合闸过程。

GZ1 为整流器，为储能电动机提供整流回路。

GZ2 为整流器，可为合闸线圈提供整流回路，使之既可以用于直流操作，亦可用与交流操作。

YT 为分闸线圈，用来使分闸电磁铁励磁，产生电磁力，推动操动机构运动，完成断路器的分闸过程。

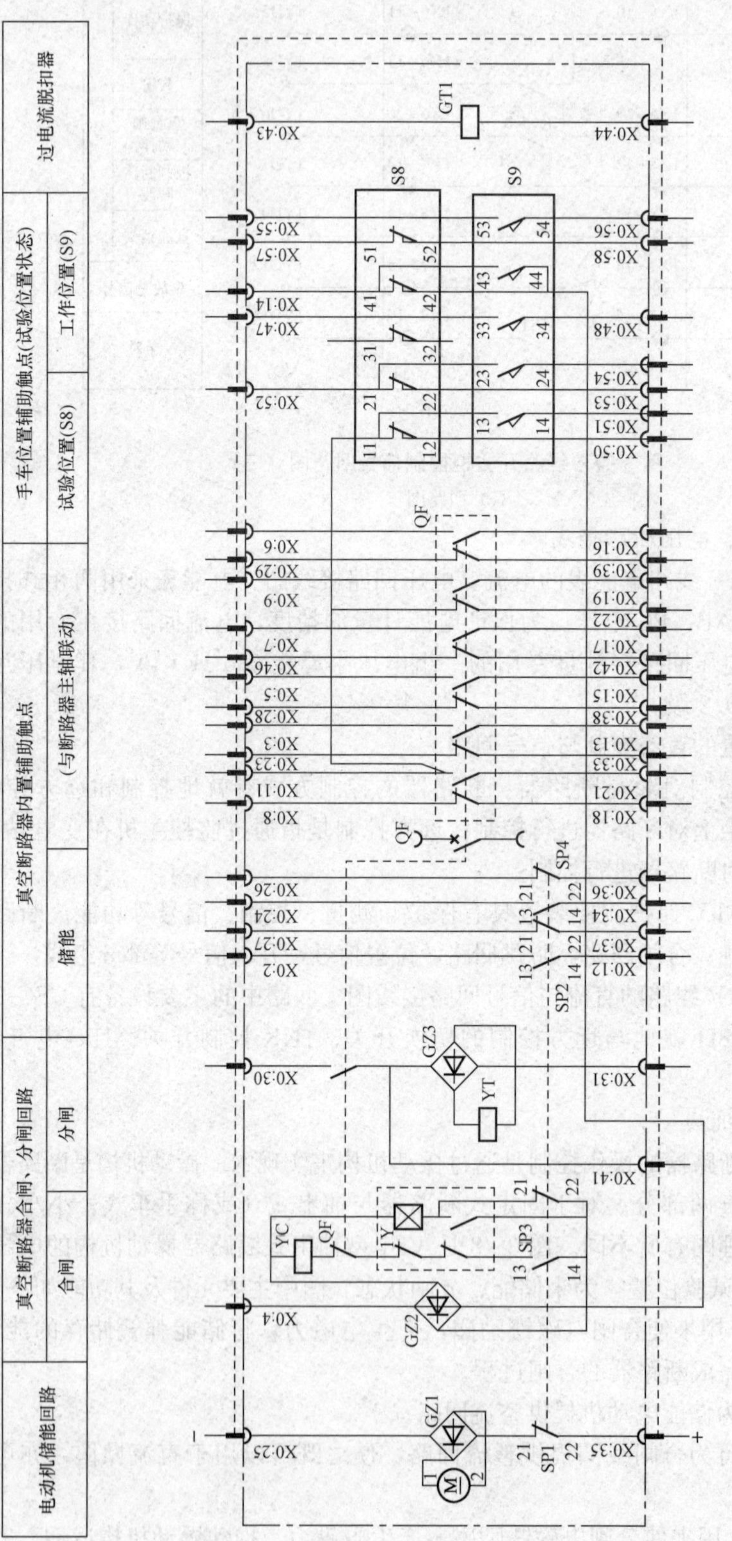

图3-8 VS1型抽出式断路器操动机构电气原理接线图

GZ3 为整流器，为分闸线圈提供整流回路。

M 为储能电动机，用来拉伸储能弹簧，使之储存能量用于完成断路器的合闸操作。

QF 为断路器的辅助开关，图中断路器的主触头 QF 与辅助开关 QF 用一条虚线连接，表示辅助开关与主触头的运动过程是同步。图中和主触头一致的（向左打开）辅助开关是动合触点，它始终与主触头状态保持一致；和主触头相反的（向右封闭）辅助开关是运动断触点，它始终与主触头状态相反，即当主触头打开它是闭合的，主触头闭合它是打开的。

S8、S9 为底盘车辅助开关，装在手车推进机构底盘内。当断路器手车拉出处于试验位置时，S8 辅助开关的触点闭合接通；当断路器手车推入处于接通运行位置时，S9 辅助开关的触点闭合接通。

SP1～SP4 为微动开关，它们受控于储能弹簧的状态。当储能弹簧处于拉伸状态能量聚集储存，微动开关的动合触点是闭合接通状态；当储能弹簧处于收缩状态能量释放，微动开关的动断触点就是闭合状态。在回路中使用时，一般 SP1 用来切断储能电动机的运转；SP3 用来控制合闸回路；SP2、SP4 用于储能过程结束发信号。

1KC 为中间继电器（图中未标出），是断路器机构内部的防跳闭锁继电器。

GT1 为过电流脱扣器线圈，当需要选用时，将它串联在电流互感器二次回路中，发生过电流时使断路器跳闸。

X0 为航空插座的插头位置编号。断路器及手车二次回路引出线分别接在航空插座的不同插头上，插座端的引线按照回路的设计分别接在开关柜的端子排上。当断路器及手车需要拉出检修时，二次回路可以从航空插座处断开。

2. 断路器的就地控制

断路器就地与远方控制的切换，通过操作 1KSH 切换开关实现。断路器的就地控制，是通过操作 1KK 控制开关来实现。控制开关的面板和触点导通图如图 3-9 所示，图中打“×”的触点表示为接通位置；打“—”的触点表示为断开位置。

切换开关 1KSH 的操作手柄正常有两个位置，手柄置于垂直位置是远方控制，触点 3-4 打开，切断就地控制回路的正电源；触点 5-6 打开，撤销对远方控制的闭锁，通过监控主机实现对断路器的远方操作。手柄向左旋转 90°呈水平位置是就地控制，触点 5-6 闭合接通远方操作闭锁的开关量，对远方控制进行闭锁；触点 3-4 闭合为就地进行分、合闸操作接通正电源。

1KSH LW21－16/9.2208.2触点位置表

运行方式 \ 触点		1－2 3－4	5－6 7－8
远方	↑	—	—
就地	←	×	×

1KK LW21－16D/49.6201.2触点位置表

运行方式 \ 触点		1－2 5－6	3－4 7－8
预合 合后	↑	—	—
合	↗	×	—
预分 分后	←	—	—
分	↙	—	×

图 3-9 控制开关的面板和触点导通图

就地控制回路受电气编码锁 1BS 的闭锁，电气编码锁是在线防止电气操作系统中的一个元件，图中所示的触点 1、2 是用来插入程序钥匙的。当运行条件符合断路器的操作程序时，插入程序钥匙，1、2 触点之间接通，可以进行断路器的就地分、合闸操作。

对断路器进行就地合闸操作时，切换开关 1KSH 置于就地位置，触点 3-4 闭合。将控制开关 1KK 向右旋转 45°，其触点 1-2 闭合，正电通过防跳继电器动断触点 KTBV，经合闸保持继电器 KHB 的电流启动线圈，启动断路器的合闸线圈 YC，同时 KHB 动作，其动合触点 KHB 闭合，使合闸脉冲自保持，当断路器操动机构完成合闸过程，接在 YC 前的断路器动断辅助触点 QF 打开，切断合闸脉冲，使 KHB 失电返回，完成合闸过程。

在进行合闸的同时启动合后位置继电器 KK，KK 是一个带磁保持的继电器。当接在 R5 后面的启动线圈励磁时，KK 动作，其一对动合触点闭合，失电后仍一直保持在动作位置，只有在进行跳闸操作 R6 后面的复归线圈励磁时，它才返回，动合触点打开。它的动合触点与跳闸位置继电器的动合触点串联可以构成不对应启动重合闸的逻辑来用。

对断路器进行就地跳闸操作时，切换开关 1KSH 置于就地位置，将控制开关 1KK 向左旋转 45°，其触点 3-4 闭合，正电通过防跳继电器 KTB 的电流线圈启动断路器的跳闸线圈 YT，当断路器操动机构完成跳闸过程，接在 YT 前的断路器动合辅助触点 QF 打开，切断跳闸脉冲，完成跳闸过程。

3. 断路器的远方控制

断路器进行远方控制时，切换开关 1KSH 置于远方位置，在主控制室或集控中心用鼠标操作，通过监控主机和网络传输信号。当进行合闸操作时，驱动保护装置中的远方合闸继电器触点 KCO4 闭合，接通合闸回路；当进行跳闸操作时，驱动保护装置中的远方跳闸继电器触点 KCO3 闭合，接通跳闸回路。回路的动作过程与就地控制的动作过程完全相同。

4. 保护装置对断路器的跳、合闸

当保护装置通过对接入模拟量的测量、计算，判断保护应该动作时，装在逻辑插件上的跳闸继电器 KCO1 触点闭合，经跳闸出口连接片 1CXB1 发出跳闸脉冲。

当断路器跳闸后跳闸位置继电器动作，此时断路器位置与控制开关位置（合后）不对应，逻辑构成启动重合闸。重合闸动作后，KCO2 触点闭合，经重合闸出口连接片 1CXB2 发出合闸脉冲。

当进行手动跳闸时，KK 复归线圈励磁，其动合触点打开，即使跳闸后跳闸位置继电器触点闭合也不会构成启动重合闸的逻辑。需要撤除重合闸时，打开链接片 1CXB2 断开重合闸出口回路。外回路需要解除重合闸时，在强电开入回路 1X8 - 1 送入正电，在逻辑中将重合闸闭锁。

5. 断路器的防跳回路

防跳就是防止断路器在合闸过程中发生连续跳闸、合闸的跳跃现象。断路器跳跃会使其遮断能力严重下降，长时间跳跃会造成断路器损坏，也会影响到用户和电网的正常工作。断路器产生跳跃的原因很多，如手动合闸到故障线路上，操作人员未及时使控制开关复归，或合闸触点有卡住现象等。一般断路器都要求有电气防跳回路。

（1）保护装置操作回路的防跳回路。防跳回路的核心就是防跳继电器，常规的防跳继电器是具有双线圈的中间继电器，电流线圈作为启动线圈，电压线圈作为保持线圈。防跳由两个继电器来构成，KTB 作为电流启动继电器，KTBV 作为电压保持继电器。当手动合闸到故障线路时，保护动作发出跳闸脉冲通过防跳的电流启动继电器 KTB 的电流线圈，使 KTB 动作，其一对动合触点 KTB 闭合自保持。另一对动合触点 KTB 闭合，启动防跳的电压保持继电器 KTBV，其动合触点 KTBV 闭合自保持，动断触点 KTBV 保持在打开状态，切断合闸脉冲，保证断路器可靠完成跳闸过程。

（2）断路器操动机构的防跳回路。在断路器的操动机构中装设有防跳继电器，见图 3-8 中的 1Y，当断路器进行合闸操作时，储能弹簧处于拉伸状态微动开关 SP2 的动合触点 13-14 闭合，动断触点 21-22 打开。1Y 继电器处于失磁状态，其动断触点闭合。断路器在合闸操作前，QF 动断触点亦在闭合状态。回路具备合闸条件，使合闸线圈 YC 励磁，断路器进行合闸。当完成合闸过程，储能弹簧能量释放处于收缩状态，SP2 触点切换 13-14 打开，21-22 闭合。若此时合闸脉冲依然存在，将通过 SP2 的 21-22 触点启动 1Y 继电器，1Y 继电器的动合触点闭合使其自保持，1Y 继电器的两对动断触点断开，切断合闸线圈 YC 回路，防止此时断路器如果跳闸，发生再次合闸现象。当断路器完成合闸过程后，QF 动断触点也将打开，切断合闸线圈 YC 回路。当合闸脉冲撤销，1Y 继电器返回，为下次合闸做好准备。

在运行中，操作回路的防跳与断路器机构的防跳只允许投入一处，一般推荐采用断路器机构中的防跳回路。

6. 信号输出回路

合闸位置继电器的动合触点 KCC1 和跳闸位置继电器的动合触点 KCT1 分别接通装在控制开关面板上的红灯和绿灯，表示断路器在合闸或分闸位置。同时，红灯亮监视断路器分闸回路的完好，绿灯亮则监视断路器合闸回路完好。

图 3-7（c）中保护装置的合闸、跳闸、装置告警、直流消失、控制回路断线等信号，可以通过这些继电器的空触点送往常规变电站的中央信号回路。对于综合自动化变电站，这些信号不再由触点传输，而是转换为数字量，通过网络送监控主机。由于装置直流消失会造成系统通信中断，一般设计中将此信号汇集成小母线，送至公用测控装置，显示开关柜就地装设的保护测控装置发生直流消失的告警。

7. 信号输入回路

变电站的断路器、隔离开关、继电器等常处于强电场中，电磁干扰比较严重，若要采集这些强电信号，必须采取抗干扰措施。抗干扰的方法有很多，最简单有效的方法是采用光电隔离或继电器隔离。

目前大多采用的是光电隔离。光电隔离继电器（也称光耦合器）的发光二极管和光敏三极管之间是绝缘的，两者都封装在同一芯片中。如图 3-10 所示，当有强电输入时，二极管导通发光，使光敏三极管饱和导通，有电位输出。在光电隔离继电器中，信息传输介质为光，但输入和输出都是电信号。信息的传送和转换过程都是在不透光的密闭环境下进行的，它既不会受电磁信号的干扰，也不会受外界光的影响，具有良好的抗干扰性能。

早期保护测控装置强电输入的光隔离继电器，是装设在保护装置外面，布置在屏柜面板或端子排上。目前的保护测控装置的光隔离继电器都是装设在装置箱体内部，强电输入均采用直流 220V，输出为直流 24V。为了保护抗干扰的可靠性，要经过两级光隔离，即将变换为 24V 的信号再经过一级光隔离，变换为 5V 的信号送入 CPU 芯片。一般屏柜内部信号采用弱电输入，如保护装置的功能连接片、远方就地切换开关及信号复归按钮等，输入采用直流 24V。

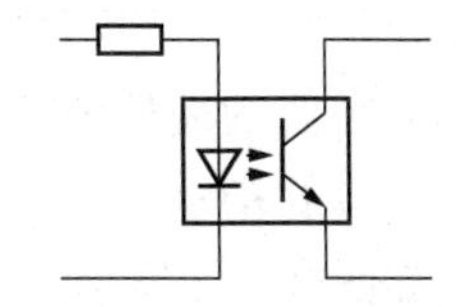
图 3-10 光电隔离原理图

图 3-7（a）中，强电信号输入接有断路器合闸位置、手车开关的试验位置和工作位置、接地开关 ES 合闸位置和操动机构弹簧未储能信号。这些输入信号可以通过保护测控装置转换为数字量，经网络传输在监控主机的显示器上显示。

四、开关柜的相关二次回路

6～35kV 开关柜包括线路开关柜、电容器开关柜、变压器开关柜等，它们的相关二次回路是完全一致的。

开关柜相关二次回路图中的端子编号分别表示如下：X0：1、X0：2、X0：3 为手车开关二次线的航空插座编号；X1：1、X1：2、X1：3 为开关状态显示器回路端子；X2：1、X2：2、X2：3 为照明及加热回路端子；X3：1、X3：2、X3：3 为储能及备用回路端子。

1. 断路器操动机构的储能电动机控制回路

目前断路器多采用弹簧储能操动机构，在操动机构中装有储能合闸弹簧，利用弹簧预先储备的能量作为断路器合闸的动力。在合闸操作时，合闸线圈励磁，铁芯运动使合闸弹簧释放能量，带动操动机构完成断路器的合闸操作。为保证断路器的正常运行，合闸弹簧应时刻处于拉伸的储能状态。图 3 - 11 所示为操动机构弹簧储能电动机的控制回路。

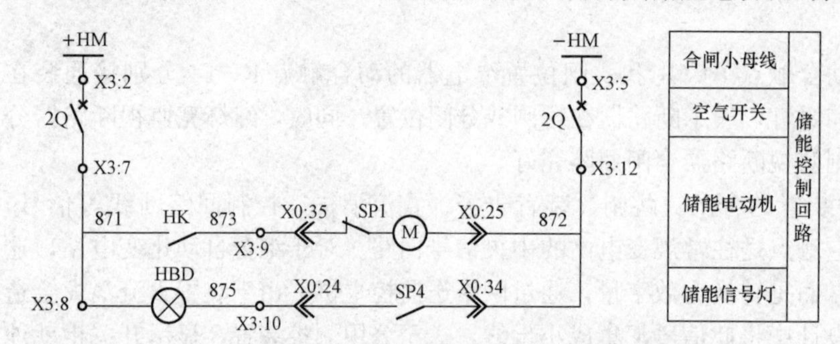

图 3 - 11　操动机构弹簧储能电动机控制回路图

图 3 - 11 中，由空气小开关 2Q 将电路接在直流合闸母线 HM 上，开关柜面板上装有断路器储能开关 HK。在弹簧储能电动机 M 的启动回路中，接入了受储能弹簧控制的微动开关 SP1。只要储能弹簧能量释放 SP1 触点闭合，电动机便启动将弹簧拉伸储能。在断路器每次完成合闸操作过程后，弹簧都要重新储能。弹簧拉伸到位储能后，微动开关 SP1 触点断开，切断电动机回路；微动开关 SP4 触点闭合，将开关柜面板上装的合闸储能指示灯 HBD 点亮，表示弹簧已储能。

2. 开关状态显示器回路

开关状态显示器是近代我国开关柜市场开发的开关柜智能在线检测设备，它采用微机测量与控制技术，取代了原来开关柜上的电气一次接线模拟指示牌，对断路器的运行状态、手车的试验与工作位置、接地开关位置、高压线路的带电情况可以显示；可以对开关柜内的温度、湿度进行显示和控制；还可以配置分合闸控制开关、远方就地转换开关、电动机储能开关。它具有 RS-485 通信接口，可以与变电站综合自动化系统联网。目前运行的变电站综合自动化系统，一般不采用它的通信功能和控制功能，只能作为就地的信号显示。在开关状态，显示器的面板上有相应的一次接线模拟图，并装有元件指示灯。当输入的开关量变位时，对应的指示灯亮。

如图 3 - 12 所示，开关状态显示器的指示开入回路有手车试验位置，手车工作位置、断路器合闸位置、储能信号、接地开关状态等。高压带电传感器输出亦接入开关状态显示器中，用于反映开关柜的出线侧是否带电。高压带电传感器采用电容分压的基本原理，将 A、B、C 三相高电压降为低电压，通过开关状态显示器的 A、B、C 三相信号灯在面板上显示出线路是否有高电压。

3. 开关柜的加热、照明及其他回路

图 3 - 13 中，有空气小开关 4Q 将电路接在交流 220V 母线 L、N 上，开关柜面板上的小开

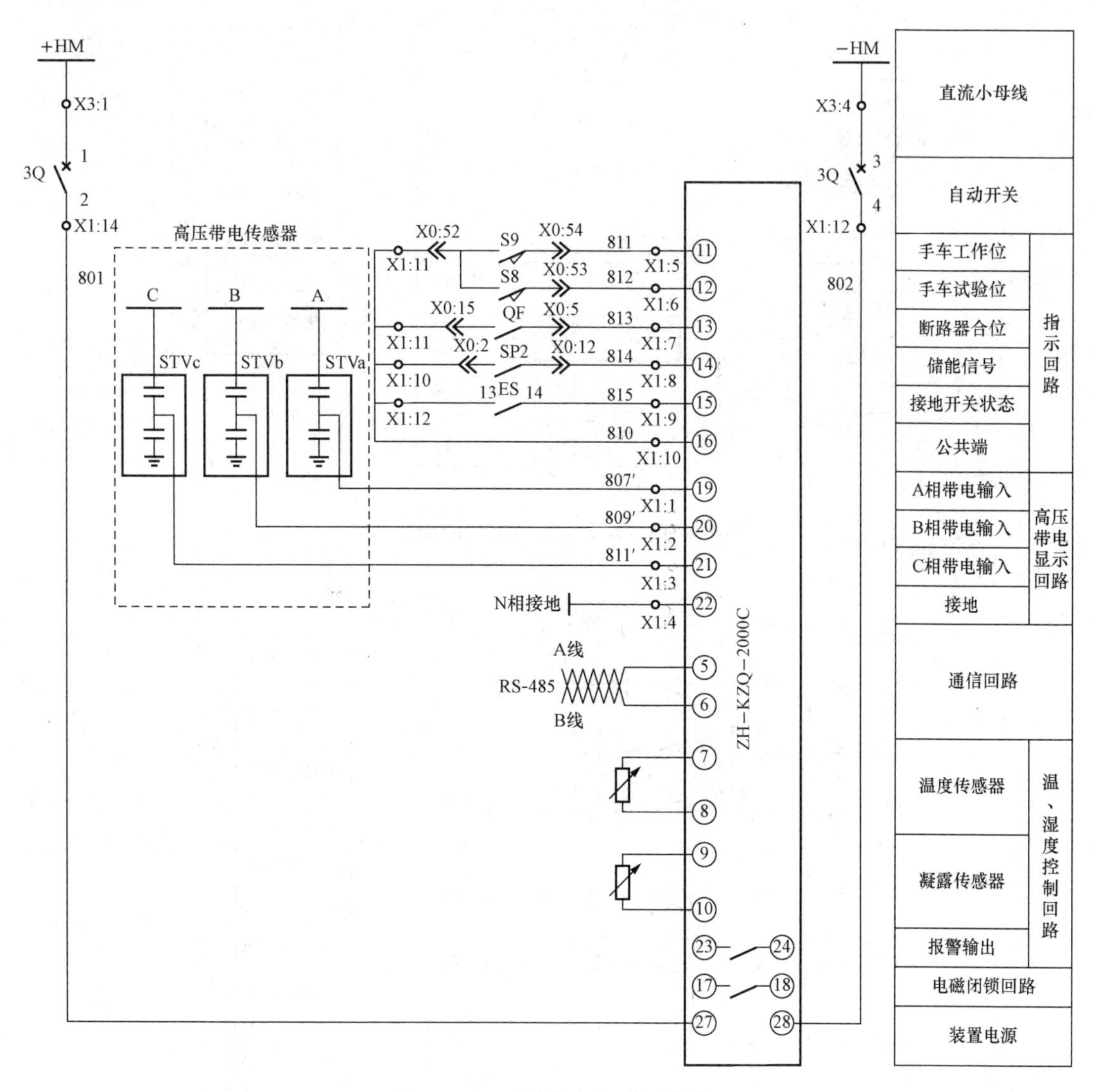

图 3-12 开关状态显示回路图

关 1HK 直接控制装在柜内的照明灯。电缆室的照明灯由门开关控制。由装设在开关状态显示器中的温度、湿度传感器，根据室温和湿度，在达到条件时将加热器投入进行温、湿度调节。

图 3-14 中显示有多组断路器的动合和动断辅助触点引出，作为备用，供控制和信号回路选用。

五、6～35kV 线路的保护装置

对于单侧电源供电的 6～35kV 线路，继电保护采用三段式的电流保护或三段式的电流电压保护。重合闸采用非同期三相一次重合闸；对于双侧电源供电的 6～35kV 线路，继电保护采用三段式的方向电流保护、三段式的方向电流电压保护或三段式的距离保护，重合闸采用同期或无压检定的三相一次重合闸。

CSC-211 型微机保护测控具有两相式的三段电流保护、三段零序电流保护及小电流接地选线、过负荷、三相一次重合闸、低频减载、低压解列等保护功能。

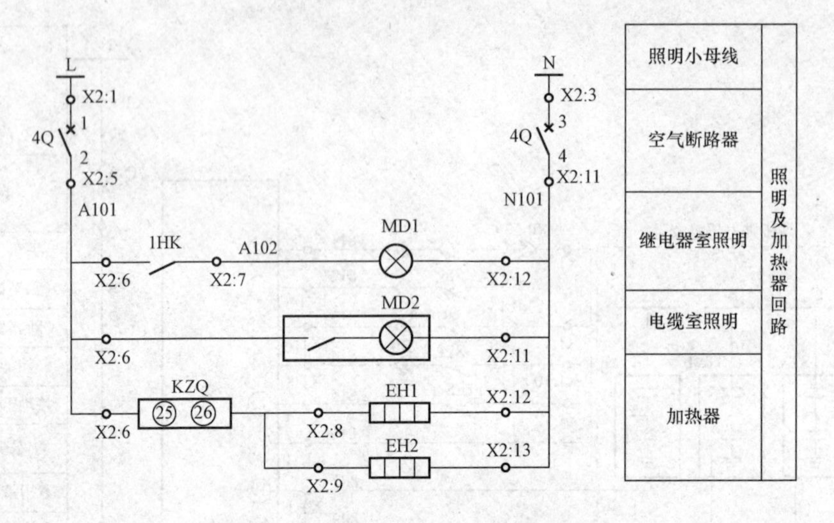

图 3-13　开关柜加热及照明回路图

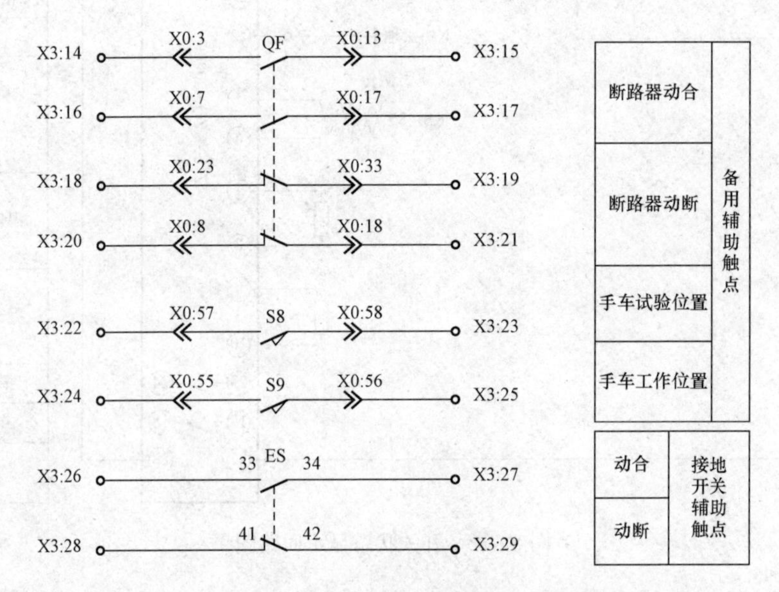

图 3-14　小车开关位置及断路器辅助触点图

根据不同的线路，不同的整定计算可以选择投入不同的保护功能。

由于保护装置的生产厂家和型号不同，保护装置的配置和功能也不相同。但是微机保护构成的基本原理大致一样的，保护的逻辑部分由 CPU 来完成；保护的信号开出、保护的出口回路都要由装置内部的插件组成；保护装置外部的二次回路接线比较简单。

任务二　110kV 输电线路的保护、测量、控制二次回路调试

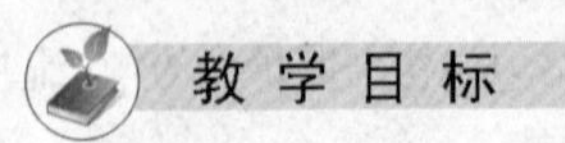

(1) 依据屏面布置图，能说明屏中各元件的名称、型号及作用、使用方法。

（2）说明保护测控装置遥测及遥信二次回路的工作原理。

（3）掌握保护测控装置插件二次接线检查的方法。

（4）完成保护测控装置及其二次回路的基本测试。

任务描述

通过对 110kV 线路的保护、测量、控制二次回路调试，使学生具备低压线路的保护测控二次回路的调试能力。

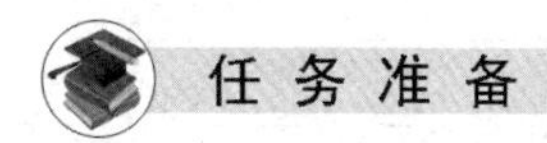

任务准备

教师说明完成该任务需具备的知识、技能、态度，说明观看设备的注意事项，说明观看设备的关注重点。帮助学生确定学习目标，明确学习重点、将学生分组；学生分析学习项目、任务解析和任务单，明确学习任务、工作方法、工作内容和可使用的助学材料。

（1）基本知识：

1）电网继电保护选择原则。

2）电网相间短路的电流保护。

3）中性点直接接地电网中单相接地故障的零序电压、电流保护。

4）电网的距离保护。

5）输电线路的纵联保护。

6）自动重合闸的作用。

（2）110kV 线路保护测控装置遥测及遥信二次回路的工作原理。

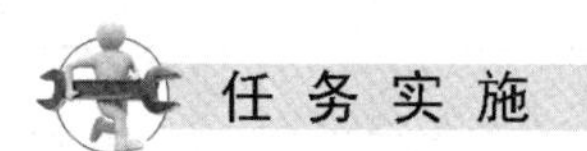

任务实施

1. 实施地点

实施地点：综合自动化变电站或变电站自动化系统实训室。

2. 实施所需器材

（1）多媒体设备。

（2）一套变电站自动化系统实物；可以利用变电站自动化系统实训室装置，或去典型综合自动化变电站参观。

（3）变电站自动化系统音像材料。

3. 实施内容与步骤

（1）学员分组：3～4 人一组，指定小组长。

（2）资讯：指导教师下发项目任务书，描述项目学习目标，布置工作任务，讲解 110kV 线路的保护、测量、控制二次回路的基本调试；学生了解工作内容，明确工作目标，查阅相关资料。

（3）指导教师通过图片、实物、视频资料、多媒体演示等手段，让学生初步了解变电站自动化系统。

（4）计划与决策：学生进行人员分配，制订工作计划及实施方案，列出工具、仪器仪表、装置的需要清单。教师审核工作计划及实施方案，引导学生确定最终实施方案。

（5）实施：学生可以实行不同小组分别观察系统的不同环节，循环进行，仔细观察、认真记录，进行110kV线路的保护、测量、控制二次回路的基本调试。

1）观察110kV线路的保护、测量、控制装置外形及操作界面，主要是高级应用部分，观察结果记录在表3-3、表3-4中。

表3-3　　110kV线路的保护、测量、控制装置观察记录表

序号	所观察的线路保护测控装置是哪家的产品	该产品的型号	保护功能配置	测量控制功能	不明白的地方或问题	询问指导教师后对疑问理解情况	备注
1							
2							
3							
4							
5							
6							
…							

表3-4　　110kV线路的保护、测量、控制装置二次回路学习记录表

序号	保护测控装置二次回路的接线	各回路的工作原理	备注
1			
2			
3			
4			
…			

2）注意事项：

①认真观察，记录完整；

②有疑问及时向指导教师提问；

③注意安全，保护设备，不能触摸到设备。

（6）检查与评估：学生汇报计划与实施过程，回答同学与教师的问题。重点对110kV线路的保护、测量、控制二次回路的基本调试。教师与学生共同对学生的工作结果进行评价。

1）自评：学生对本项目的整体实施过程进行评价。

2）互评：以小组为单位，分别对其他组的工作结果进行评价和建议。

3）教师评价：教师对互评结果进行评价，指出每个小组成员的优点，并提出改进建议。

相关知识

一、110kV线路的测控装置

110kV线路需要进行测量的模拟量有各相电压、各相电流的有效值和相位，有功功率和无功功率。

110kV线路需要采集的开关量有断路器的状态，断路器的远方、就地操作状态，隔离开关的状态，接地开关的状态，断路器、隔离开关操动机构中的告警信号，断路器操作箱中

的动作信号和告警信号，保护装置中无法通过网络传输的信号等。

110kV 线路需要进行远方控制的开关量有断路器的分、合闸，隔离开关的分、合闸，接地开关的分、合闸。

这里列举的 GSI-200ED 型装置是由 32 位微处理器实现的综合测量控制装置，采用按间隔的设计原则，主要适用于 110kV 及以下电压等级的线路间隔。遥控开出量及遥信开入量按不同的一次设备形式可以有不同的配置。这种装置面板上有汉化的液晶屏，可用汉字显示信息内容。当装置没有任何操作时，液晶屏上循环显示测控装置的交流量有效值、装置当前投入的连接片及本间隔主接线图。测控装置具有远方就地操作状态的切换功能，当切换在远方状态时，由监控主机或集控中心进行远方操作；当进入就地操作状态时，可以用显示切换键在间隔主接线图、交流量有效值、投入连接片状态这三个界面中选择切换；当进入间隔主接线图界面时，由元件选择键选择需要控制且可以控制的元件，用分闸键、合闸键及确认键进行分、合闸操作。

下面以图 3-15 所示电气主接线中的 3 号间隔对应的 110kV 线路为例，说明测量、控制及信号回路展开图的接线。

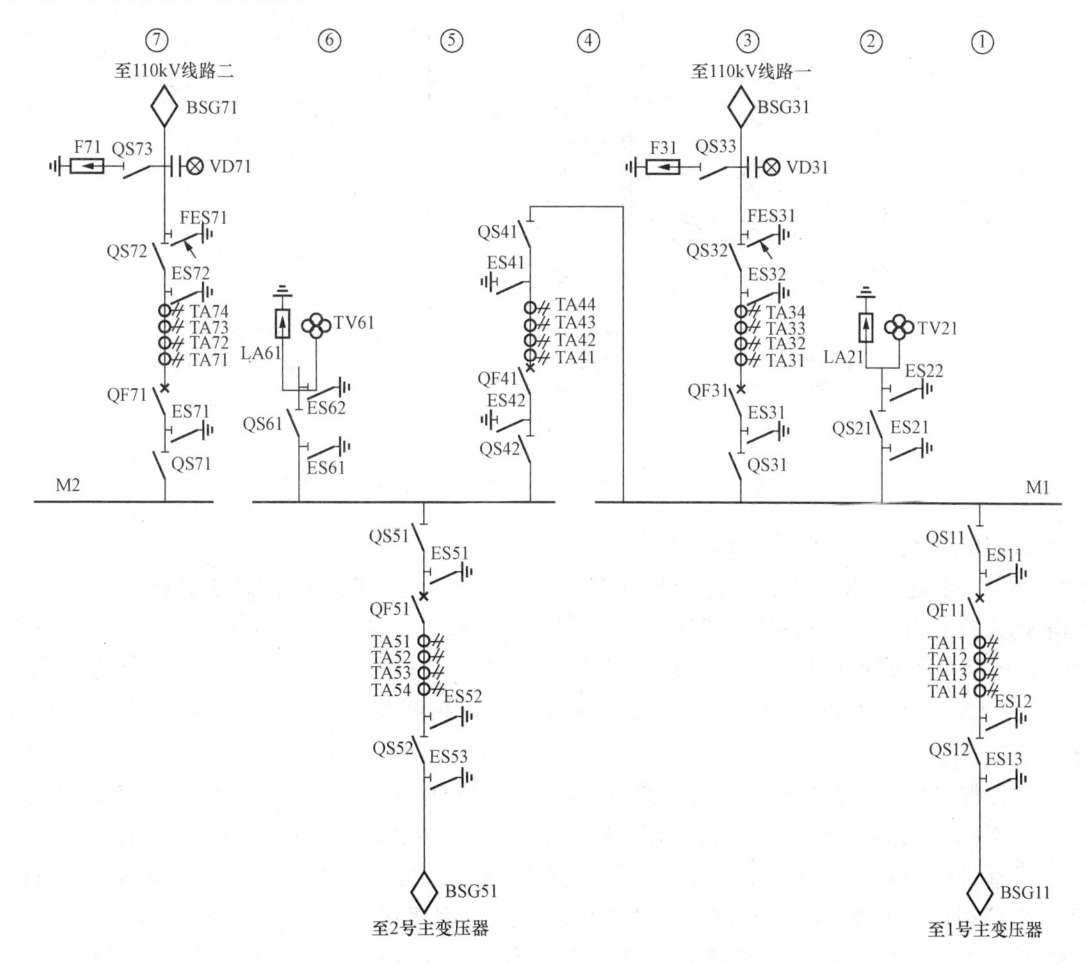

图 3-15　GIS 外形图和单母线分段一次主接线图

QF—断路器；QS—隔离开关；ES—接地开关；VD—高压带电显示闭锁装置；
FES—接地故障开关；TA—电流互感器；BSG—电缆终端；M—主母线；TV—电压互感器；F—避雷器

1. 110kV 线路测控装置接入的模拟量

图 3 - 16 是 110kV 线路配置 CSI-200ED 型测控装置的交流电流、电压展开图。图中交流电流回路接在电流互感器 31TA，这一组电流互感器应选择准确度为 0.5 级的测量用绕组。交流电压回路接在 110kVⅠ段母线的电压互感器上，所接的电压互感器绕组应是测量保护共用的 0.5 级绕组。电压回路经小空气开关 32Q1 接入，32Q1 作为测控装置交流电压回路的保护设备，亦作为检验测控装置时切断交流电压用。测控装置的线路电压接入视具体需要而定。接入测控装置的交流电压、电流经过软件的计算可以得到交流电压电流的有效值、有功功率、无功功率和频率等需要测量的值。

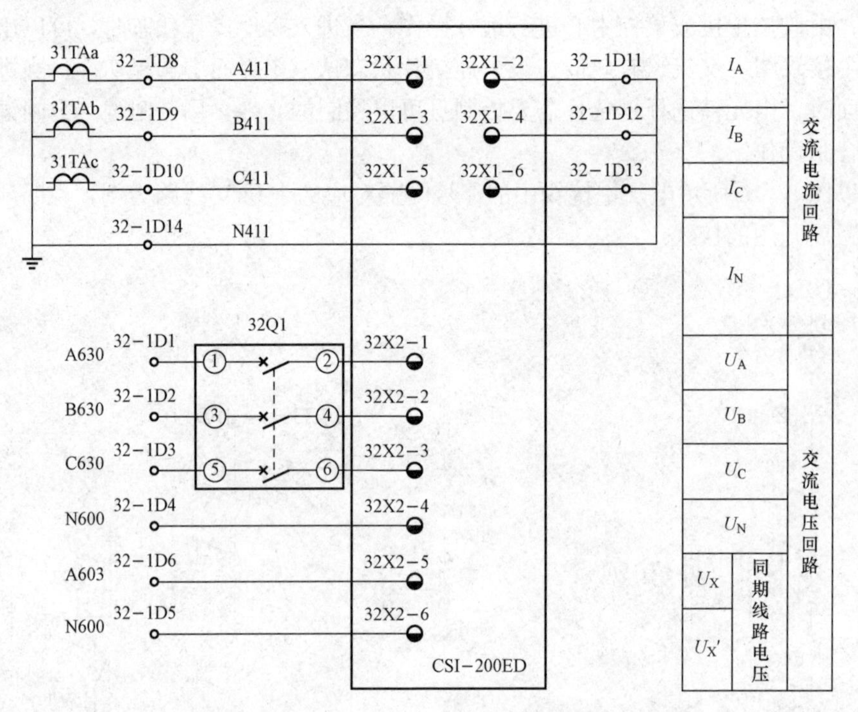

图 3 - 16　CSI-200ED 型测控装置的交流电流、电压回路展开图

2. 110kV 线路测控装置的遥控开出量

图 3 - 17 是 110kV 线路配置 CSI-200ED 型测控装置的遥控开出回路展开图。对于线路间隔的遥控一般只针对断路器、隔离开关及故障关合接地开关（线路接地开关）进行。在图 3 - 15 中对应 3 号间隔断路器 31QF，隔离开关 QS31、QS32、QS33，故障关合接地开关 FES31 的跳、合闸回路分别接入。测控装置的遥控开出回路中，合闸与分闸各占一对开出触点。

对断路器的遥控开出一般接在断路器操作箱（或操作回路）中，开出触点一端经遥控连接片 32XB1 接正电 101，一端接合闸回路 103，另一对触点的一端接手动跳闸回路 133。与断路器遥控回路并接有就地手动控制回路，图中 BS 是“五防”操作系统对断路器操作闭锁用的电磁锁，当需要对断路器进行手动操作时，插入程序钥匙，BS 的 1-2 触点接通。KSH 是装设在线路保护屏上的远方-就地切换开关，当需要在保护屏上就地手动操作断路器时，将切换开关置于就地位置，KSH 的 3-4 触点接通，同时 7-8 触点接通开入测控装置闭锁遥控操作并发出就地操作信号。KK 是装设在线路保护屏上的断路器控制转换开关，在对断路器

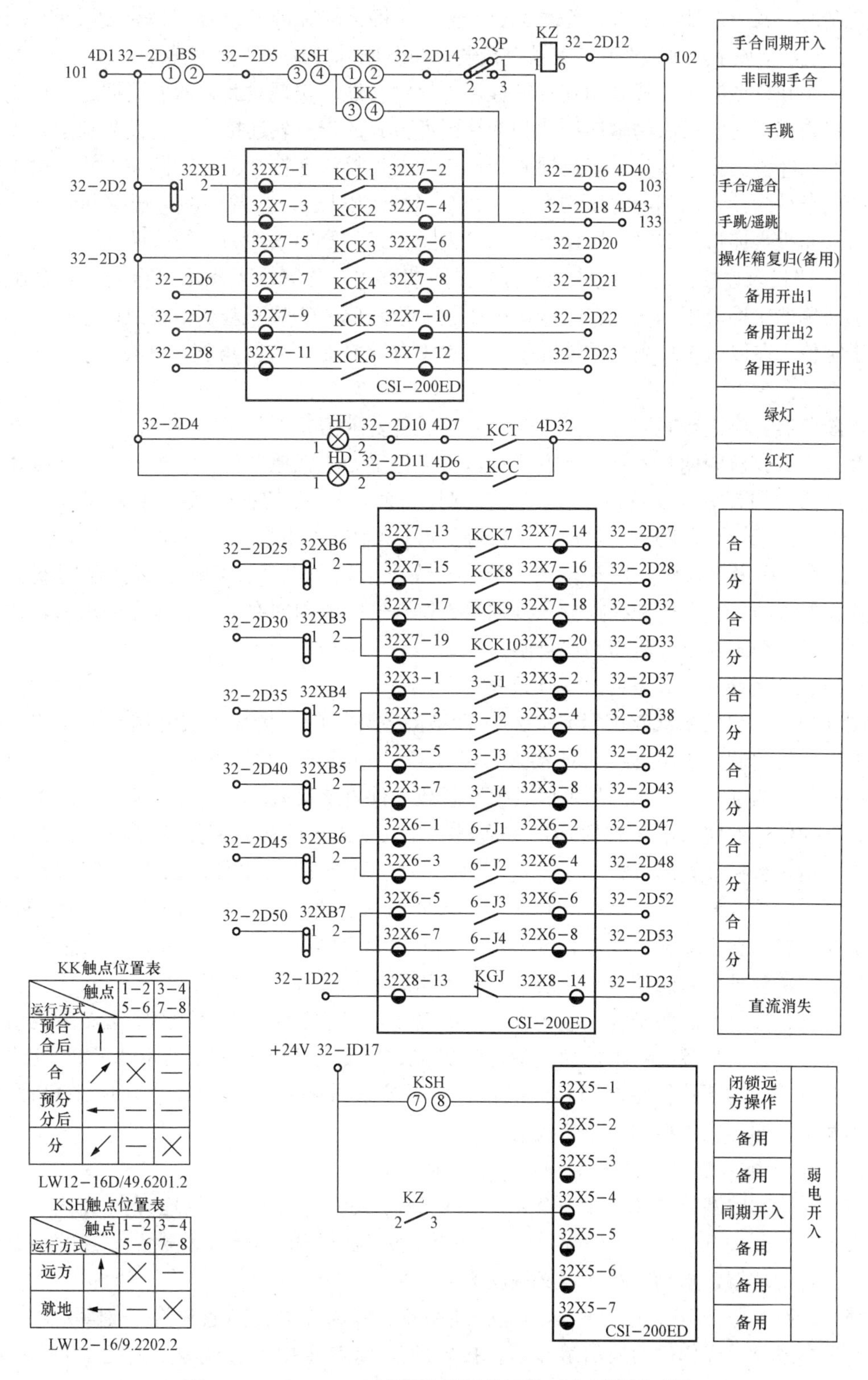

图 3-17　CSI-200ED 型测控装置的遥控开出回路展开图

进行合闸时，其 1-2 触点接通，经过 32QP 连接片将合闸脉冲送至合闸回路 103（非同期合闸）。对断路器进行分闸时，其 3-4 触点接通，将分闸脉冲送至手跳回路 133。

CSI-200ED 型测控装置利用其可编程逻辑控制功能，实现对断路器的同期合闸控制。装置内设置有同期功能投入的软连接片和选择同期方式的三只软连接片，它们分别是：①检同期连接片；②检无压连接片；③捕捉同期连接片。当投入连接片①时，同期方式为检同期方式，合闸条件为：①两侧的电压均大于 $0.9U_N$（额定电压）；②两侧的电压差和角度差均小于定值。当投入连接片②时，同期方式为检无压方式，合闸条件为一侧或两侧无电压（小于 $0.3U_N$）。当投入连接片③时同期方式为捕捉同期方式，并默认无压不可合闸，其合闸条件为：①两侧电压均大于 $0.7U_N$；②两侧电压差小于定值；③频率差小于定值；④频率差变化率小于定值。在以上条件满足的情况下，装置将自动捕捉 0°合闸角度，并在 0°（或小于 3°）时发出合闸命令。

当断路器需要进行同期合闸操作时，测控装置要求需要具备三个条件：①先定义好一个外部开入为手合检同期开入；②远方、就地切换把手处于就地位置；③检同期硬连接片要求投入。由图 3-17 中可以看出，在同期合闸操作时，KSH 切换开关处于就地位置；切换 32XB 连接片至手合同期开入位置，将合闸脉冲送至中间继电器 KZ，KZ 动作后，其动合触点 2-3 闭合，作为手合检同期开入测控装置。满足上述条件后，测控装置按照同期选择方式，根据输入的母线电压和线路电压判别是否符合选择的同期要求，当满足要求后，即通过遥控开关发出合闸命令，将断路器合闸。

3. 110kV 线路测控装置的遥信开入量

图 3-18 是 110kV 线路配置 CSI-200ED 型测控装置的遥信部分展开图。测控装置的直流电源一般从控制电源小母线 KM 接入，经 32Q 小空气开关接到测控装置中。接入测控装置的信号分为两部分，一部分从本屏其他装置或元件直接接入，另一部分从配电装置经电缆接入。开入信号的输入电压有两类：一是弱电开入，接入的开入回路从测控装置上取 24V 信号电源接入测控装置的背板端子，进入测控装置后经一级光电隔离后送入 CPU，如上述的同期开入、手合开入；二是强电开入，开入回路从屏内取测控装置的 220V 信号正电源，接入测控装置的背板端子，经过装置内两级光电隔离后再送入 CPU。一般规定直流 24V 电源不出屏，从屏外引入的信号必须经过两级隔离后才能接入装置 CPU。

从本屏直接接入的信号有：①弱电开入的信号，包括本保护屏上断路器远方就地切换开关的就地位置、同期继电器 KZ 触点的同期开入；②强电开入的线路保护装置直流消失信号；③强电开入的断路器控制回路断线信号，当控制回路失电后，KCC 与 KCJ 同时返回，其动断触点接通，发出控制回路断线信号。

从 110kV 组合电器 LCP 柜经电缆接入的信号有：

（1）线路间隔断路器 QF31，隔离开关 QS31、QS32、QS33，接地开关 ES31、ES32，故障关合接地开关 FES31 的位置信号。图中接入的是它们的动合辅助触点，这里定义当触点闭合为合闸位置，当触点断开定义取反为分闸位置。

（2）线路间隔 LCP 柜中，对本间隔的断路器、隔离开关、接地开关、故障关合接地开关进行远方或就地操作的切换信号显示。接入的是 LCP 柜中远方就地切换把手 43LR 的触点 33-34，当触点闭合反映的是就地操作信号，如图 3-19 所示。

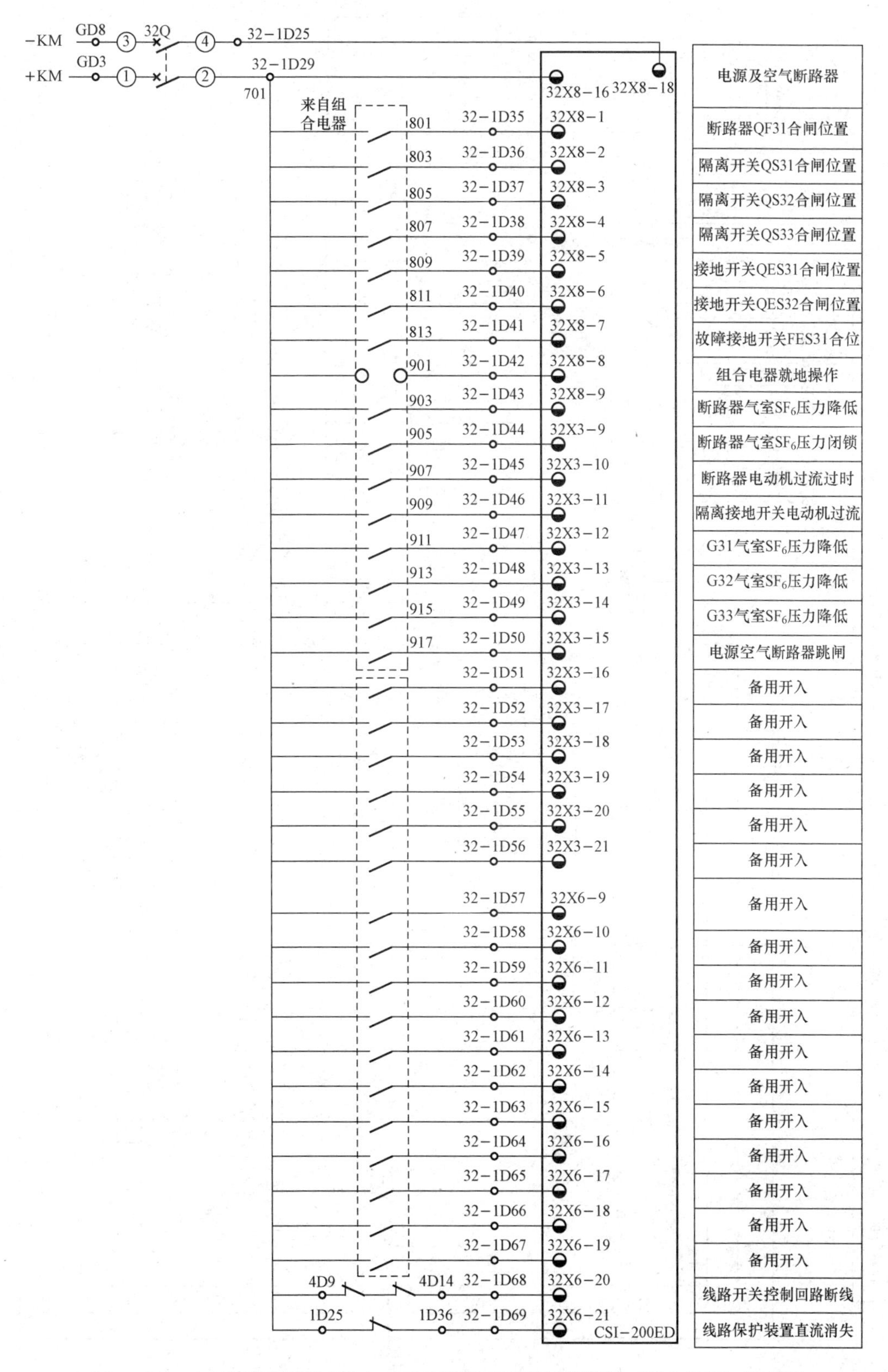

图 3-18　110kV 线路配置 CSI-200ED 型测控装置的遥信部分（开入回路）展开图

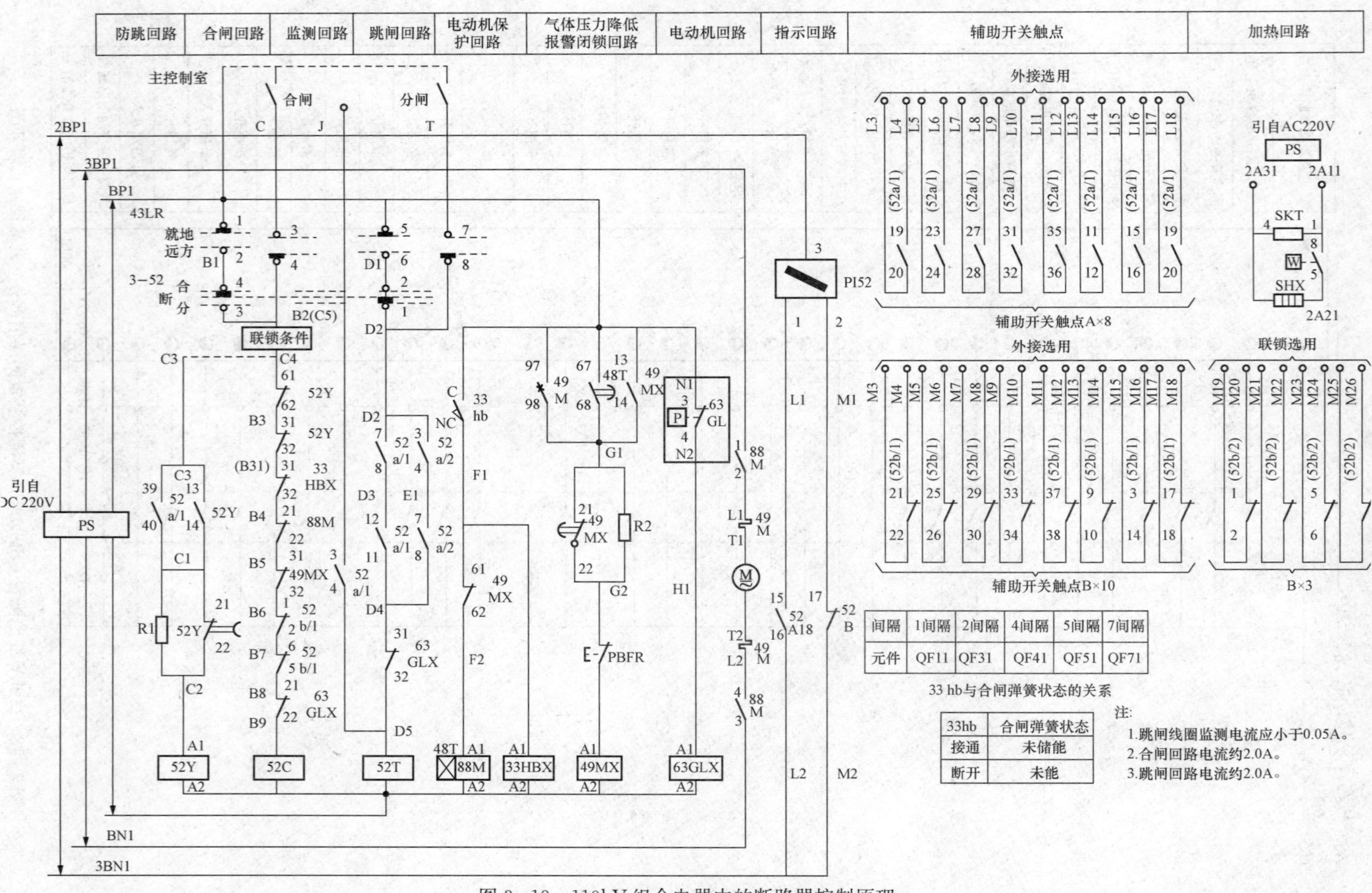

图3-19　110kV组合电器中的断路器控制原理

（3）接入本间隔 GIS 的报警信号，将图 3 - 20 的报警信号触点接入测控装置的信号开入回路。这些信号有断路器 SF_6 气体压力降低报警，断路器 SF_6 气体压力降低闭锁操作，断路器弹簧储能电动机运转中过电流，过时报警，隔离开关、接地开关、故障关合接地开关的操作电动机运转中过电流报警，隔离开关气室 G31、G32、G33 中 SF_6 压力降低，LCP 柜中的电源小空气开关跳闸等。

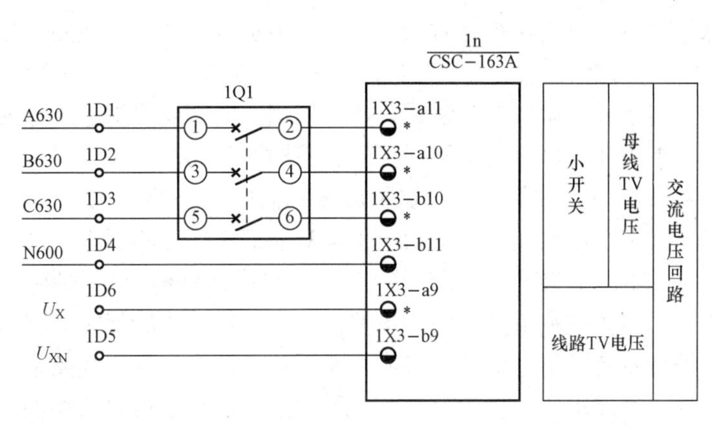

图 3 - 20　CSC-163A 型微机保护装置的交流电压回路接线图

这些开入量信号，在软件编辑中可以以报文形式出现，也可以在模拟图对应的图符中以变色或变位的形式出现。一般断路器位置变位在监控主机显示器上，以主接线图中图符的红、绿色变化及闪烁来表示，并同时出现事件报文。隔离开关、接地开关、故障关合接地开关的位置变化以图符变位的形式表示，并同时出现事件报文。其他的保护动作信号、告警信号均以事件报文的形式出现。每路开关量均可设置为长延时或短延时，还可以设置为一般状态量或 SOE 状态量（变位的同时也产生状态量信息）。每路信号开入量可定义当开关量变位时，是否响警铃或电笛。按常规变电站的中央信号系统，出现事故信号时响电笛，出现预告信号时响警铃。在变电站综合自动化系统中，仍然遵循这一原则，当出现断路器跳位变位时（事故信号）定义响电笛，当出现保护动作或告警信号的开入量变位时（预告信号）定义响警铃。

二、CSC-163 系列数字式线路保护装置简介

（一）适用范围

CSC-163 系列数字式线路保护装置（简称装置或产品），适用于 110kV 及以下中性点直接接地或经小电阻接地的大电流接地系统输电线路保护。装置以分相电流差动和零序电流差动为主保护，以零序电流保护、相间和接地距离或过电流保护为后备保护，构成全线速动的成套快速保护。

（二）功能配置

功能主要有电流差动全线速动，三段相间距离，三段接地距离，TV 断线后两段过电流，三段过电流（带方向电压闭锁），四段零序电流保护，过负荷保护，三相一次重合闸，断路器失灵启动元件，低频减载。

（三）CSC-163A（T）型微机保护装置的二次回路接线

保护装置中能保证全线速动的电流纵差保护是主保护。CSC-163A 型保护是两端纵差，用于单回线路中。CSC-163T 型保护是三端纵差，用于 T 型线路中。电流纵差保护的基本原理是比较输电线路两端（三端）的电流，关键是需要可靠的传输通道来传输输电线路的电流信号，目前采用最多的是光纤数字通信专用通道。通过保护装置将电流信号转换为数字信号，再由发信环节件电信号转换为光信号，经光导纤维传输到对端，对端的收信环节将光信号还原为电信号，通过保护装置的比较判别确定是否输电线路内部故障。保护装置中的距离

保护和零序电流保护是后备保护，作为本线路及相邻线路发生故障是的后备保护。

1. 交流电压、电流回路与直流电源的接入

对于任何微机保护装置，都必须接入所需要保护电气单元的工作电压与工作电流，根据接入的电压、电流列出不同类型、不同原理的动作方程，从而构成不同的保护。

图3-20是接于单母线的110kV输电线路的CSC-163A型微机保护装置的交流电压回路。交流电压回路接在110kVⅠ段母线的电压互感器上，所接的电压互感器绕组应是测量保护共用的0.5级绕组。A、B、C三相电压回路经小空气断路器1Q1接入保护装置，1Q1作为保护装置交流电压回路的保护设备，亦作为检验保护装置时切断交流电压用。如果110kV线路的重合闸要考虑检同期或检无压的条件，必须将线路电压互感器（U_X、U_{XN}）接入保护装置，线路电压取值1～120V，线路电压的相别可以由控制字来选择。

图3-21是接于单母线的110kV输电线路的CSC-163A型微机保护装置的交流电流回路。交流电流回路接在电流互感器32TA上，这一组电流互感器要选择准确度为10P20级的保护专用绕组。

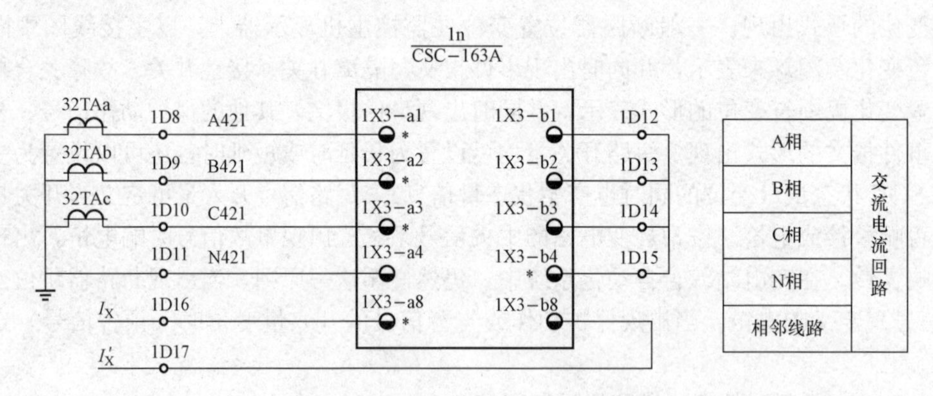

图3-21 CSC-163A型微机保护装置的交流电流回路接线图

图3-22是接于单母线的110kV输电线路的CSC-163A型微机保护装置的直流电源回路。保护装置的直流电源从控制电源小母线KM接入，供保护装置工作所需。按照规程要求，保护装置的工作电源与断路器控制电源是各自独立的，分别由1Q与4Q小空气断路器供电。

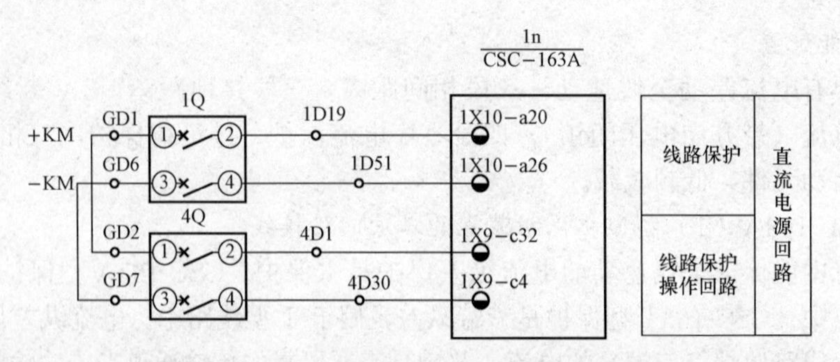

图3-22 CSC-163A型微机保护装置的直流电源回路接线图

2. 保护装置的开入、开出回路

由于微机保护的配置及构成逻辑通过软件程序实现，各套保护的投入与退出可以通过控

制字或程序中的软连接片来操作，因此保护装置的直流回路接线就比较简单。保护装置直流回路接线主要包括开关量的输入回路、保护出口与开关量的输出回路及保护装置的网络通信回路等。

图 3-23 是接于单母线的 110kV 输电线路的 CSC-163A 型微机保护装置的开入回路接线图。

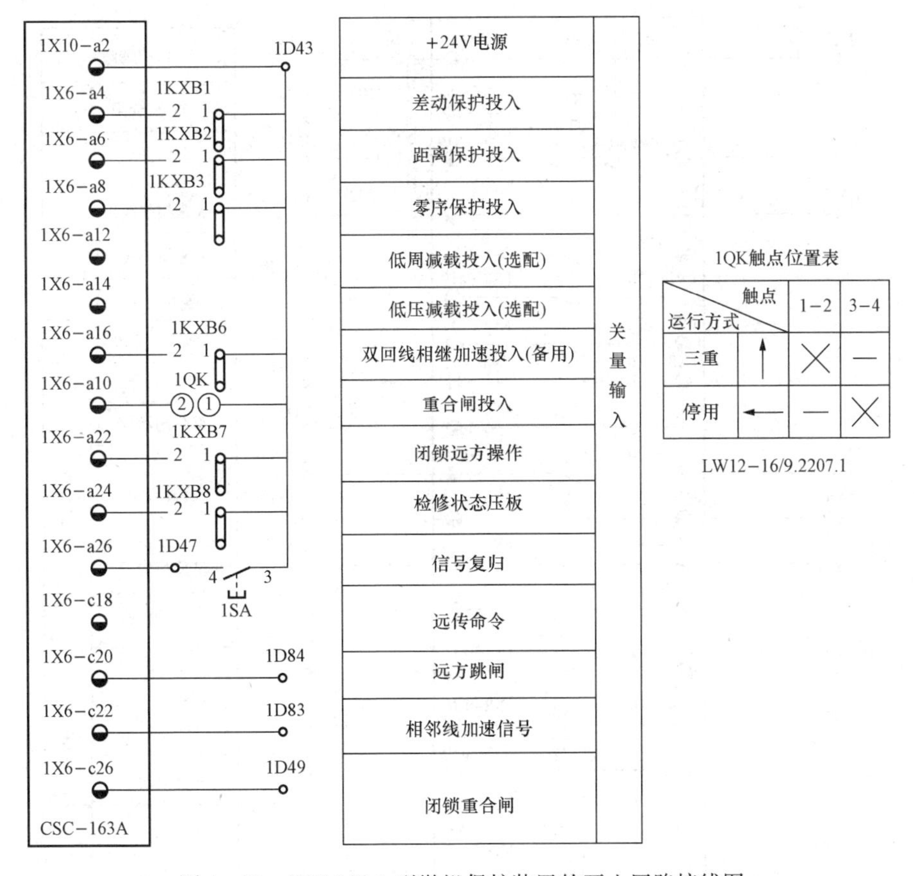

图 3-23 CSC-163A 型微机保护装置的开入回路接线图

保护装置输入的开关量有：

（1）为了符合运行常规习惯的要求，给运行人员一个明确的提示，生产厂家将一些保护的投入仍以硬连接片的形式设置在保护屏上。如图 3-22 中的 1KXB1、1KXB2、1KXB3 分别为纵差保护、距离保护、零序保护的投入连接片。

（2）低频、低压减载可以根据需要选择，如果需要可以设置投退连接片。

（3）三相一次重合闸的投入与退出通过切换开关 1QK 来操作。

（4）闭锁重合闸的开入。

（5）双回线相继加速的开入。

（6）远方跳闸的开入。

（7）检修装态连接片。

（8）信号复归的开入。

图 3-24 是接于单母线的 110kV 输电线路的 CSC-163A 型微机保护装置的开出回路接

线图。

保护装置输出的开关量有：

（1）保护的跳闸出口与重合闸出口。

（2）保护跳闸出口触点 KCK1 与断路器失灵启动元件 KL 串联，组成启动断路器失灵保护开出回路，由连接片 1ZXB1 进行投入、退出操作。

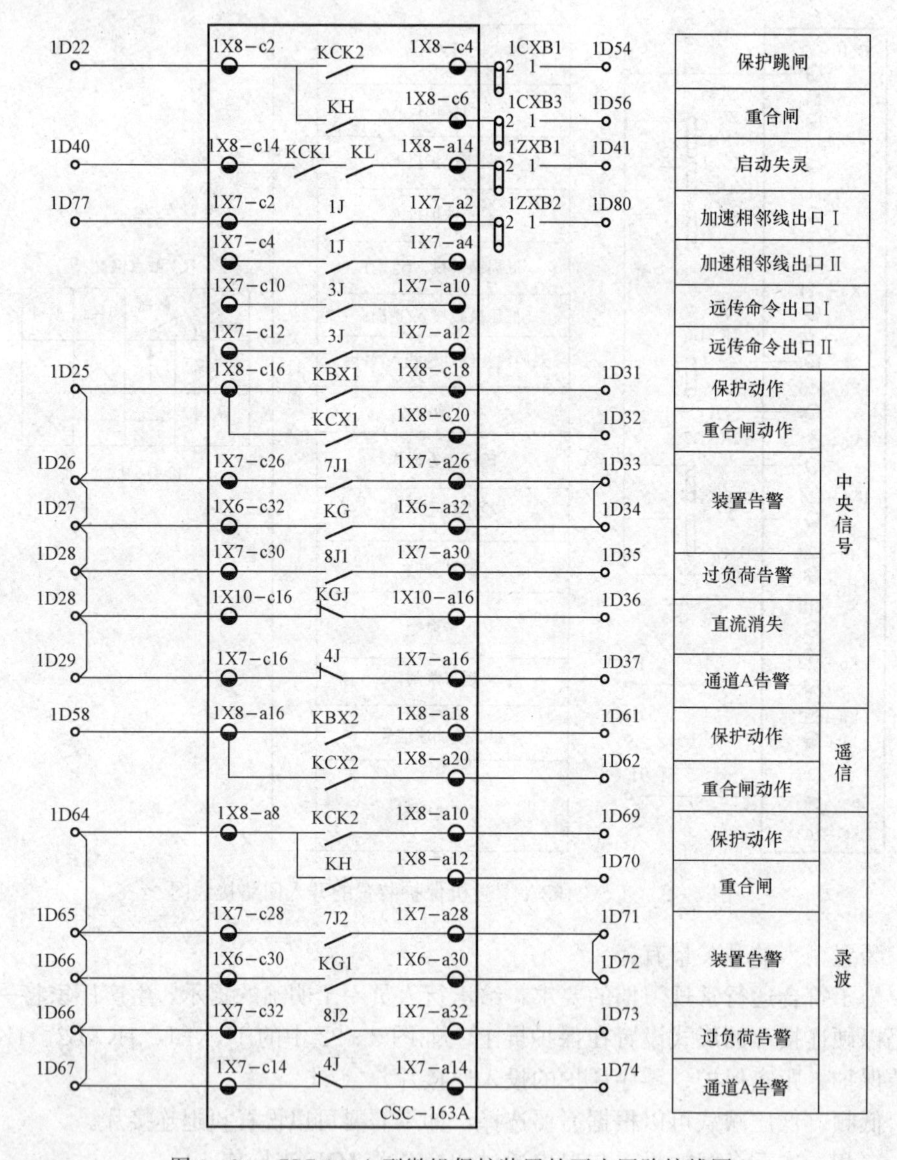

图 3-24　CSC-163A 型微机保护装置的开出回路接线图

（3）双回线相继加速的出口，接到双回的另一条线路保护装置的开入回路。加速相邻线的投入与退出由 1ZXB2 连接片来操作。

（4）需要投入远方跳闸回路时，可以将远传命令出口回路经连接片接出，接至永跳回路。

（5）送至常规变电站中央信号系统的开关量有保护动作、重合闸动作、保护装置告警、通道告警及保护装置直流消失。在综合自动化系统中，这些信号通过网络通信已送往监控计算机。

（6）还有一些开出触点作为故障录波器用及常规变电站发遥信用。

任务三　主变压器的保护、测量、控制二次回路调试

教学目标

（1）依据屏面布置图，能说明屏中各元件的名称、型号及作用、使用方法。

（2）说明保护测控装置遥测及遥信二次回路的工作原理。

（3）掌握保护测控装置插件二次接线检查的方法。

（4）完成保护测控装置及其二次回路的基本测试。

任务描述

通过对主变压器保护、测量、控制二次回路的学习，使学生具备低压线路的保护测控二次回路的调试能力。

任务准备

教师说明完成该任务需具备的知识、技能、态度，说明观看设备的注意事项，说明观看设备的关注重点。帮助学生确定学习目标，明确学习重点、将学生分组；学生分析学习项目、任务解析和任务单，明确学习任务、工作方法、工作内容和可使用的助学材料。

任务实施

观察主变压器的保护、测控装置。

1. 实施地点

实施地点：综合自动化变电站或变电站自动化系统实训室。

2. 实施所需器材

（1）多媒体设备。

（2）一套变电站自动化系统实物；可以利用变电站自动化系统实训室装置，或去典型综合自动化变电站参观。

（3）变电站自动化系统音像材料。

3. 实施内容与步骤

（1）学员分组：3～4 人一组，指定小组长。

（2）资讯：指导教师下发项目任务书，描述项目学习目标，布置工作任务，讲解主变压器的保护、测量、控制二次回路的基本调试；学生了解工作内容，明确工作目标，查阅相关资料。

（3）指导教师通过图片、实物、视频资料、多媒体演示等手段，让学生初步了解变电站自动化系统。

（4）计划与决策：学生进行人员分配，制订工作计划及实施方案，列出工具、仪器仪

表、装置的需要清单。教师审核工作计划及实施方案，引导学生确定最终实施方案。

（5）实施：学生可以实行不同小组分别观察系统的不同环节，循环进行，仔细观察、认真记录，进行主变压器的保护、测量、控制二次回路的基本调试。

1）观察主变压器的保护、测量、控制装置外形及操作界面，观察结果记录在表3-5、表3-6中。

表3-5 主变压器的保护、测量、控制装置应用技术记录表

序号	测控装置的遥测量	测控装置的有关回路	不明白的地方或问题	询问指导教师后对疑问理解情况	备注
1					
2					
3					
4					
5					
6					
…					

表3-6 变电站二次回路接线正确性的检验记录表

序号	变电站二次回路接线的正确性从哪几方面检验	不明白的地方或问题	备注
1			
2			
3			
4			
…			

2）注意事项：①认真观察，记录完整；②有疑问及时向指导教师提问；③注意安全，保护设备，不能触摸到设备。

（6）检查与评估：学生汇报计划与实施过程，回答同学与教师的问题。重点对主变压器的保护、测量、控制二次回路的基本调试。教师与学生共同对学生的工作结果进行评价。

1）自评：学生对本项目的整体实施过程进行评价。

2）互评：以小组为单位，分别对其他组的工作结果进行评价和建议。

3）教师评价：教师对互评结果进行评价，指出每个小组成员的优点，并提出改进建议。

相关知识

不同电压等级的变电站对保护和测控单元的要求是不一样的，对于110kV以上的系统，保护和测控单元一般是分开的，110kV及以下系统保护和测控单元通常一体化，一般采用后备保护带测控功能的设计原则。总的来说，都应按照变电站综合自动化的整体技术要求，保护、监控统一规划和设计，达到降低变电站建设、运行和维护投资，提高变电站运行可靠性，可与单电网自动化系统交换信息，实现变电站无人值班等目的。在保证可靠性的前提下，应尽量做到减少装置数目、减少外部连接电缆。

在变压器中，保护测控单元既保持相对独立又相互融合，即保护和测控共享信息，不共享资源。保护测控单元提供两组交流信号输入端子，分别接入保护互感器和测量互感器电流信号。在软件的程序设计上，保护和测控模块独立运行且使保护模块不受测控模块的影响，也不依赖外部通信网。对于保护动作信息、状态信息则与测控模块共享。

一、主变压器的测控装置回路

主变压器的测控装置按照一个独立的间隔进行配置，包括变压器的高、中、低压三侧和变压器的本体部分。一般的测控装置都是模块化结构，根据变压器、断路器、隔离开关所需进行遥控的和接入模拟量、开关量的数量不同，灵活进行组合。

主变压器测控装置接入的模拟量有高、中、低压三侧的三相电流和三相电压。通过软件程序可以计算出三相电流有效值、三相电压有效值、$3U_0$、$3I_0$、有功功率、无功功率、频率、谐波等。模拟量接入的还有变压器测温回路。

220kV 变电站的主变压器测控屏通常由变压器各侧的测控装置和变压器本体的测控装置构成。在 RCS-9700C 型测控装置的典型组屏方案中，主变压器高、中、低三侧各需要一台 RCS-9705C 装置和一台 RCS-9703C 装置。RCS-9705C 装置由遥测插件、遥信插件、遥控插件、直流电源插件和 CPU 插件组成；RCS-9703C 装置为变压器本体的测控装置，它比 RCS-9705C 增加了一个直流插件，用来采集变压器的温度参数。下面介绍主变压器测控装置的有关回路。

1. 交流电流、电压输入回路及直流电源回路

测控柜所接的母线电压互感器绕组应是测量保护共同的绕组，并且应当从主变压器保护屏经切换后 A720、B720、C720 回路引入，N600 不经任何切换，直接从 N600 电压小母线引入。图 3-25 是 RCS-9705C 型装置的交流量遥测及直流电源回路图。

直流电源经过测控屏的屏后直流空气断路器 1K 控制供给测控装置电源和光耦电源。

2. 主变压器的遥控回路

主变压器测控装置进行遥控的对象有变压器三侧的断路器和隔离开关，变压器中性点接地开关，变压器有载调压分接头。

（1）主变压器断路器的遥控操作。如图 3-26 所示，当进行主变压器断路器的遥控操作时，将 1QK 切换到“远控”位置，同时投入 1LP4 遥跳连接片和 1LP5 遥合连接片，即可执行由监控计算机发出的分闸和合闸的操作命令。

（2）主变压器断路器就地操作。如图 3-26所示，主变压器的断路器一般不用同期手合。当主变压器的断路器采用就地控制时，满足允许操作条件时，电气编码锁 1S①-②触点闭合，将 1QK 切换到“强制手动”位置，即可利用 1KK 进行就地跳闸和强制手合的操作。

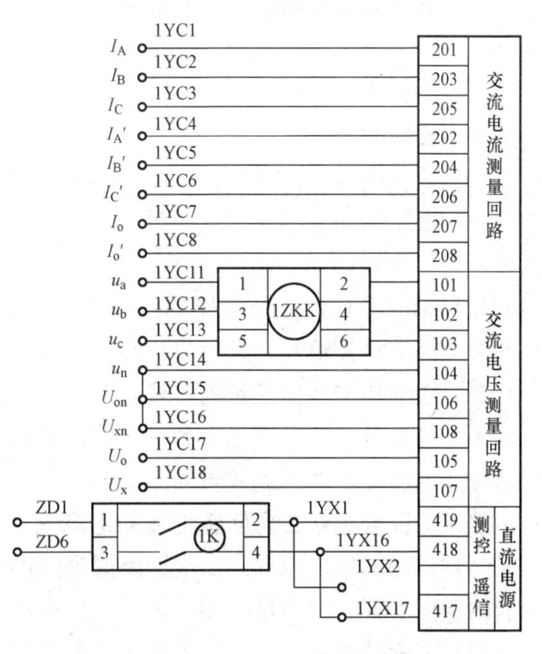

图 3-25　RCS-9705C 型装置的交流量遥测及直流电源回路图

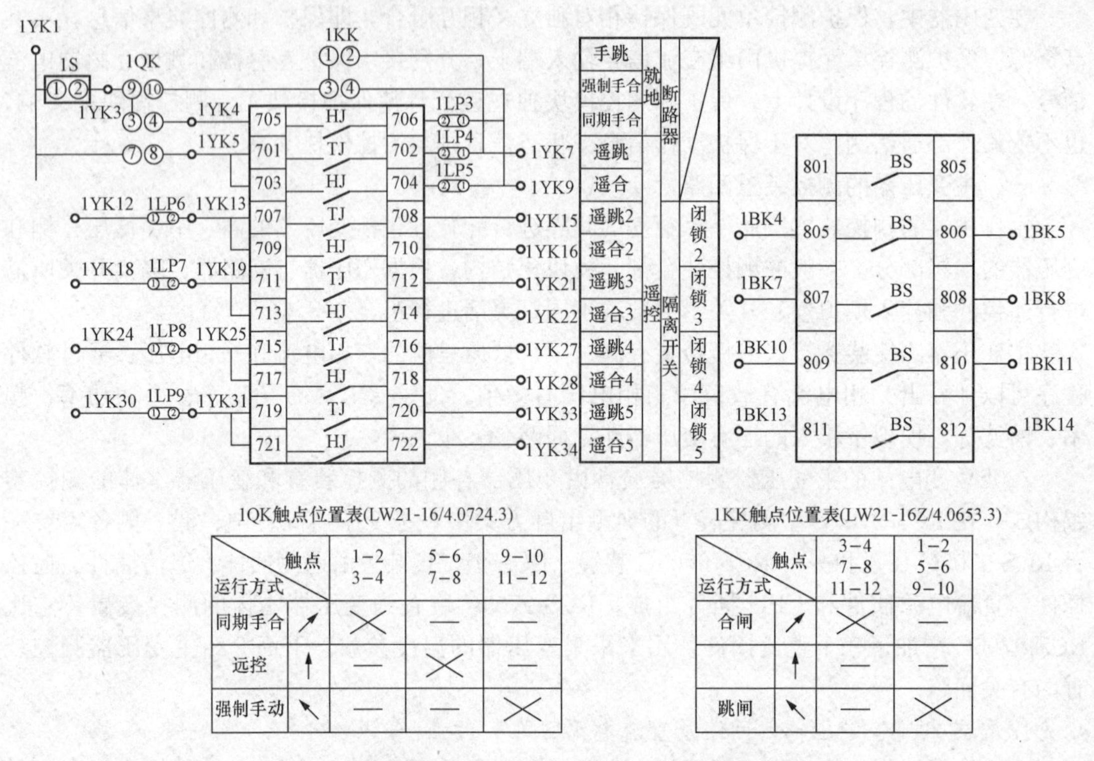

1QK触点位置表(LW21-16/4.0724.3)

运行方式＼触点		1-2 3-4	5-6 7-8	9-10 11-12
同期手合	↗	×	—	—
远控	↑	—	×	—
强制手动	↖	—	—	×

1KK触点位置表(LW21-16Z/4.0653.3)

运行方式＼触点		3-4 7-8 11-12	1-2 5-6 9-10
合闸	↗	×	—
	↑	—	—
跳闸	↖	—	×

图 3-26 RCS-9705C 型装置遥控回路图

3. 主变压器的遥信回路

主变压器测控装置接入的遥信量有：

（1）高压侧有断路器位置、隔离开关位置、接地开关位置、控制回路断线、压力降低闭锁合闸、压力降低闭锁跳闸、保护 1 跳闸、保护 2 跳闸、切换继电器同时动作等。

（2）中压侧有断路器位置、隔离开关位置、接地开关位置、控制回路断线、保护跳闸、切换继电器同时动作、电源消失等。

（3）低压侧有断路器位置、隔离开关位置、保护跳闸、电源消失等。

（4）变压器本体处有中性点接地开关位置、变压器分接头位置、变压器通风电源故障等。

（5）保护屏有主保护动作信号、后备保护动作信号、过负荷报警、TV 及 TA 断线信号、失灵保护动作信号、失灵保护装置故障信号、非电量保护装置的各种保护信号等。

二、主变压器保护回路的接线

图 3-27（a）所示就是一台变压器保护的交流回路（电流回路）接线图，图 3-27（b）所示是变压器保护的直流逻辑回路图。

三、保证变电站二次回路接线的正确性

（1）正确的接线原理。二次回路原理图的设计要保证自动装置、测控装置、保护装置等功能的全面实现，要满足各相关规程、反事故措施对二次回路接线的要求。

（2）正确的接线原则。施工接线图的设计在完全对应原理图的前提下，在电缆敷设、屏内与屏间的接线等方面，要杜绝寄生回路的形成，防止强、弱电干扰以及交直流混接等影响

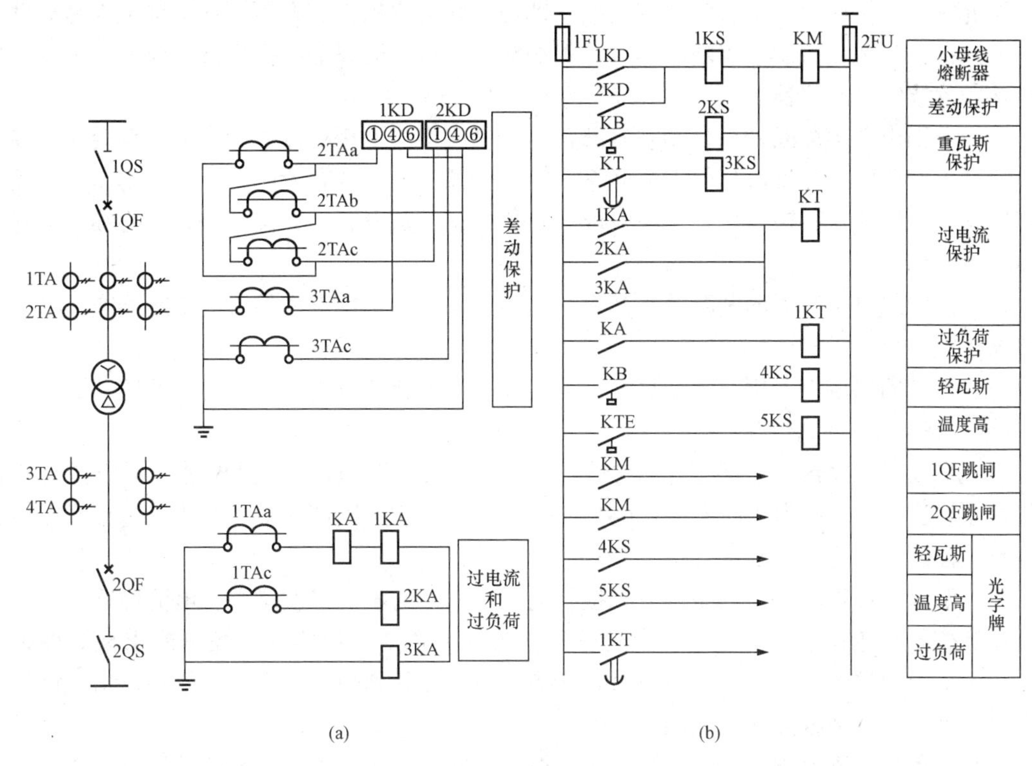

图 3 - 27　变压器保护接线图

（a）交流回路；（b）直流逻辑回路

装置工作性能的不正确接线方式。

（3）正确的施工方式。现场安装接线要与施工图一一对应，不得随意更改；在新安装和周期性检验等工作中，严格完成二次回路接线正确性检验所有项目。

（一）保证接入各类装置开入开出量接线的正确性

开入量对微机保护、自动装置来讲，是其进行逻辑判断的必要条件，接入各类装置开入开出量必须准确地反映一次设备的状态、与其相关联的其他保护及其自动装置的动作状态，才能保证装置做出正确的判断，确定其动作行为。

（二）保证接入各类装置模拟量的正确性

在三相交流系统中，自动装置、测控装置、保护装置中等所接入的模拟量，均引自对应电气间隔的电流互感器二次电流端子和电压互感器二次电压端子。必须保证引入到装置的电流电压相序、相别以及极性正确，二次绕组级别正确。

（三）保护直流电源回路接线的正确性

对装置的直流熔断器或自动开关及相关回路接线的正确性的基本要求是：不应出现寄生回路。

（1）保护及自动化装置和控制回路等直流电源由端子排配对引入，即安装接线图一定要按“专用端子对”配对接线，安装时，严格按图施工，防止各继电器之间的连线因个别螺丝松动而失去电源，形成寄生回路。

（2）公用一组熔丝的每一套独立的保护装置，必须从直流电源正、负专用端子配对供电，不允许各保护间正、负直流电源混接。即使一套独立保护装在不同保护屏上亦是如此。

(3) 由一套装置控制多组断路器时，保护装置与每一断路器的操作回路应分别由专用的直流熔断器或空气断路器供电。

(4) 分别由不同熔断器、自动空气断路器供电或不同专用短端子对供电的各套保护装置的直流逻辑回路间不允许有任何点的联系，这一套保护的全部直流回路，包括出口继电器的线圈回路，只能从这一对专用端子配对取得直流的正、负电源，如确有需要，必须经空触点隔离。

(5) 有两组跳闸线圈的断路器，其每一跳闸回路应分别由专用的直流熔断器或自动空气断路器供电。

(6) 信号回路应由专用的直流熔断器或自动空气断路器供电，不得与其他回路混用。

(四) 保证双重化配置的二次回路接线正确性

220kV 及以上系统设备的继电保护装置是双重化配置，即两套保护之间不应该有任何电气联系，当一套保护退出时不应影响另一套保护的运行。因此在设计和施工过程中，应特别注意验证回路满足以下要求：

(1) 两套主保护的电压回路宜分别接入电压互感器的不同二次绕组。电流回路应分别取自电流互感器互相独立的绕组，并合理分配电流互感器二次绕组，避免可能出现的保护死区。分配接入保护的互感器二次绕组时，还应该特别注意避免运行中一套保护退出时可能出现的电流互感器内部故障死区问题。

(2) 双重化配置保护装置的直流电源应取自不同蓄电池组供电的直流母线段。

(3) 两套保护的跳闸回路应与断路器的两个跳闸线圈分别一一对应。

(4) 双重化的线路保护应配置两套独立的通信设备（含复用光纤通道、独立光芯、微波、载波等通道及加工设备等）。两套通信设备应分别使用独立的电源。

(5) 双重化配置保护与其他保护、设备配合的回路应遵循相对独立的原则。

(6) 双重化保护的电流回路、电压回路、直流电源回路、双跳闸绕组的控制回路等，两套系统不应合用一根多芯电缆。

(五) 保证必要的二次回路抗干扰措施

抗干扰措施是保障微机装置安全运行的一个重要环节，在设备投运或是服役前应认真检查控制电缆的敷设以及保护和安全自动装置各电源端口、输入端口、输出端口、通信端口、外壳端口和功能接地端口等要严格按照 GB 14285—2006《继电保护和安全自动装置技术规程》的规定，根据干扰的具体特点和数值适当确定设备的抗干扰度要求和采取必要的减缓措施。

(六) 加强二次回路的绝缘检测

二次回路的绝缘检测，在以往变电站新安装及定期检验中都作为一个重点项目进行。自从电子型和微机型保护装置推广应用后，现场继电保护人员对二次回路的绝缘检测时担心高压串入保护装置损坏电子元器件，因而对二次绝缘检测能不做就尽量不做，这样无形中放松了二次回路绝缘监督。实际二次回路点多面广，和户外开关场的电气设备相连，运行环境差，很容易发生绝缘下降的情况。因而在定期校验中，必须坚持做二次回路绝缘检测的试验项目。

（七）加强以负荷电流、电压检测接入模拟量的正确性

以往的电磁型、电子型保护装置在新安装投运时，都要求当一次设备带上负荷后，利用负荷电流和实际工作电压作六角图，与当时负荷情况（电流、有功功率、无功功率）的预先判断比较，以检查接入电流、电压的极性、变比和相位是否正确。对于微机保护、自动装置来讲，这也是一项必要而实用的测试项目。以往的测试必须通过伏安相位表来实现。现在的微机保护具有先进的自检功能，它的显示窗口可以观察有功功率、无功功率、各相电流电压的有效值，也可以利用其菜单打印电流电压采样值，通过采样值可以看到进入装置内各路模拟量的幅值和相位关系。综合利用这些参数，可以准确判断分析接入装置的模拟量是否正确。

（八）做好一次设备检修后的二次回路检查检测工作

变电站新安装投入运行后，经工作电压及带负荷电流测试，如果各项试验正确，各项指标满足要求，则一般微机保护、自动装置的运行是可靠的。如果再经过被保护设备，发生过区内及区外故障的考验，有正确的动作反映，那么微机保护、自动装置安全稳定运行是没有问题。但实际中，常有这类保护在稳定运行几年后，又发生误动的情况。除了因保护装置内部元器件损坏外，多为因一次设备检修后人为引起二次回路变动所造成的。

四、检验二次回路接线正确性的方法

验证二次回路接线正确性的工作内容，在 GB 14285—2006 中有规定，这里主要介绍在验证工作中常见的几种方法。

（一）开关量输入、输出回路的正确性检验

开关量输入、输出回路检验应按照装置技术说明书规定的试验方法进行。

（1）新安装装置验收时回路检验。

1）在保护屏柜端子排处，对所有引入端子排的开关量输入回路依次加入激励量，观察装置的行为。

2）分别接通、断开连接片及转动把手，观察装置的行为。

3）在装置屏柜端子排处，依次观察装置所有输出触点及输出信号的通断状态。

（2）全部检验时，仅对已投入使用的开关量按照上述方法进行观察。

（3）部分检查时，可随装置的整组试验一并进行。

（4）如果几种保护共用一组出口连接片或共用一告警信号时，应将几种保护分别传动到出口连接片和保护屏柜端子排。如果几种保护共用同一开入量，应将此开入量分别传动至各种保护。

（5）综合系统、故障信息管理系统开入信号回路检查。目前通用的方法是根据设计图纸列出开入信号的对点检测表。表格的主要内容有信号信息的定义名称、采集信号的设备、端子编号、回路编号、回路所经过的端子箱、屏（柜）的名称（地址）及端子编号。所进入装置的名称及端子编号等，按照对点检修表逐个进行检修，在每一个信号的采集处将信号开入量短接，从后台机的显示器上观察，所打出的信息是否一一对应。然后，再与集控中心逐个核对。对点检测表亦是运行维护中不可缺少的资料之一。

（二）直流电源的专用端子对检查

直流端子对的检查，可在与设计图纸进行对照的基础上，可分别断开回路的一些可能在运行中断开（如熔断器、指示灯等）的设备及使回路中某些触点闭合的方法，检验直流回路

确实没有寄生回路存在。

(三) 断路器、隔离开关、变压器有载调压开关的控制回路检查

应根据图纸，按事先编制好的传动方案进行，依次在断路器、隔离开关、变压器有载调压机构箱、在保护或测控屏处进行就地操作传动试验，再在变电站后台机和集控中心用键盘和鼠标进行遥控操作传动试验。

(四) 互感器回路正确性检验

1. 电流、电压互感器的检验

主要验证电流、电压互感器各次绕组的连接方式及其极性关系是否与设计符合，铭牌上的极性标识是否正确、相别标识是否正确。

(1) 厂家电流、电压互感器试验资料的验收：①所有绕组的极性；②所有绕组及其抽头的变比；③电压互感器试验在各使用容量下的准确级；④电流互感器各绕组的准确级（级别）、容量及内部安装位置；⑤二级绕组的直流电阻（各抽头）；⑥电流互感器各绕组的伏安特性。

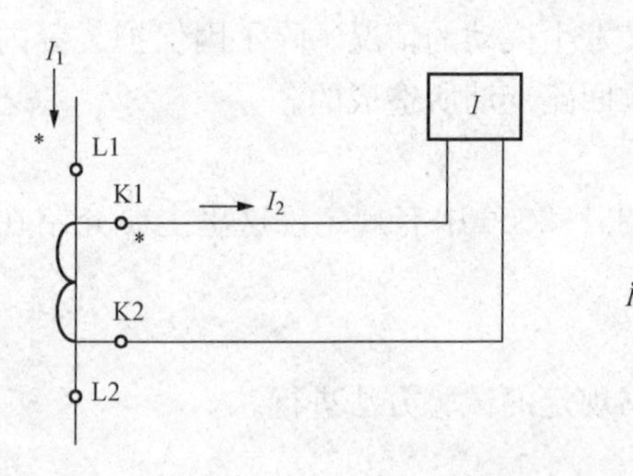

图 3-28 电流互感器极性的标注和一、二次电流的相量图

(2) 互感器极性的测量。互感器的极性一般是按“减极性”的原则确定的，这种方法标出来的一次电流 $\dot{I}_1$ 和二次电流 $\dot{I}_2$ 同方向如图 3-28 所示。工程中表示 L1 的一次端子是带有小套管的一端，L1 和二次端子 K1 为同名端，称之为极性端，用“*”号表示。而另外一对同名端 L2 和 K2 称之为非极性端。

同理，用该方法表示出来电压互感器的一、二次电压是同相位的。图 3-29 所示的电压互感器中，其一次绕组的首尾分别为 A、X，二次绕组的首尾分别为 a、x，A 与 a 为一、二次电压的极性端。U_1 的正方向从 A 指向 X，U_2 的正方向从 a 指向 x。

现场进行极性检验主要是确保二次回路的连接，要保证当保护设备故障时，对于电流互感器二次侧极性端流出的故障电流应流向保护装置的极性端，对于电压互感器二次极性端应与保护装置的极性端电压同相位，则一次系统的故障情况完全可以用二次侧的电流、电压来分析判断。

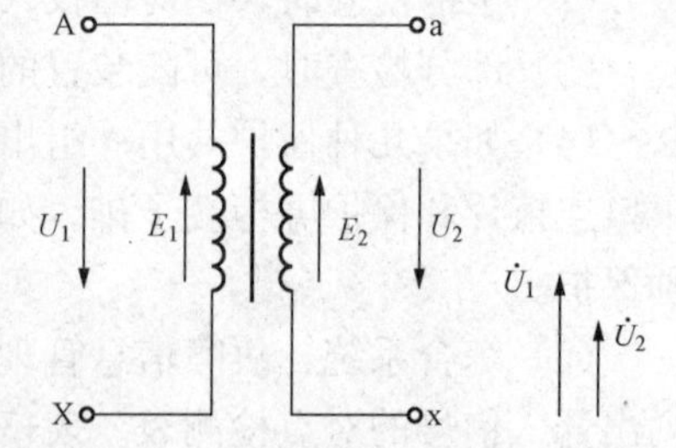

图 3-29 电压互感器极性的标注和一、二次电流的相量图

1) 线路保护电流互感器极性测量的原则。确定电流互感器的极性通常以母线指向线路（或电气元件）为正方向。譬如双母线接线的电流互感器一次端子 L1 应接母线侧，则一次电流从 L1 流入互感器为正，从 L1 流出互感器为负。二次端子应采用正引出，即对于三相电流互感器，分别从三相极性端 K1 引出 $\dot{I}_u$、$\dot{I}_v$、$\dot{I}_w$，非极性端三相 K2 并接为中性线 $\dot{I}_n$，引入到装置的同极性端。在现场检测电流互感器极性时必须注意互感器的实际安装位置，当一次电流从母线指向线路（或电气元件）时，二次电流从互感器的极性端流

出，应通过二次装置的电流极性端流入装置内部，经中性线回流到 TA 非极性端，如图 3-30 所示。

2）母线保护用电流互感器极性测量原则。母线保护用各单元电流互感器二次端子亦统一采用正引出，非极性端三相并接为中性线 I_n，引入到母线保护屏上一点接地。则当一次电流从线路（或电气元件）流向母线时，电流互感器二次电流从非极性端流出，经保护装置的电流非极性端回流到该相电流互感器极性端。在检测电流互感器极性时必须注意互感器的实际安装位置，判断清楚一次电流的流向。

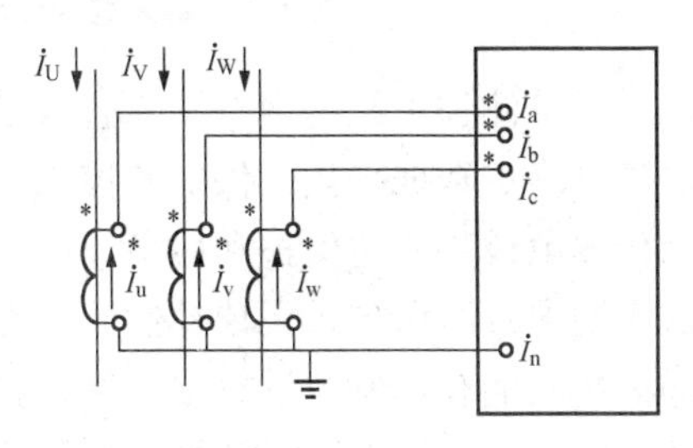

图 3-30 电流互感器与二次设备的连接

3）母联（分段）电流互感器极性测量原则。母联（分段）电流互感器极性端一般要求靠母联断路器侧安装。对于母联双侧均安装了电流互感器的，参加Ⅰ、Ⅱ组母差电流比相应交叉接入。对于只有一侧电流互感器的，要根据母线保护说明书中的约定和互感器的实际安装位置，判断清楚一、二次电流的流向。

4）电压互感器的极性测量原则。确定电压互感器的极性时，通常规定母线电压高于大地电压为正，也就是说电压互感器一次端子 A 应接相线，而另一端子 X 接地。对于母线电压互感器，二次工作组分别从三相极性端 a 端引出 $\dot{U}_u$、$\dot{U}_v$、$\dot{U}_w$，非极性端三相并接为中性线 $\dot{U}_n$，先连接到同名电压小母线，再引入到装置的同名端。

2. 交流电压回路加压试验

采用外加试验电压的方法，在电压互感器的各二次绕组分别加入额定电压，逐个检查各二次回路所连接的保护装置、自动装置、测控装置中的电压相别，相序、数值，是否与外加的试验电压一致。在做此项试验时要特别注意，做好防止电压互感器二次向一次反供电的安全措施。

3. 交流电流回路通电试验

最好在传动试验完成后进行。采用通入外加试验电流的方法，从电流互感器的各二次绕组接线端子处向负载端通入交流电流，逐个检查各二次回路所连接的保护装置、自动装置、测控装置中的电流相别、数值，是否与外加的试验电流一致。新安装时，需要测定回路的压降，计算电流回路每相与中性线及相间的阻抗（二次回路负担）。将所测得的阻抗值按保护的具体工作条件和制造厂家提供的出厂资料来验算是否符合互感器 10%的误差要求。定期检验时，注意与历史数据相对照。

（五）继电保护及自动化的整组与传动试验

整组与传动试验主要内容包括：

（1）整组试验时应检查各保护之间的配合、装置动作行为、断路器动作行为、保护启动故障录波信号、调度自动化系统信号、中央信号、监控信息等正确无误。

（2）借助于传输通道实现的纵联保护、远方跳闸等的整组试验，应与传输通道的检查一同进行。必要时，可与线路对侧的相其应保护配合一起进行模拟区内、区外故障时保护动作行为的试验。

（3）对装设有综合重合闸装置的线路，应检查各保护及重合闸装置间的相互动作情况与设计相符合。

学习情境（项目）总结

保护测控单元是变电站综合自动化系统的一个基本的功能部分，它以变电站基本元件为对象，完成数据采集、保护和控制等功能。它包括变电站的主设备和输电线路的全套保护；高压输电线路的主保护和后备保护，变压器主保护、后备保护以及非电量保护，母线保护，低压配电线路保护，无功补偿装置如电容器组保护、站用变压器保护等。概括地说，其完成的主要功能有：模拟量数据采集、转换与就算；开关量数据采集、滤波；继电保护功能；自动控制功能；事件顺序记录；控制输出功能；对时功能及数据通信功能。其中继电保护功能是指应具备独立的、完整的继电保护功能；具备当地人机接口功能，不仅可以显示保护单元各种信息，且可以通过它修改保护定值；存储多套保护定值；且有故障自诊断功能，通过自诊断及时发现保护单元内部故障并报警。对于严重故障，在报警同时应可靠闭锁保护出口。

本情境列举了具体的输电线路和变压器保护、测控配置，主要了解自动化变电站 6～35、110kV 线路和主变压器的保护、测量、控制二次回路的各元件的名称、型号及作用、使用方法，以及各二次回路工作原理。

复习思考

1. 输电线路常见的故障有哪些？
2. 输电线路微机保护的配置有哪些？
3. 电力变压器微机保护的配置有哪些？
4. 画出 6～35kV 线路开关柜交流电流、电压回路原理图。
5. 110kV 线路需要进行测量的模拟量有什么？需要采集的开关量有什么？
6. 主变压器高压侧的测控装置应接入哪些遥信量？
7. 保证双重化配置的二次回路接线正确性，应该满足什么要求？
8. 如何保证接入到二次装置电流互感器极性的正确性？

参考文献

[1] 贺家李．电力系统继电保护原理．北京：中国电力出版社，2004.

[2] 丁书文．综合自动化原理及应用．北京：中国电力出版社，2010.

[3] 湖北省电力公司生产技能培训中心．变电站综合自动化模块化培训指导．北京：中国电力出版社，2010.

[4] 丁书文，胡起宙．变电站综合自动化原理及应用．2 版．北京：中国电力出版社，2010.

[5] 丁书文．变电站综合自动化现场技术．北京：中国电力出版社，2008.

[6] 王国光．变电站二次回路及运行维护．北京：中国电力出版社，2011.

[7] 张儒，胡学鹏，等．变电站综合自动化原理与运行．北京：中国电力出版社，2008.

[8] 荀堂生．变电二次系统．北京：中国电力出版社，2010.

学习情境四　变电站综合自动化的监控系统构成及使用

情境描述

描述变电站自动化系统站控层软件和硬件设备的配置与功能，以及使用操作；使学生具有一定的后台监控系统操作能力。

教学目标

了解变电站自动化系统站控层硬件设备的配置与组建，后台监控系统功能，以及“三遥”的实现和监控系统的操作。学生应该学会具有严谨的工作态度。

教学环境

多媒体教室、自动化实训室。

任务一　监控主站的硬件及软件配置展示

教学目标

1. 知识目标

了解变电站站控层硬件构成及其作用；了解变电站站控层软件系统及其作用。

2. 技能目标

具有根据需求能搭建变电站监控系统基本构架的能力；具有合理安排时间的能力，收集信息、制订计划、做出决策的能力等；具有团队分工协作能力、人际交流能力。

任务描述

以国电南瑞科技股份有限公司 NS2000 变电站计算机监控系统为载体，使学生具备认知和搭建变电站计算机监控系统的能力。根据以下 220kV 某变电站的设计概况，为其搭建变电站计算机监控系统，画出系统结构图和列出软件硬件配置。

新建 220kV 某变电站，共有 220kV 线路 4 回，110kV 线路 7 回，35kV 线路 7 回，站用变压器 2 台，电容器 2 台。计算机监控系统采用分布式网络结构，主变压器及 220、110kV 侧采用集中组屏，35kV 侧采用测控保护一体化装置。

任务准备

变电站计算机监控系统设计用于综合自动化变电站的计算机监视、管理和控制，也可以用于集控中心对无人值班变电站进行远方监控。监控系统通过测控装置、微机保护及站内其他设备采集和处理变电站运行的各种数据，对变电站的参数自动监视，按照运行人员的指令和预先设定的条件对变电站进行控制，为变电站运行维护人员提供变电站运行和监视所需的各项功能，减轻运行维护人员的工作强度，提高系统运行的稳定性和可靠性。

变电站计算机监控系统应采用开放性，可扩充性，抗干扰性强的、成熟可靠的且在国内外有投运业绩产品，变电站计算机监控系统应满足变电站计算机监控系统中心的规划要求。

任务准备中的几个引导问题：

(1) 变电站计算机监控系统设计应遵循的原则是什么？

(2) 变电站计算机监控系统的监控范围是什么？

(3) 操作控制怎么处理？

(4) 继电保护和安全自动装置如何配置？

(5) 变电站计算机监控系统如何搭建系统结构？

(6) 变电站计算机监控系统的网络结构有哪些要求？

(7) 变电站计算机监控系统的硬件有哪些要求？

(8) 变电站计算机监控系统的软件有哪些要求？

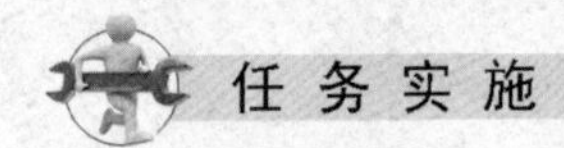

(1) 所需设备和工具：计算机、画图软件（AutoCAD或coreldraw或其他，选择自己熟悉的软件）、办公软件等。

(2) 步骤：

1) 确定间隔层硬件；

2) 确定站控层服务器与工作站的类型和数量；

3) 确定站控层网络结构；

4) 画出系统结构配置图；

5) 确定软件配置；

6) 列出软硬件配表。

(3) 参考系统结构配置图，如图4-1所示。

相关知识

一、主要术语

(1) 分层式。从控制理论的角度来研究多个相互影响的系统（或设备）间的控制方法（方向），属于控制理论的一个分支。

(2) 分布式。变电站计算机监控系统的构成在资源逻辑或拓扑结构上的分布，主要强调从系统结构的角度来研究处理上的分布问题和功能上的分布问题。

(3) 分散式。变电站计算机监控系统的构成在物理意义上相对于集中而言，强调了要面向对象和地理位置上的分散。

(4) 数据采集。将现场的各种信号转换成计算机能识别的数字信号，并存入计算机系统。

(5) 数据处理。对每个设备和每种数据所进行的系统化操作，用于支持系统完成监测、保护、控制和记录等功能。

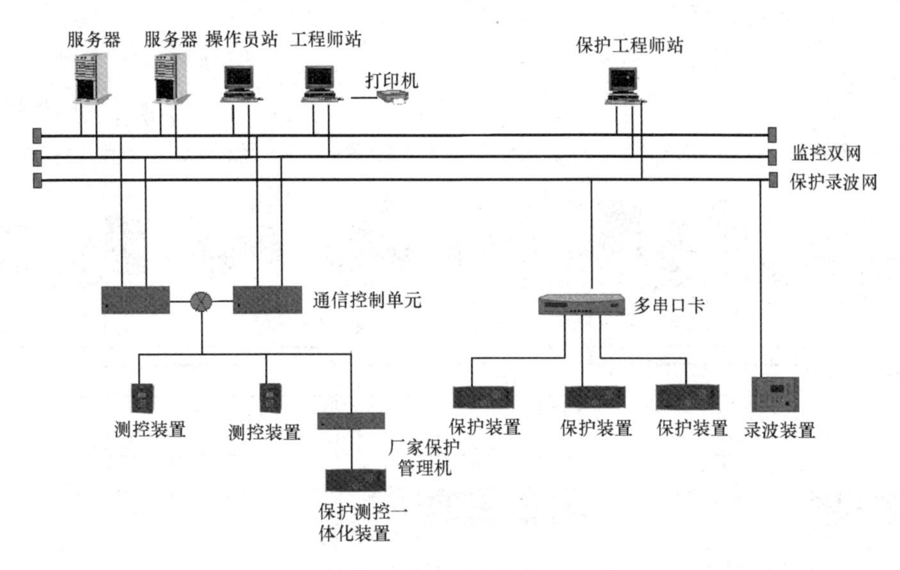

图 4-1 参考系统结构配置图

(6) 监控。通过对系统或设备进行连续或定期的监测来核实功能是否被正确执行，并使它们的工作状况适应于变化的运行要求。

(7) 接口。两个不同系统或实体的界面和连接设备。

(8) 通信规约。启动和维持通信所必需的严格步骤，即必须有一套关于信息传输顺序、信息格式和信息内容等规约。

(9) 串行通信。两台设备之间（或称点对点之间）的所有通信通过单一通信通道串行传输的一种方法。

(10) 间隔层。由（智能）I/O 单元、控制单元、工控网络和保护接口机等构成，面向单元设备的就地控制层。

(11) 站控层。由操作员工作站、通信处理机、网络接口设备、电源、GPS 等构成，面向全变电所进行运行管理的中心控制层。

(12) 继电小室。安装继电保护、自动装置、变送器、电能积算及记录仪表、辅助继电器屏、接地控制层设备的房间。

(13) 电磁干扰。由电磁骚扰所引起的设备、传输通道或系统性能的降低。

(14) 电磁骚扰。使器件、设备或系统性能降低的任何电磁现象。

(15) 抗扰性。器件、设备或系统在电磁骚扰存在时，不降低性能运行的能力。

(16) 电磁兼容性。设备或系统在其所处的电磁环境中正常工作且不对该环境中其他设备造成不可承受的电磁骚扰的能力。

二、NS2000 变电站计算机监控系统

1. NS2000 变电站计算机监控系统的体系结构

NS2000 变电站计算机监控系统采用多主机分布式结构配置，典型的配置如图 4-2 所示。其中网络可以是单网配置，亦可以是双网配置。变电站内分为变电站层和间隔层。对 500、220kV 每一个间隔设置一通信单元，110kV 以下为一电压等级或几个电压等级设置一通信单元。通信单元负责收集该间隔的数据，再转发给后台和远动机。通信单元负责两种网络之间报

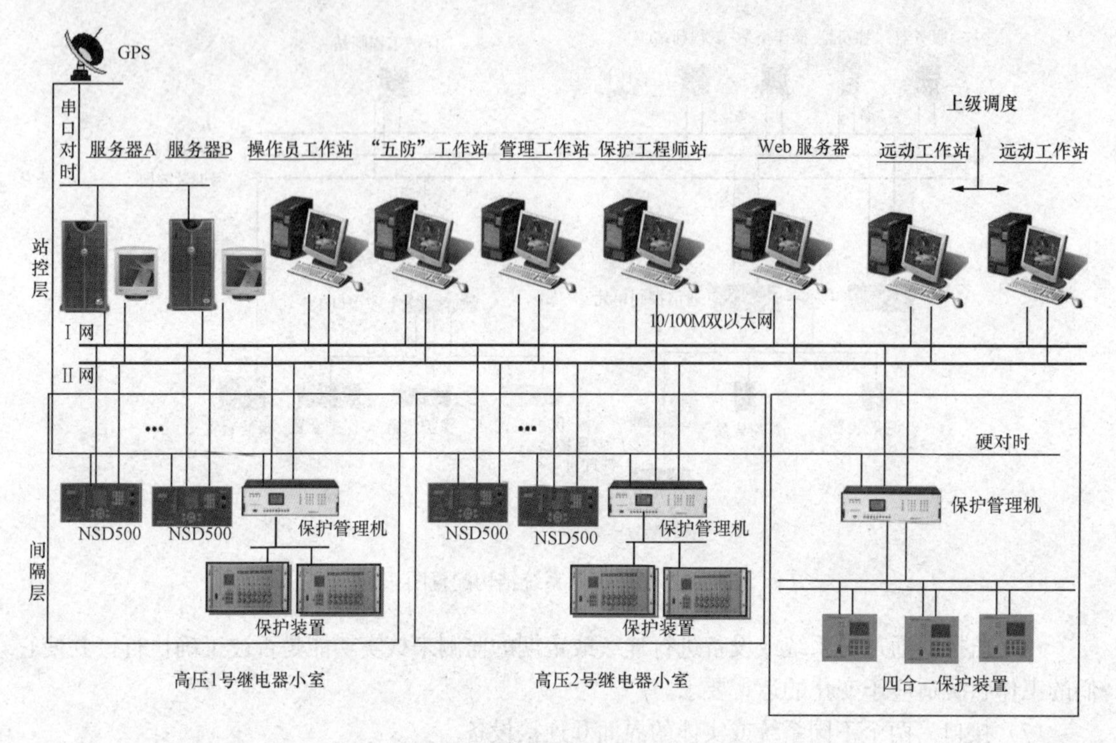

图4-2 变电站计算机监控系统典型配置图

文的转换和对自身间隔层装置的查询。间隔层通信采用现场总线方式，通信单元和变电站层之间采用以太网通信。专门设置远动机，负责调度信息的收集和转发。

2. NS2000变电站计算机监控系统的网络结构

NS2000系统主网采用单/双10/100M以太网结构，通过10/100M交换机构建，采用国际标准网络协议。SCADA功能采用双机热备用，完成网络数据同步功能。其他主网节点，依据重要性和应用需要，选用双节点备用或多节点备用方式运行。

主网的双网配置是完成负荷平衡及热备用双重功能，在双网正常情况下，双网以负荷平衡工作，一旦其中一网络故障，另一网就完成接替全部通信负荷，保证实时系统的100%可靠性。

3. 服务器与工作站功能

(1) SCADA服务工作站。负责整个系统的协调和管理，保持实时数据库的最新最完整备份；负责组织各种历史数据并将其保存在历史数据库服务器。

当某一SCADA工作站故障时，系统将自动进行切换，切换时间小于30s。任何单一硬件设备故障和切换都不会造成实时数据和SCADA功能的丢失，主备机也可通过人工进行切换。

(2) 操作员工作站。完成对电网的实时监控和操作功能，显示各种图形和数据，并进行人工交互，可选用双屏。它为操作员提供了所有功能的入口；显示各种画面、表格、告警信息和管理信息；提供遥控、遥调等操作界面。

(3) 前置通信工作站。负责接收各厂站（或用户）的实时数据，进行相应的规约转换和预处理，通过网络广播给后台机系统，同时对各厂站发送相应的控制命令。信息采集包括对RTU（模拟量、数字量、状态量和保护信息）、负控终端等的采集。控制的功能包括遥控、遥调、保护定值和负控终端参数的设定和修改。双前置机工作在互为热备用状态，当其中一台工作站故障时，系统将自动进行切换。

（4）远动工作站。负责与调度自动化系统进行通信，完成多种远动通信规约的解释，实现现场数据的上送及下串远方的遥控、遥调命令。

（5）“五防”工作站。“五防”工作站主要用于操作员对变电站内的“五防”操作进行管理。

可在线在通过画面操作生成操作票；在制作操作票的过程中，进行操作条件检测；可在画面上模拟执行操作票；系统可提供操作票模板，在生成新操作票时，只需对操作票模板中的对象进行编辑，就可生成一新操作票。

系统还具有操作票查询、修改手段及按操作票按设备对象进行存储和管理功能。

可设置与电脑钥匙的通信。

（6）保护工程师站。保护工程师工作站主要提供保护工程师对变电站内的保护装置及其故障信息进行管理维护的工具。保护工程师指运行管理、维护人员以及保护设计、调试人员。保护工程师站关心的信息包括保护设备（故障录波器）的参数、工作状态、故障信息、动作信息。

故障录波综合分析提供保护工程师故障分析的工具，作为事故处理、运行决策的依据。故障录波综合分析不仅分析录波数据，还综合考察故障时的其他信号、测量值、定值参数等，提供多种分析手段，产生综合性的报告结果。

（7）管理工作站。根据用户制定的设备管理方法，设备管理程序对系统中的电力设备进行监管，比如根据断路器的跳闸次数提出检修要求，根据主变压器的运行情况制订检修计划，并自动将这些要求通知用户。

（8）Web 服务器。Web 服务器为远程工作站提供 SCADA 系统的浏览功能。安装配置防火墙软件，确保访问安全性。

（9）远程工作站。通过企业内 Intranet 方式（通过路由器组成广域网）和公众数据交换网 Internet 方式（通过电话线 MODEM 拨号、ISDN 或 DDN 方式），使用 Explorer 或其他商用浏览器，实现远程浏览实时画面、报表、事件记录、保护定值、波形和系统自诊断情况。

注：因采用多进程、多线程操作系统，因而也可以在一台计算机上运行多个应用模块。可根据现场实际情况进行节点的灵活配置。如当地监控因工作量较少，只需一台计算机即可完成所有功能

4. NS2000 变电站计算机监控系统软件配置。

（1）系统软件环境。

1）操作系统。采用 Microsoft 公司的 Windows 2000 专业及服务器的最新版本。

数据库系统采用 SQL Server 2000 或由用户指定的其他商用数据库等均可。

2）应用软件。系统采用面向对象的程序设计方法，全部用 Visual C＋＋编写。

采用报表和数据库组态工具，生成图文并茂的图形报表和组态界面。操作风格与 Microsoft 的 Excel 完全兼容提供多媒体功能，具有语音报警和图像显示功能。

3）测试与诊断。Windows 2000 操作系统提供的测试软件功能有：可对硬件进行测试，如声卡、网卡等，并有故障记录；测量各进程的时间分配、系统等待排队、占用率等；可测试 CPU 的负载率，内存的占用率，并以动态曲线形式显示网络负载率等。

（2）系统软件结构。该系统是一开放的系统结构，功能模块可自由组合。系统软件结构如

图 4-3 所示。其中，只有数据库组件是必需的，其余应用组件可以根据应用需要任意组合。

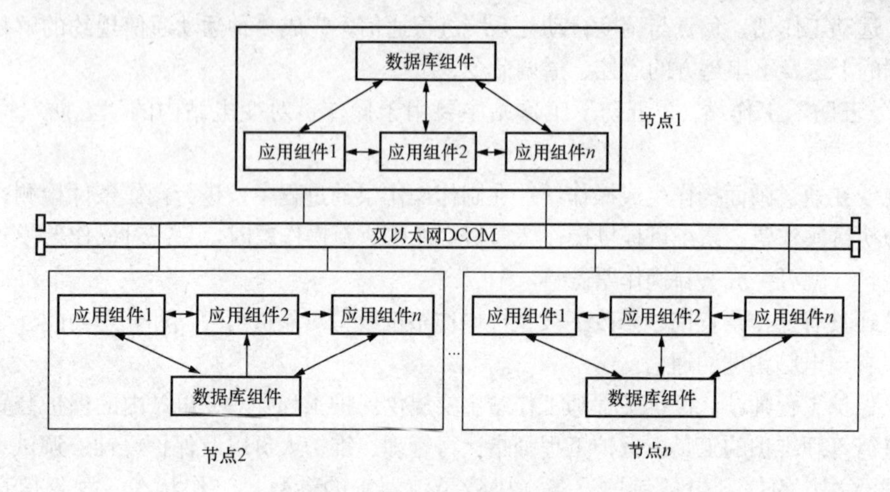

图 4-3　系统软件结构简图

数据库组件是一个使用 ATL 产生的多线程公寓模式的进程内和进程外 COM 服务器，提供一致的读写接口。应用组件包括系统控制台、数据库组态、图元编辑、图形编辑、图形调用和操作界面、报表管理、实时数据浏览、告警窗、事件浏览、保护操作界面等。

三、几个引导问题的说明

(1) 引导问题 1：变电站计算机监控系统设计应遵循的原则是什么？

1) 提高变电站安全生产水平和运行的可靠性，使系统维护简单、方便，降低劳动强度，实现减人增效。

2) 减少二次设备间的连接，节约控制电缆。

3) 减少变电站设备的配置，实现资源共享，避免设备重复设置。

4) 减少变电站占地面积和建筑面积，降低工程造价。

5) 变电站计算机监控系统的设计应执行国家、行业的有关标准、规范和规程、规定。

(2) 引导问题 2：变电站计算机监控系统的监控范围是什么？

变电站所有的断路器、隔离开关、接地开关、变压器、电容器、交直流站用电及其辅助设备、保护信号和各种装置状态信号都归入计算机监控系统的监视范围。对所有的断路器、电动隔离开关、电动接地开关、主变压器有载调压开关等实现远方控制。通过站控层的操作员工作站与保护管理机通信，对继电保护的状态信息、动作报告、保护装置的复归和投退、定值的设定和修改、故障录波的信息等实现监视和控制。

(3) 引导问题 3：操作控制怎么处理？

操作控制功能可按集控中心、站控层、间隔层、设备级的分层操作原则考虑。操作的权限也由集控中心—站控层—间隔层—设备级的顺序层层下放，原则上站控层、间隔层和设备层只作为后备操作或检修操作手段，这三层的操作控制方式和监控范围可按实际要求和设备配置灵活应用。

在监控系统运行正常的情况下，无论设备处在哪一层操作控制，设备的运行状态和选择切换开关的状态都应处于计算机监控系统的监视中。

任何一级在操作时，其他级操作均应处于闭锁状态。

1）设备层操作（就地断路器、隔离开关、主变压器分接头控制箱的近/远控开关处于近控位置），间隔层操作控制无效，站控层操作控制无效，集控中心操作控制无效。

2）间隔层操作（间隔层控制单元的就地/远方开关处于就地位置），站控层操作无效，集控中心操作控制无效。

3）站控层操作（变电站的就地/远方开关处于就地位置），集控中心操作控制无效。

4）集控中心层操作（变电站的就地/远方开关处于远方位置），其余层操作无效。

（4）引导问题4：继电保护和安全自动装置如何配置？

1）变电站内继电保护和自动装置配置，应符合国家标准GB 14285—2006及反事故技术措施等有关规定和要求。

2）变电站内继电保护和安全自动装置配置与测控装置在功能上应保证相对独立。在统一远动信息和继电保护信息传输的规约未颁布实施前，宜设置独立的继电保护管理机与调度和集控中心通信，并经接口与计算机监控系统的操作员工作站通信。对于重要的保护信号宜采用硬接点方式送入计算机监控系统。

3）35kV及以下电压等级的继电保护和自动装置可与测控装置组合成一个独立装置。其中测控部分的技术指标必须满足测量精度和实时性要求。

（5）引导问题5：变电站计算机监控系统如何搭建系统结构？

1）系统结构应为网络拓扑的结构形式，变电站向上作为调度和集控中心的网络终端，同时又相对独立，站内自成系统，结构应分为站控层和间隔层两部分，层与层之间应相对独立。采用分层、分布、开放式网络系统实现各设备间连接。

2）站控层设备宜集中设置，并实现整个系统的监控功能。

3）间隔层设备宜实现就地监控功能，连接各间隔单元的智能I/O设备等。

4）间隔层设备宜按相对集中方式设置，即220、110kV及主变压器的设备宜集中布置在继电器室内，35kV及以下的设备在条件许可时可按分散方式设置配电装置室内。

5）站控层网络与间隔层网络的连接点可采用前置层设备（通信处理机）连接和直接连接方式。当采用前置层设备（通信处理机）连接时，必须双重化，互为热备用。两套前置层设备（通信处理机）同时以双通道与间隔层的设备进行数据交换。

（6）引导问题6：变电站计算机监控系统的网络结构有哪些要求？

1）站控层网络应采用以太网。网络应具有良好的开放性，以满足与电力系统其他专用网络连接及容量扩充等要求。

2）间隔层网络应具有足够的传送速率和极高的可靠性。宜采用以太网，也可采用工控网（CAN、LON）。

3）网络的抗干扰能力、传输速率及传送距离应满足计算机监控系统技术要求。

（7）引导问题7：变电站计算机监控系统的硬件有哪些要求？

1）总体要求。对监控系统的硬件配置提出一个总体建议，具体工程的硬件配置原则，应以此建议为基础；监控系统必须选用性能优良、符合工业标准的通用产品；计算机装置的硬件配备必须满足整个系统的功能要求和性能指标要求；间隔层设备必须按电气单元配置，母线设备和站用电设备的监控单元应单独配置。

2）站控层硬件。

a）站控层的硬件设备宜由以下几部分组成：操作员工作站、通信处理机、网络接口设备、卫星时钟接收设备、打印机、电源等。

b）当站控层网络与间隔层网络通过前置设备（通信处理机）连接时，应冗余配置，双机互为热备用。双套前置设备的容量及性能指标除应能满足变电所远动功能及规约转换要求外，还必须同时以双通道与间隔层的设备进行数据交换。

c）当站控层网络与间隔层网络采用直接连接方式时，远动信息应直接来自间隔层采集的实时数据。监控系统的远动功能应满足调度和集控中心的要求。

d）同步对时设备宜统一配置一套卫星时钟，采用一钟多个授时口的方式以满足计算机系统或智能设备的对时要求。

e）打印机的配置数量和性能应能满足定时制表、召唤打印、事故打印和屏幕拷贝等功能要求。

f）网络媒介可采用双绞线、光纤通信缆或以上几种方式的组合，通过户外的长距离通信应采用光纤通信缆。

3）间隔层硬件。

a）间隔层设备包括：监控单元、网络接口、同步时钟接口等。

b）间隔层设备应完成数据采集、控制、监测、同步及本间隔防误操作闭锁等功能。

c）监控单元的对时精度应满足事件顺序记录分辨率的要求。

d）监控单元应按电气单元配置组屏，既可集中布置，也可分散布置。

e）母线设备和站用电设备的监控单元应单独配置。

f）监控单元的电源配置、处理模块、通信及输入输出模块都可随电气间隔的停运而退出运行。

g）监控单元宜采用直流供电方式，电源为冗余配置。

h）当输入电源为额定工作电压的±20%时，监控单元仍能正常工作。

i）监控单元按电气单元配置操作面板。

j）35kV及以下电压等级的保护装置可与监控单元组合在一起。

（8）引导问题8：变电站计算机监控系统的软件有哪些要求？

1）软件结构。监控系统的软件应由系统软件和应用软件组成；监控系统的软件应具有可靠性、兼容性、可移植性和可扩性；监控系统的软件应采用模块式结构，以便于修改和维护。

2）系统软件。系统软件包括操作系统、数据库等。

a）操作系统软件。操作系统软件应包括系统生成包、编译系统、诊断系统和各种软件维护、开发工具；操作系统应采用国际通用的、成熟的实时多任务操作系统；操作系统应具有系统生成功能，使其能适应硬件和实时数据库的变化；操作系统应能支持用户开发的软件；操作系统能有效的管理各种外部设备，外部设备的故障都不应导致系统的崩溃。

b）数据库及数据库管理系统。数据库结构应充分考虑分布式控制的特点，各个监控单元应具有就地监控所需的各种数据，以便在站控层退出运行时，数据不至于丢失。

数据库管理系统必须满足实时性、灵活性、可维护性、一致性、同时操作的要求。

3）应用软件。应用软件包括过程监控软件、网络通信软件等各种工具软件。应用软件必须满足系统功能要求，同时应具有良好的实时响应性。各应用软件应采用模块式连接方式，当某一应用软件工作不正常或退出运行，不能影响系统的其他功能。

任务二　数据库定义与系统配置

教 学 目 标

1. 知识目标

（1）了解数据库管理系统在监控系统的重要地位。

（2）了解数据库管理系统在监控系统的实际应用。

（3）了解变电站监控系统的系统配置。

2. 技能目标

（1）对变电站监控系统具有一定的系统配置能力。

（2）对数据库具有一定的操作能力。

（3）善于自学，拓展知识。

任 务 描 述

以国电南瑞科技股份有限公司 NS2000 变电站计算机监控系统为载体，依据任务一的 220kV 某变电站，对其进行系统配置。

任 务 准 备

任务准备中的几个引导问题：

（1）数据库的建立与维护。

（2）数据库管理系统必须具有的总体要求。

（3）实时数据库管理系统和商用数据库管理系统结合使用。

（4）数据库的应用。

（5）数据库组态。

（6）数据库检索和数据库接口。

任 务 实 施

1. 所需设备和工具

NS2000 变电站计算机监控系统。

2. 步骤

（1）后台机节点配置。NS2000 后台监控系统安装完毕后，启动系统（多机系统应先启动 SCADA 机，再启动工作员站）。启动组态，打开后台机节点表，默认已有一条记录，为主 SCADA 机。如多机系统，请将系统内所有后台节点信息添入，包括机器名、IP1（2）地址、是否双网、本机功能，若 GPS 时钟信号是直接和主 SCADA 机相连，则需进行 GPS 参数配置。

（2）逻辑节点配置。逻辑节点是指变电站内的智能通信设备（IED），包括测控、保护、保护测控一体化装置，电能表，直流屏，消弧线圈等。因通信控制器本身没有信息量，所以通信控制器不用专门定义为一逻辑单元。

（3）厂站表配置。设置各厂站的电压等级，指定主接线画面、事故推画面名，设置调试标志。厂号应与通信控制器中的设定一致。

(4) 图模一体化建库。

1) 创建厂站和主变压器做一个变电站的后台系统，首先需要在后台建立的是这个厂站的信息。从厂站表开始。建库有两种办法：①从组态界面进入各表直接编辑；②在图形界面上在画图的同时建库。建议在建库时使用第②种方法，在修改数据库时采用第①种方法。

2) 创建主变压器三侧的断路器及隔离开关可将主变压器三侧间隔合并到主变压器设备组上，也可把三侧间隔分别设为三个设备组，建议分开。在设备组（间隔）内，存在多把隔离开关，根据所处接线位置的不同，需要以设备子类型将其区分开，为进行设备组复制/替换操作时，系统将根据不同的设备子类型进行识别。

3) 绘制线路潮流。用前景图元中的线路来表现线路的潮流，可以显示潮流的流动方向，并动态表示线路的潮流状态。

4) 绘制高、中、低三侧母线。在画母线和线路的同时应将属于该设备的遥测量建立。母线通常包括电压和频率，U_a、U_b、U_c、U_{ab}、U_{bc}、U_{ca}、f、$3U_0$。

5) 同类设备组复制。

6) 绘制热敏区。

7) 动态数据。

主接线画面上通常需要标明线路的调度编号、线路名称。有两种办法：①用文字表示；②用前景图元中的动态数据，连接数据库相应域。建议使用第②种方法，在线路名称调度编号发生变化时，画面数据将随之更新。

(5) 组态建库。

1) 设备组表。通常以变电站的一次设备的一串间隔为单位，将该间隔的断路器、隔离开关、变压器、母线、线路有关的“四遥”归于此设备组。

设备组的组建是为了方便管理设备及信息，并按设备组为对象进行同类设备组的统一操作（复制、替换、同增加等）。设备组按电压等级和主设备类型，有两种方法：①在画面上绘制设备的同时，可以新增设备组；②打开设备组表直接编辑。

2) 遥信表。

3) 遥测表。

4) 挡位表。挡位的采集一般有遥信和遥测两种方式，可以通过脚本计算的方式算出挡位值并判断其正确与否，IEC103 规约规定了也可以直接上送挡位值，则需填挡位表中的挡位逻辑节点名。主变压器挡位的升降也通常按照遥控方式来执行，只是省略了返校的过程。需指定挡位操作的逻辑节点名及号，通常升/急停按遥控合方式，降按遥控分方式，也可以特殊设定。可自动按时间段统计调节次数。

相 关 知 识

一、四个基本概念

(1) 数据（data）：数据库中存储的基本对象，有文字、图形、图像、声音等数据种类，它们是描述事物的符号记录，数据与其语义是不可分的。

(2) 数据库（data base，DB）：长期储存在计算机内、有组织的、可共享的大量数据集合。数据库的特征有：数据按一定的数据模型组织、描述和储存；可为各种用户共享；冗余度较小；数据独立性较高；易扩展。

（3）数据库管理系统（data base management system，DBMS）：位于用户与操作系统之间的一层数据管理软件。它的主要作用是科学地组织和存储数据、高效地获取和维护数据。它的主要功能有：数据定义功能、数据操纵功能数据库的运行管理和数据库的建立和维护功能。

（4）数据库系统（data base system，DBS）：在计算机系统中引入数据库后的系统。它由数据库、数据库管理系统（及其开发工具）、应用系统、数据库管理员（和用户）构成。

二、常用数据库管理系统

1. Oracle

Oracle 是一个最早商品化的关系型数据库管理系统，也是应用广泛、功能强大的数据库管理系统。Oracle 作为一个通用的数据库管理系统，不仅具有完整的数据管理功能，还是一个分布式数据库系统，支持各种分布式功能，特别是支持 Internet 应用。作为一个应用开发环境，Oracle 提供了一套界面友好、功能齐全的数据库开发工具。Oracle 使用 PL/SQL 语言执行各种操作，具有可开放性、可移植性、可伸缩性等功能。特别是在 Oracle 8i 中，支持面向对象的功能，如支持类、方法、属性等，使得 Oracle 产品成为一种对象/关系型数据库管理系统，具有良好的兼容性，可移植性，可联结性，高生产率，开放性。

2. Microsoft SQL Server

Microsoft SQL Server 是一种典型的关系型数据库管理系统，可以在许多操作系统上运行，它使用 Transact-SQL 语言完成数据操作。由于 Microsoft SQL Server 是开放式的系统，其他系统可以与它进行完好的交互操作。

3. MySQL

MySQL 是一个开放源码的小型关联式数据库管理系统，开发者为瑞典 MySQL AB 公司。MySQL 是一个可运行在 Windows 平台和大多数的 Linux 平台上的半商业数据库。MySQL 的普及很大程度上源于它的宽松，其中 MySQL 的 Windows 版本在任何情况下都不免费，而在包括 Linux 在内的任何 Unix 平台下使用 MySQL 都是免费的。由于其体积小、速度快、总体拥有成本低，尤其是开放源码这一特点，MySQL 被广泛地应用在 Internet 上的中小型网站中。

4. Sybase

Sybase 是美国 Sybase 公司研制的一种关系型数据库系统，是一种典型的 UNIX 或 WindowsNT 平台上客户机/服务器环境下的大型数据库系统。Sybase 提供了一套应用程序编程接口和库，可以与非 Sybase 数据源及服务器集成，允许在多个数据库之间复制数据，适于创建多层应用。系统具有完备的触发器、存储过程、规则以及完整性定义，支持优化查询，具有较好的数据安全性。Sybase 通常与 Sybase SQL Anywhere 用于客户机/服务器环境，前者作为服务器数据库，后者为客户机数据库，采用该公司研制的 Power Builder 为开发工具，在我国大中型系统中具有广泛的应用。

5. Microsoft Access

作为 Microsoft Office 组件之一的 Microsoft Access，是在 Windows 环境下非常流行的桌面型数据库管理系统。使用 Microsoft Access 无需编写任何代码，只需通过直观的可视化操作就可以完成大部分数据管理任务。在 Microsoft Access 数据库中，包括许多组成数据库的基本要素。这些要素是存储信息的表、显示人机交互界面的窗体、有效检索数据的查询、信息输出载体的报表、提高应用效率的宏、功能强大的模块工具等。它不仅可以通过 ODBC 与其他数据库相连，实现数据交换和共享，还可以与Word、Excel等办公软件进行数据交换和共享，并且通过对象链接与嵌入技术在数据库中嵌入和链接声音、图像等多媒体数据。

三、几个引导问题的说明

(1) 引导问题1：数据库的建立与维护。

1) 计算机监控系统应建立如下数据库：

a) 实时数据库。装入计算机监控系统采集的实时数据，其数值应根据运行工况的实时变化而不断更新，记录被监控设备的当前状态。实时数据库的刷新周期及数据精度应满足工程要求。

b) 历史数据库。对于需要长期保存的重要数据将选定周期存放在数据库中。历史数据应能在线存储12个月，所有历史数据应能转存至光盘作长期存档。

2) 数据库管理。数据库内容包括：系统所采集的实时数据；变电站主要电气设备的参数；作为历史资料长期保存的数据；经程序处理和修改的数据。

数据库管理功能：

a) 快速访问常驻内存数据和硬盘数据，在并发操作下能满足实时功能要求。

b) 允许不同程序对数据库内的同一数据集进行并发访问，保证在并发方式下数据库的完整性和一致性。

c) 具有良好的可扩性和适应性，满足数据规模的不断扩充及应用程序的修改。

d) 在线生成、修改数据库，对任一数据库中的数据进行修改时，数据库管理系统应对所有工作站上的相关数据同时进行修改，保证数据的一致性。

e) 可以用同一数据库定义，生成多种数据集，如培训、研究、计算用。

f) 可方便地交互式查询和调用，其响应时间应满足工程要求。

g) 应有实时镜像功能。

(2) 引导问题2：数据库管理系统必须具有的总体要求。

计算机监控系统是实时性要求很强的系统，必须有一套快速的、完整的数据库管理系统与之相适应，以满足各种应用的要求。数据库管理系统应具有以下要求：数据的快速存取；数据的组织；数据之间关系的建立；电网数据模型的建立；标准的访问接口。

(3) 引导问题3：实时数据库管理系统和商用数据库管理系统结合使用。

为了满足实时性的要求，计算机监控系统必须提供一套实时数据库管理系统来提供快速的实时数据的存取，实时数据库管理系统必须具有分布式网络功能，具有Client/Server模式，能管理全网分布式的数据库，保护全网数据的一致性。但是，只有实时数据库管理系统是不够的，因为一般实时数据库管理系统都是厂家自行研制开发的，速度虽然很快，但接口的标准化程度不高，不一定完全符合各种通用的数据库接口国际标准，这样的系统一般是比较封闭的。目前，广泛采用商用数据库已成为工业界数据库应用的潮流，有了商用数据库的管理，才能方便地实现信息的共享，现有的商用软件才可以直接使用，与其他系统的互联才能按照标准方式进行，系统才能真正具有完全意义上的开放性。但如果全部直接采用商用数据库，又难以满足电力系统实时性的要求，所以监控系统采用实时数据库管理系统和商用数据库管理系统相结合的方法。商用数据库采用目前比较流行，如具有Client/Server模式的SQL-Server关系型数据库管理系统、Oracle大型关系数据库管理系统等，主要用于数据库建模、历史数据存储、告警信息的登录、管理信息的保存，以及数据库一致性的检查、一致性和完整性的保证等。实时数据库因设计成商用数据库的快速 Cache，使用户在使用时完全透明，根本感觉不到有两套数据库管理系统的存在。

实时数据库管理系统设计采用面向对象，具有 Client/Server 模式，具有极快的实时响应性，能很好地满足电力系统实时性的要求，同时它还是一个网络数据库管理系统，它可以管理分布在网络中各个节点上的所有分布式数据库，使得系统可以灵活配置、功能随意组合。

两种数据库在系统中有机地结合在一起。系统对两种数据库进行统一管理，向用户提供统一的访问接口和人机界面，用户访问数据库时，只要指出访问的数据对象，就可检索到相应的数据，而无需指明所访问的数据在实时库还是在商用库中，是在本地机器还是在异地机器上，两种数据库对用户完全是透明的。

支持数据库的数据一致性和完整性，使任何机器在任意时刻都可以看到所有数据，且各台机器看到的数据是一致的。

（4）引导问题 4：数据库的应用。

数据库中数据按照电力系统中的设备作为对象来进行组织，摒弃原始的按库、厂名、测点名方式来访问数据，每一数据都属于设备的一个属性。这样的描述更符合电网的实际情况，也便于将来功能的扩展。变电站中物理对象进行抽象和模拟后，主要包括断路器、隔离开关、变压器等基本设备对象，以及遥测、遥信、脉冲等测点对象，还有保护设备、历史与日志记录、数据统计与计算以及画面、声音等辅助对象。测点属于变电站基本设备的属性，而统计值、计算值、历史值则属于测点的属性。

数据库主要完成数据的计算、统计、报警、追忆、事件的登录、网络的拓扑、数据一致性的维护，并向其他应用提供访问接口。

数据库可与其他系统接口。数据库有很好的可扩展性，便于将来系统的升级更新。

数据库具有运行方式和模拟方式，以保证各自运行的独立性。

（5）引导问题 5：数据库组态。

数据库组态界面提供用户建立数据库模型的图形化界面。监控系统数据库模型的建立，可通过在图形绘制的过程中，以图形制导的方式，建立数据库。但也提供了常规通过数据库组态界面进行数据库定义的手段，数据库界面中还可以定义哪些图形不需要，无法在图形界面上定义的数据。数据库界面不同于以往的设备测点名定义方式，设备的定义方式和图形定义方式一样，也是面向设备的。

数据库界面输入的数据分为五类：

1）控制类数据，主要包括一些常用的控制信息，这类信息一般不随系统的改变而改变，如域名表、表名表等。

2）字典类和保护信息表，这些用户可以修改配置，输入方式和数据库表格内容一样。

3）节点配置和功能配置信息，用来配置网络上运行的机器和每台机器上运行的功能。

4）设备信息，定义设备的一些信息，定义方式和图形界面定义相似，采用由设备到设备属性的制导方式，在设置设备过程中不出现“四遥”表。

5）逻辑节点配置信息，用来配置间隔层装置的信息及与数据库的连接关系。逻辑节点的配置面向每一个具体的装置，对某一个具体的保护或测控装置，设定一个对象，对象中包含它所包含的各种信息。通信单元也为一个独立的逻辑节点，节点中包含它下面所连的各个逻辑节点的通信状态信息，每一个逻辑节点的状态信息要定义与之相关的逻辑节点的节点号（以实现该逻辑节点通信状态信息不通时，设置与该逻辑节点相关联的数据的异常状态）。在系统级设置一虚逻辑节点，它包含各通信装置的通信状态，同样要定义与之相关联的逻辑节点号。同时逻辑节点组态生成各数据与后台数据库之间的对应关系。

内容主要包括：

1）单双网的设置，网络地址的设置和通信口号的设置。

2）逻辑节点的节点号设置。

3）从逻辑节点的遥信、遥测、遥脉、遥控（调）到数据库数据关联的设置。

4）分接头挡位到遥信或从遥信到分接头挡位的转换，挡位遥信可以是BCD码、进位挡(13挡)、单节点。设置每一挡位的最大和最小值，以判断挡位的数值是否合理（主要因为挡位遥信不同时到达）。

5）保护事件到遥信的转换，可选择是否产生SOE。

6）遥信、遥测的合成。

(6）引导问题6：数据库检索和数据库接口。

整个数据库的索引方式采用厂站→设备组→设备名→测点名→属性名。数据库单独成一个进程，应用功能不能直接访问数据库的数据，而是通过COM接口来取得相关数据。对各种应用提供统一的接口。接口按照下面检索的层次进行提供。

数据库检索界面按厂站→设备组→设备名→测点名→属性名来实现。

任务三　监控系统的界面编辑

教 学 目 标

1. 知识目标

(1）了解监控系统的人机界面显示内容。

(2）了解监控系统各人机界面各部分的画面要求。

(3）熟悉监控系统人机界面的编辑。

2. 技能目标

(1）对监控系统人机界面具有一定的编排能力。

(2）能够编辑主要的电气设备画面。

(3）善于自学，拓展知识。

任 务 描 述

以南瑞继保电气有限公司RCS-9700变电站计算机监控系统为载体，依据任务一的220kV某变电站，编辑出其一次主接线图。

任 务 准 备

监控系统应具备良好的人机界面。可利用人机界面实现对各变电站的运行监视和遥控遥调操作，监视变电站主接线图和主要设备参数、查看历史数值以及各项定值。

任务准备中的几个引导问题：

（1）人机界面的总体要求。

（2）变电站主接线画面要求。

（3）主变压器间隔分画面要求。

（4）线路及旁路间隔分画面要求。

（5）母联分画面要求。

（6）电容器分画面要求。

（7）消弧线圈间隔及小电流选线分画面要求。

（8）直流系统一览画面要求。

（9）公用信号一览表画面要求。

（10）TV并列一览表画面要求。

（11）备自投信号一览表画面要求。

任务实施

1. 所需设备和工具

RCS-9700变电站计算机监控系统、一次接线图。

2. 步骤：

（1）获得实际的一次接线图。

（2）根据实际接线图编辑一次设备图元。

（3）根据现场情况，编辑一次设备相关数据对应的采样点。

（4）根据实际接线图，放置一次设备图元，并用相应的电压等级的连线连接。

（5）绘制各类告警光字牌，关联各类告警推图等。

（6）根据实际情况，核对图上数据。检查图元是否摆放、连接正确；检查各图元数据是否正确反映；检查各告警响应是否正确，推图是否正确。

相关知识

一、RCS-9700系统的画面编辑

1. 画面编辑器功能

画面编辑器是生成监控系统的重要工具，地理图、接线图、列表、报表、棒图、曲线等画面都是在画面编辑器中生成的。由画面编辑器生成的画面都能被在线系统调出显示。地理图、接线图、列表是查看数据、进行操作的主要界面，报表、曲线则主要用于打印。

画面编辑器提供了方便的编辑功能，使作图效率更高，提供报表、列表自动生成工具，加快作图速度。

对于画面中经常使用的符号，例如开关、刀闸、接地、变压器等，可以使用画面编辑器制成图符，在编辑画面时直接调出使用。多个图符交替显示可表现出开关、刀闸的不同状态。

2. 启动画面编辑器

（1）在WindowsNT/2000启动“开始”菜单上“程序”中的“RCS-9700变电站综合自动化系统0”程序组，选择“RCS系统维护”子程序组中的“画面编辑”菜单项。

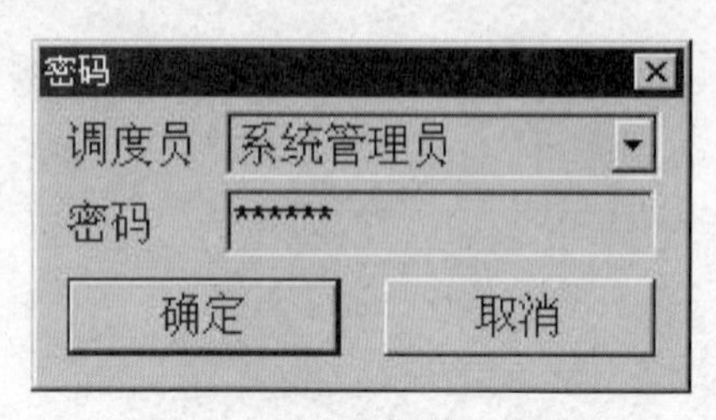

图 4 - 4　画面编辑器登录窗口

（2）进入画面编辑器之前，会弹出密码框，要求用户输入用户名和密码，如无权限或不匹配，系统拒绝登录，如正确，画面编辑器启动，如图4 - 4所示。

（3）画面编辑器启动后，屏幕如图 4 - 5 所示。主界面包括标题条、状态条、菜单条、工具条、画面列表框、层面框、预览框。

3. 画面编辑器操作

（1）工具条操作。工具条由一组功能相近的工具组成。画面编辑器中有 6 种工具条：作图工具条、调色工具条、字体工具条、编辑工具条、图形工具条和文件工具条。

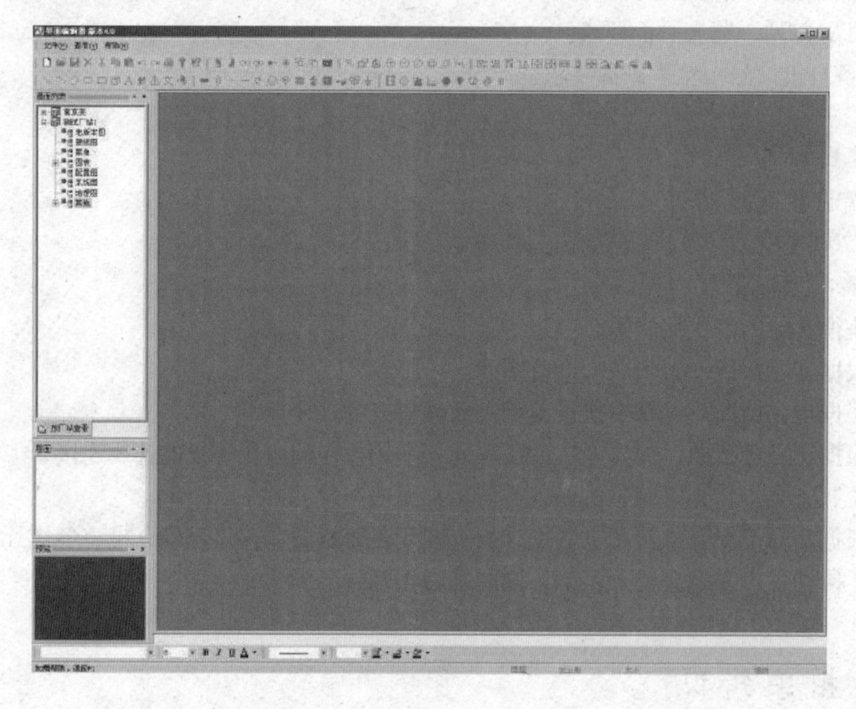

图 4 - 5　画面编辑器主界面窗口

1）作图工具条：选择、创建图元。

选择工具：作图时使用该工具选取画面上的图元作为当前编辑图元，选用选择工具后，鼠标光标变为箭头状，移动光标至图元上方，点下鼠标左键即完成选择操作。

线工具：使用该工具制作直线。

矩形工具：使用该工具制作矩形。

椭圆工具：使用该工具制作椭圆。

折线工具：使用该工具制作折线或多边形。

弧工具：使用该工具制作弧。

立方体工具：使用该工具制作立方体。

图符工具：使用该工具制作一个静态图符。

位图工具：使用该工具制作一个位图，位图可以是BMP或PCX格式。

文本工具：使用该工具制作一串文字。

测点工具：使用该工具制作测点。

开关、刀闸工具：使用该工具制作一个开关或刀闸。

变压器工具：使用该工具制作一个变压器。

母线工具：使用该工具制作一条母线。

线路工具：使用该工具制作一条线路。

发电机工具：使用该工具制作一个发电机。

容抗器工具：使用该工具制作一个容抗器。

电流互感器工具：使用该工具制作一个电流互感器。

电压互感器工具：使用该工具制作一个电压互感器。

避雷器工具：使用该工具制作一个避雷器。

保护设备工具：使用该工具制作一个保护设备。

其他设备工具：使用该工具制作一个其他设备。

设备组工具：使用该工具制作一个设备组。在画面上设备图符仅代表逻辑上的间隔，显示该间隔的名称，并不包含该间隔下的所有设备。

接地符工具：使用该工具制作一个接地符。接地图元同其他设备图元一样需要进行拓扑连接，并且可以选择用户自己定义的图符来显示。

动画工具：使用该工具制作一个动画。

时钟工具：使用该工具制作一个时钟。

棒图工具：使用该工具制作一个棒图。

饼图工具：使用该工具制作一个饼图。

实时曲线工具：使用该工具制作一个实时曲线。

历史曲线工具：使用该工具制作一个历史曲线。

告警控件工具：使用该工具制作一个告警控件。在画面上告警控件与系统的告警窗体是同步的，可以在某间隔图中放入告警控件并设定其仅显示该间隔的告警事件。

敏感点工具：使用该工具制作一个敏感点。敏感点的功能包括弹出画面、遥控遥调操作、保护设备操作、播放音乐等。

2）扩展作图工具条的使用。在“查看”菜单下选择“A 增加自定义插件”，如图 4-6 所示。

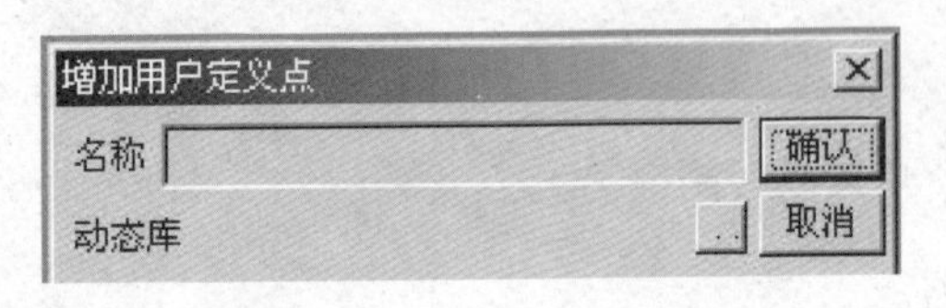

图 4-6　增加用户自定义窗口

在名称中输入所知动态链接库名称，或点击浏览，可以选择所需要的动态库。

(2) 调色工具条：设定图元的颜色、线型。

1）调色板。选择当前作图使用的前景颜色和背景颜色。调色板分为三部分：左侧为当前使用的背景颜色，中间为当前使用的线条颜色，右侧为当前使用的填充颜色。如果需要应用不同的颜色，请单击按钮旁的箭头，然后选择所需的颜色。

2）当前线型、线宽。选择当前图元使用的线型、线宽。线型可以选择实线或虚线，实线可以选择 1～36 像素线宽，虚线的线宽只能为 1。

(3) 字体工具条：设定图元的字体。

(4) 编辑工具条：编辑、修改图元。

(5) 布局工具条：调整图元的大小、布局。

(6) 操作工具条：对画面的各项操作。

(7) 缩放工具条：对画面的各项缩放操作。

(8) 文件工具条：对画面的各项操作。

(9) 状态条：显示状态信息。状态条的左边为信息部分，显示一些提示信息，如工具的功能、菜单项的作用等。信息部分右侧为当前编辑画面的层；再往右为当前鼠标位置的水平、垂直坐标；再往右，当鼠标所在位置存在图元时，显示该图元的宽度和高度，用括号括起，而当鼠标所在位置不存在图元时，显示画面的宽度和高度；最右边为当前编辑画面的缩放比率。

(10) 画面属性窗：显示、修改画面属性。画面属性窗用来设置整个画面的参数，从系统菜单“画面”中选取“画面属性（O）”菜单项即可弹出当前处于激活状态画面的属性窗，如图4-7所示。

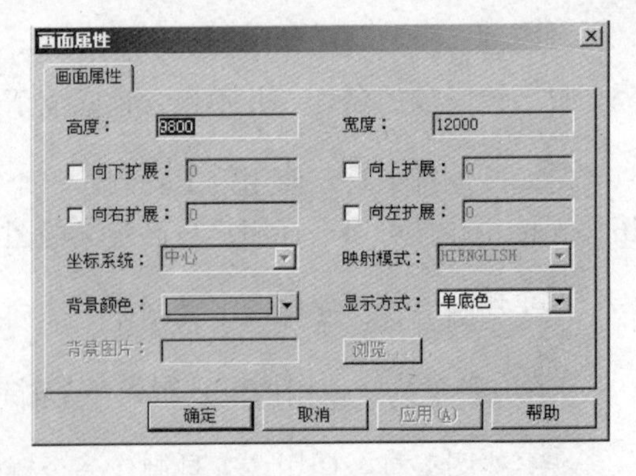

图 4-7　画面属性

(11) 图元属性窗：显示、修改图元属性。图元属性窗用来显示和修改画面上图元的各个参数。

1）线条和填充属性，如图 4-8 所示。

2）位置属性，如图 4-9 所示。

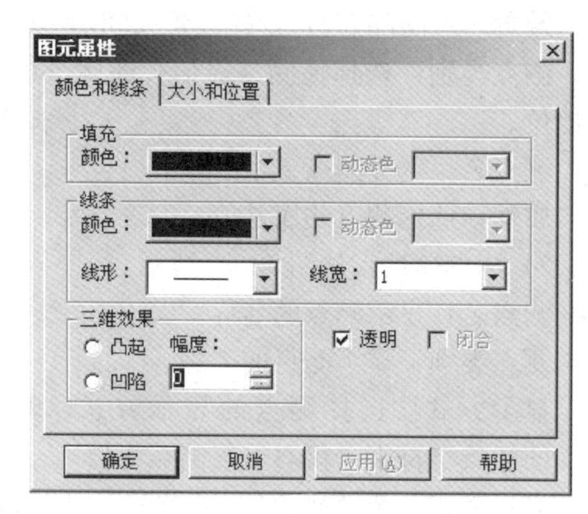

图 4 - 8　线条和填充属性

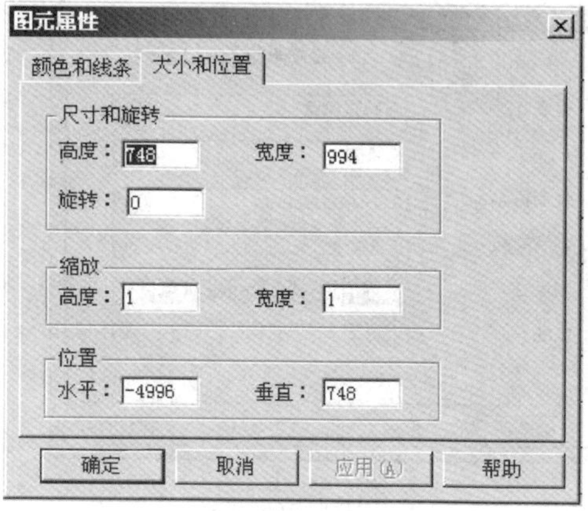

图 4 - 9　位置属性

3）文字属性，如图 4 - 10 所示。

文字内容：字符串图元的内容。

字体：选择显示字符串图元所用的字体。

自动拉伸：字符串图元的字体是否随图元的大小而变化，即是否撑满图元的所占矩形区域。

4）图片属性，如图 4 - 11 所示。

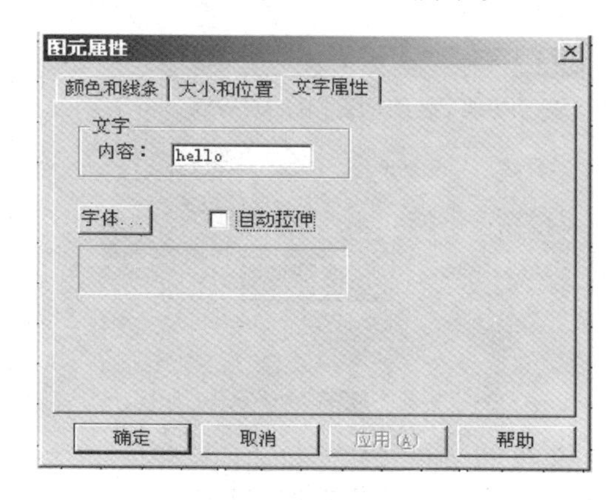

图 4 - 10　文字属性

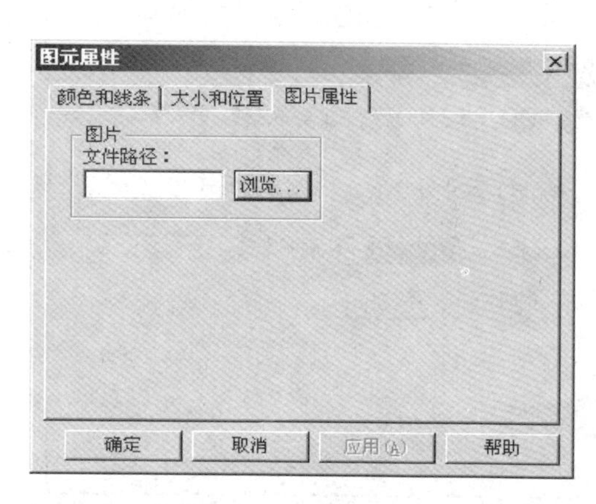

图 4 - 11　图片属性

文件路径：显示图片文件所在的路径。

浏览：在位图对话框中选择所要显示的图片。

5）图符属性，如图 4 - 12 所示。

图标：在图符选择对话框中选择显示哪一个预制的图符。

6）测点数据来源，如图 4 - 13 所示。

检索方式：选择是按装置检索还是按间隔检索。

厂站：选择厂站。

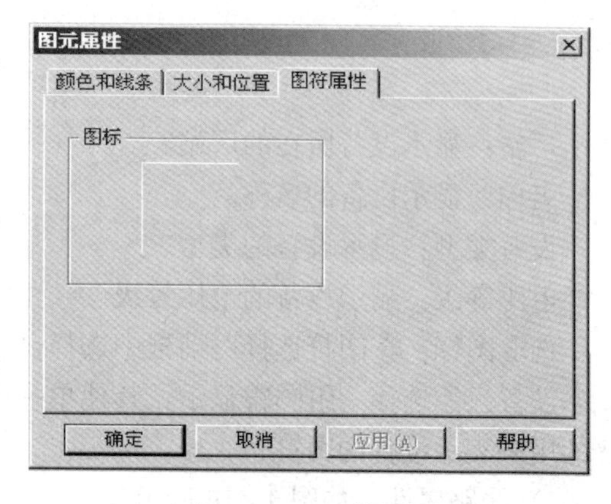

图 4 - 12　图符属性

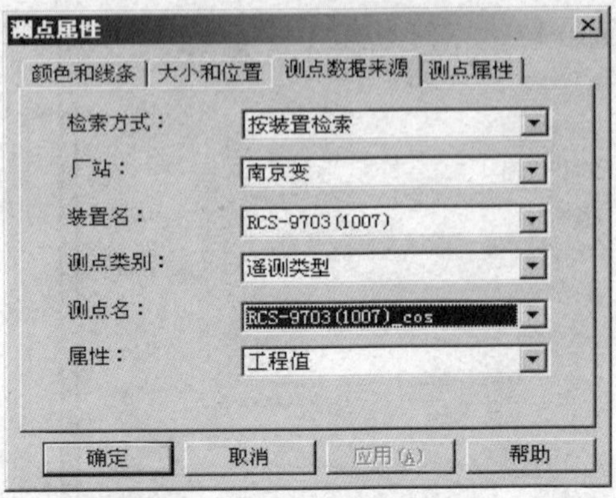

图 4-13 测点数据来源

装置名（间隔名）：选择装置或间隔。

测点类别：选择遥测、遥信、遥脉、遥控或挡位。

测点名：选择测点。

属性：选择测点的属性值。

7）测点属性，如图 4-14 所示。

测点名：显示测点的名称。

测点类别：显示测点的类别。

显示方式：选择测点的显示方式，即数字、图标或字符串（仅对遥信测点有效）。

显示格式：选择测点的显示格式，即保留几位小数（对遥信测点无效）。

对齐方式：选择测点显示的对齐方式，即左对齐、右对齐、居中。

字体：选择显示测点图元所用的字体。

透明：测点图元背景是否用填充色填充。

图符：当遥信测点以图标方式显示时，选择一组图符显示遥信值。

8）设备属性，如图 4-15 所示。

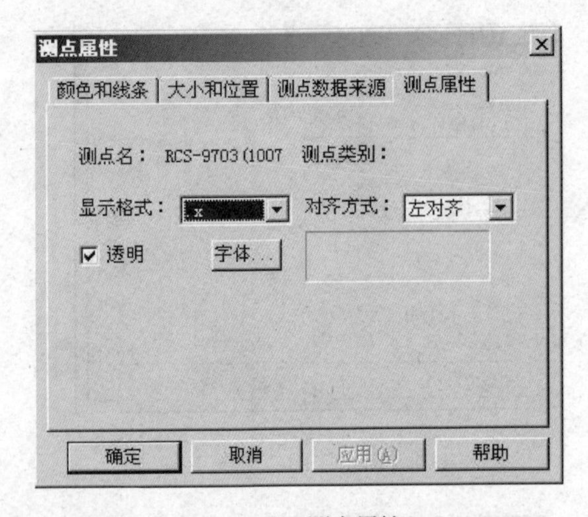

图 4-14 测点属性

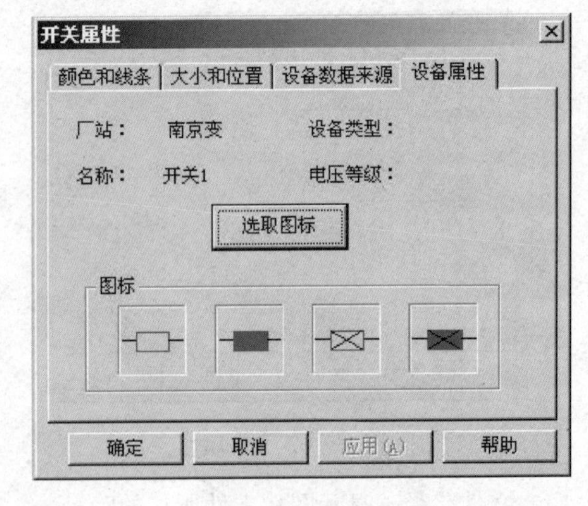

图 4-15 设备属性

厂站：显示设备所在的厂站。

名称：显示设备的名称。

设备类型：显示设备的类型。

电压等级：显示设备的电压等级。

选取图标：在图符选择对话框中选择设备显示为哪一个或哪一组预制的图符。开关等多状态设备只能选择一组图符显示，其他单一状态设备只能选择一个图符显示。图符显示所选择的用来表示设备的图符。

9）线路属性，如图 4-16 所示。

潮流方式显示：决定线路是否以潮流方式显示。

宽度：线路以潮流方式显示时潮流的宽度。

方向：线路以潮流方式显示时潮流的方向（是否与当前方向反向显示）。

最大流量：潮流的最大流量。

滑块色：在调色板对话框中选择潮流的前景（滑块）颜色。

背景色：在调色板对话框中选择潮流的背景颜色。

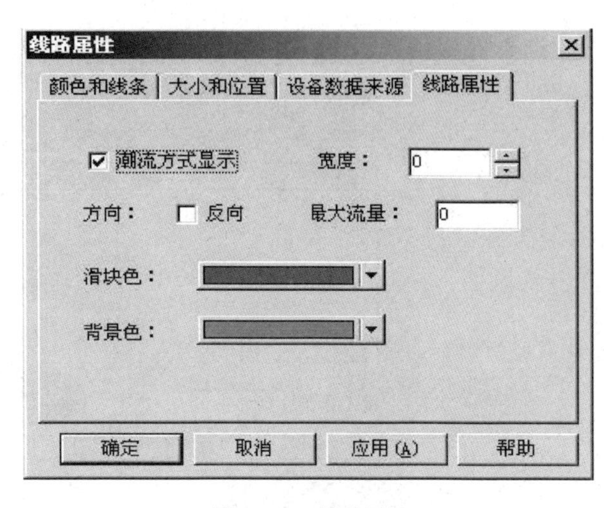

图 4 - 16　线路属性

10）保护设备属性，如图 4 - 17 所示。

厂站：选择厂站。

名称：选择保护设备。

选取图标：选择表示保护设备的图标。

图标：显示所选择的用来表示保护设备的图符。

11）间隔属性，如图 4 - 18 所示。

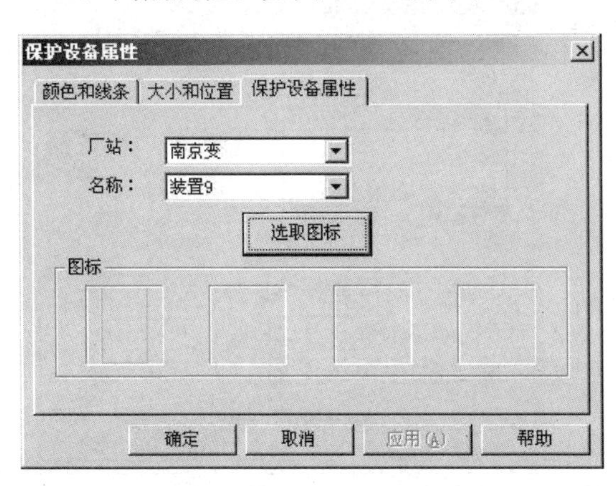

图 4 - 17　保护设备属性

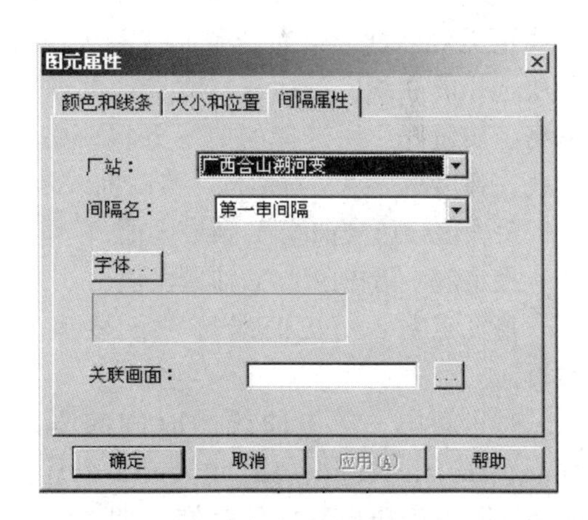

图 4 - 18　间隔属性

厂站：选择厂站。

设备组名：选择间隔。

字体：确定显示间隔所用的字体。

关联画面：选择间隔关联的画面，在线时点击画面上的该间隔图元将弹出此画面。

12）棒图属性，如图 4 - 19 所示。

棒图定义：定义棒图。按钮一：弹出棒图定义对话框，增加一条数据棒。按钮二：删除所选择的数据棒。按钮三：所选择的数据棒上移一格。按钮四：所选择的数据棒下移一格。双击数据棒，弹出棒图定义对话框，修改棒图定义。

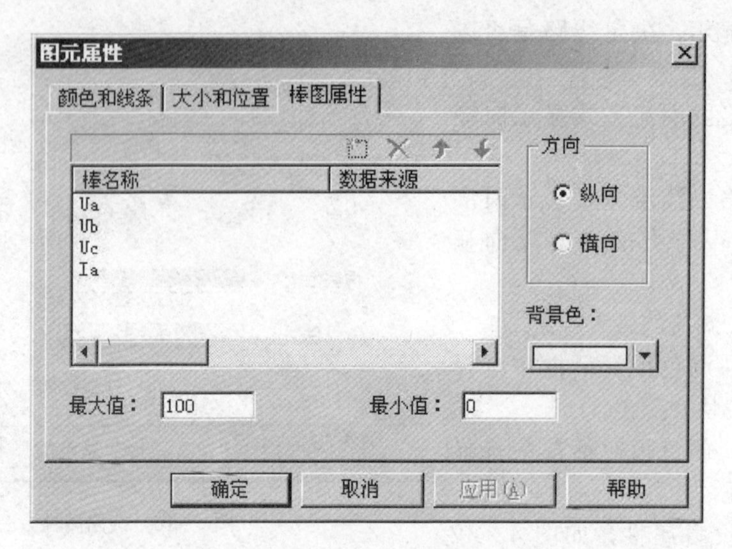

图 4-19　棒图属性

方向：选择棒图的方向，即纵向或横向。

最大值：棒图 Y 轴最大值。

最小值：棒图 Y 轴最大值。

13）历史曲线属性，如图 4-20 所示。

曲线定义：定义历史曲线。按钮一：弹出曲线定义对话框，增加一条曲线。按钮二：删除所选择的曲线。按钮三：所选择的曲线上移一格。按钮四：所选择的曲线下移一格。双击曲线，弹出曲线定义对话框，修改曲线定义。

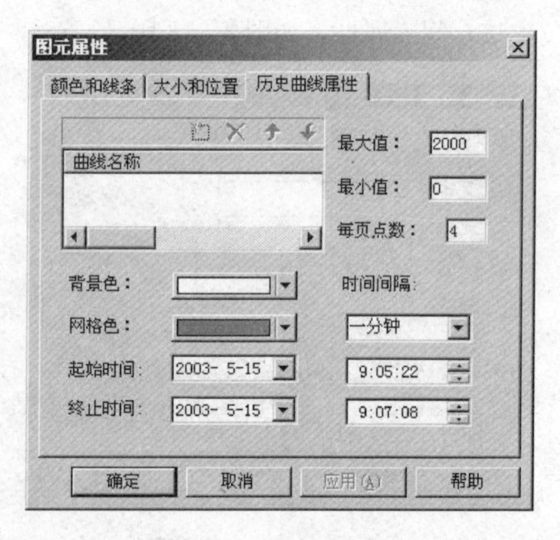

图 4-20　历史曲线属性

最大值：历史曲线 Y 轴最大值。

最小值：历史曲线 Y 轴最大值。

每页点数：历史曲线每一页显示的点的数目。

时间间隔：历史曲线的时间间隔，选择 1min、5min、15min、1h、1 天或 1 个月。如果时间间隔小于历史数据的存储周期，则不能取得历史数据，如果时间间隔大于历史数据的存储周期，则对所有以小于时间间隔的周期存储的历史数据进行采样筛选。例如：对于 1min 的时间间隔，如果历史数据的存储周期为 1h，就不能取得历史数据；而对于 1h 的时间间隔，如果历史数据的存储周期为 1min，则取每个整点时刻的历史数据，即每隔 60min 取一个历史数据。

在曲线定义对话框中定义曲线。需要定义曲线的名称、颜色和单位。曲线的数据来源是历史数据，数据检索类似于数据库连接属性对话框，系统提供两种检索方式，可以选择按装置检索，也可以选择按间隔检索。如图 4-21 所示，用鼠标选择站“南京变”，间隔名“间隔 1”，然后选择类型“遥测类型”，在点列表框中选择“[间隔 1] u_{1a}”，选择属性为“工程值”。曲线定义完成后，按“确定”键返回。

14）实时曲线属性，如图 4 - 22 所示。

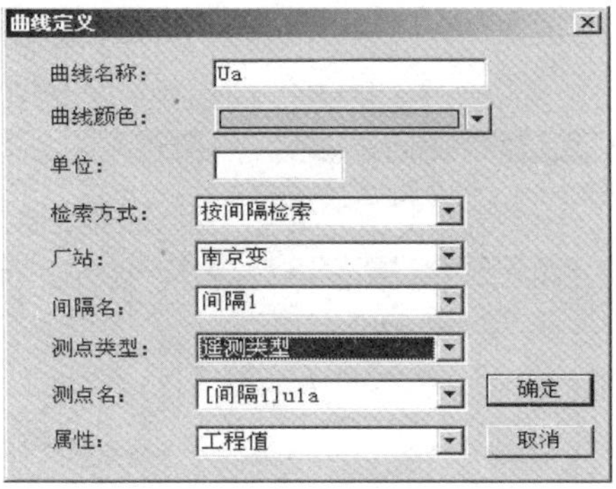

图 4 - 21　曲线定义

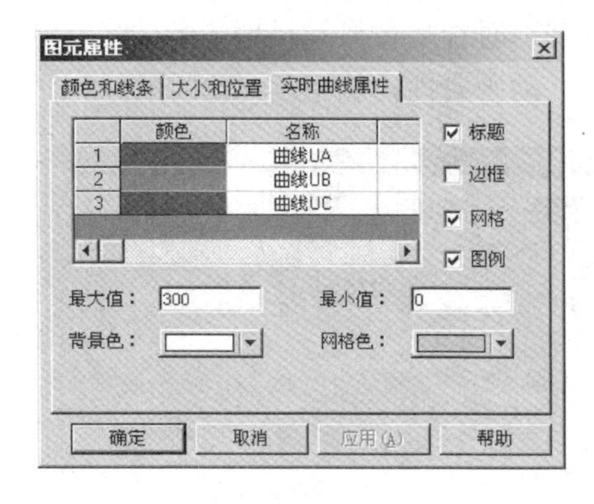

图 4 - 22　实时曲线属性

曲线定义：定义实时曲线。

标题：实时曲线是否显示标题。

边框：实时曲线是否显示边框。

网格：实时曲线是否显示网格。

图例：实时曲线是否显示图例。

最大值：实时曲线 Y 轴最大值。

最小值：实时曲线 Y 轴最大值。

背景颜色：在调色板对话框中选择实时曲线的背景颜色。

网格颜色：在调色板对话框中选择实时曲线的网格颜色。

在曲线定义对话框中定义曲线。需要定义曲线的名称、颜色、线形、线宽和单位。点击“新建”键增加一条曲线，点击“删除”键删除当前曲线，点击“应用”键确认对当前曲线所做的修改。曲线的数据来源是实时数据，数据检索类似于数据库连接属性对话框，系统提供两种检索方式，可以选择按装置检索，也可以选择按间隔检索。如图4 - 23所示，用鼠标选择站“南京变”，间隔名“间隔 1”，然后选择类型“遥测类型”，在点列表框中选择“［间隔 1］u_{1a}”，选择属性为“工程值”。曲线的名称默认为所选测点的名称，但可以修改。曲线定义完成后，按“确定”键返回。

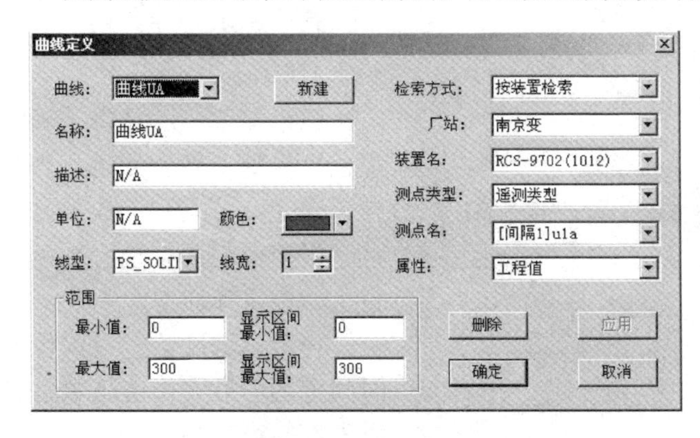

图 4 - 23　曲线定义

15）时钟属性，如图 4 - 24 所示。

显示方式：选择时钟的显示方式，模拟时钟还是数字时钟。

时制：选择时钟的时制，24 小时制还是 12 小时制。

背景颜色：在调色板对话框中选择时钟的背景颜色。

透明：时钟图元背景是否用填充色填充。

日期：时钟是否显示日期。

16）动画属性，如图 4-25 所示。

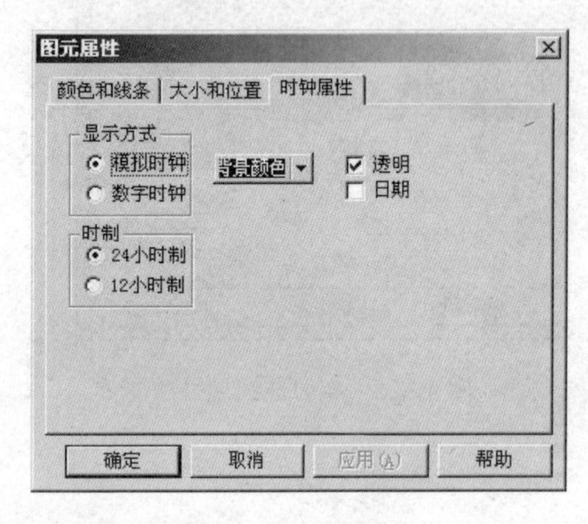

图 4-24 时钟属性

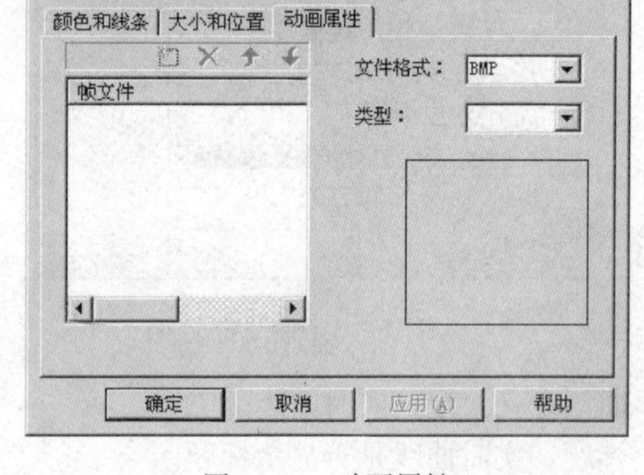

图 4-25 动画属性

动画定义：定义动画。按钮一：弹出位图选择对话框，增加一帧动画。按钮二：删除所选择的动画帧。按钮三：所选择的动画帧上移一格。按钮四：所选择的动画帧下移一格。双击动画帧，弹出位图选择对话框，修改动画帧。

文件格式：选择动画文件格式是 bmp 还是 wmf 格式。

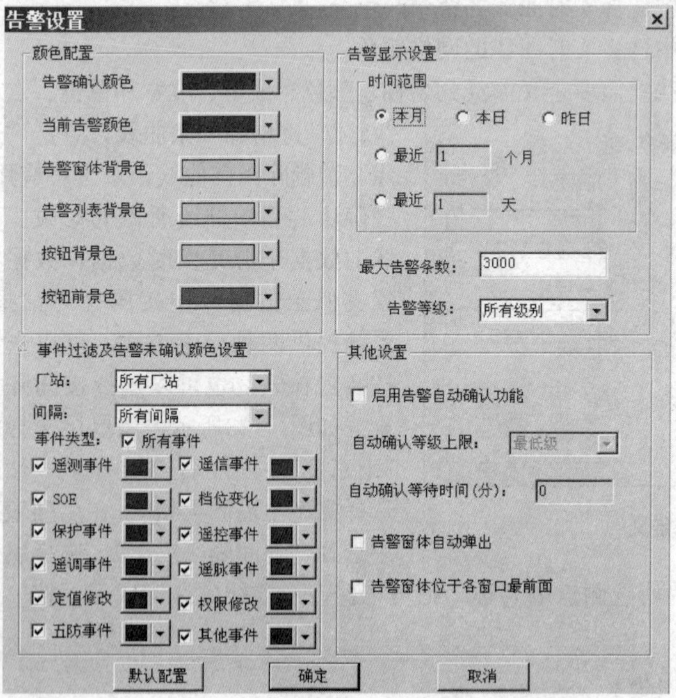

图 4-26 告警设置

类型：选择动画类型是原地动画还是运动动画。

预览：预览动画效果。

17）告警控件属性，如图 4-26 所示。

颜色配置：设置告警确认颜色、告警未确认颜色、当前告警颜色、告警窗体、背景色、告警列表背景色、按钮前景色、按钮背景色。

告警显示设置：设置告警时间范围、最大告警条数、最小告警等级。

事件过滤设置：设置过滤告警事件，仅对某厂站、某间隔和某些事件类型告警。

其他设置：设置是否启用告警自动确认功能、告警自动确认的等级上限、自动确认的等待时间。

二、几个引导问题的说明

（1）引导问题1：人机界面的总体要求。

1）变电站计算机监控系统应能通过各工作站为运行人员提供灵活方便的人机联系手段，实现整个系统的监测和控制。

2）能根据运行要求对各种参数、日志和时钟进行设置，并宜按一定权限对继电保护整定值、模拟量限值及开关量状态进行修改及投退。

3）能根据运行要求对各测点、测控模件、打印机等监控设备的各种工作方式和功能进行投退选择，能对继电保护信号进行远方复归和具有权限等级的继电保护装置的投退。

4）能方便地编辑、修改、生成画面。

5）监控系统应可在线修改和增减画面上的动态数据。

6）画面结构分层应合理，从任一画面上调用另一画面，操作不应超过3次。

（2）引导问题2：变电站主接线画面要求。

1）主变压器挡位显示和温度显示位于主变压器旁侧。

2）主变压器、各出线间隔、电容器、消弧线圈的名称位于其电气图元旁侧的名称（可通过点击间隔名称和主变压器名称进入其分画面）。各隔离开关、断路器、开关等固定编号位于相应的电气图元旁合适位置。

3）主变压器各侧应显示功率因数值。

4）点击各开关、挡位调节钮可进入遥控操作。遥控操作时，要求在选择需要遥控的设备后，输入要操作的厂站名称、设备编号以及操作人、监护人口令。实现如下功能：当遥控选择的设备与所输入的设备编号不一致时，禁止操作；一致时，再开放操作人选择操作人姓名，输入操作人口令，确认后，再由监护人（支持异席监护）选择监护人姓名，输入监护人口令，确认后，才弹出遥控对话窗口，进行遥控操作。

5）主接线画面在左上方应使用两指示灯形式显示预告总和事故总信号，其中红色表示有事故或预告信号，绿色表示正常。在画面右侧应使用一开关量方式用于全站信号复归。

（3）引导问题3：主变压器间隔分画面要求。

1）各电气符号和编号颜色应与主接线画面颜色要求一致，主变压器间隔电气接线位于画面左侧，分接头调节按钮位于主变压器电气符号右侧，挡位显示及温度显示位于主变压器电气符号左侧，主变压器三侧开关电气符号侧有远方、就地转换按钮状态显示。

2）各断路器可在分画面进行遥控，遥控方式和主接线画面一致。

3）画面以列表方式显示相应遥测量。画面右侧显示为主变压器间隔光字牌。光字牌不能在本画面全部显示的，可采用多个光字牌画面显示，本画面显示本间隔总光字牌或主要光字牌。

各遥测量和光字牌要求显示如下内容：

a）遥测值：主变压器各侧U_{ab}；主变压器各侧I_a、I_b、I_c；主变压器各侧P、Q；主变压器各侧$\cos\varphi$；标注显示各侧电流互感器变比。

b）光字牌：主变压器各保护装置、测控装置异常信号；主变压器各侧断路器机构及操作回路信号；主变压器主保护、后备保护各类动作信号；主变压器本体各类告警信号。

（4）引导问题4：线路及旁路间隔分画面要求。

1）间隔画面结构布局、颜色、电气配置、遥控操作等要求和主变压器分画面要求一样，参见主变压器分画面。

2）线路间隔遥测量和光字牌要求显示如下内容：

a）遥测值：线路U_{ab}；线路I_a、I_b、I_c；线路P、Q；线路$\cos\varphi$；标注显示该线路电流互感器变比。

b）光字牌：线路保护装置、测控装置异常信号；线路断路器操动机构及操作回路信号；线路保护信号；线路各类告警信号。

（5）引导问题5：母联分画面要求。

1）间隔画面结构布局、颜色、电气配置、遥控操作等要求和主变压器分画面要求一样，参见主变压器分画面。

2）母联间隔遥测量和光字牌要求显示如下内容：

a）遥测值：母联U_{ab}；母联I_a、I_b、I_c；母联P、Q；标注显示该母联电流互感器变比。

b）光字牌：母差保护装置、母联测控装置异常信号；母联断路器操动机构及操作回路信号；母联及母差保护信号。

（6）引导问题6：电容器分画面要求。

1）间隔画面结构布局、颜色、电气配置、遥控操作等要求和线路间隔分画面要求一样，参见线路分画面。

2）线路间隔遥测量和光字牌要求显示如下内容：

a）遥测值：电容器U_{ab}；电容器I_a、I_b、I_c；电容器Q；标注显示电容器电流互感器变比。

b）光字牌：电容器保护测控装置异常信号；电容器断路器操动机构及操作回路信号；电容器保护信号。

（7）引导问题7：消弧线圈间隔及小电流选线分画面要求。

1）间隔画面结构布局、颜色、电气配置等要求和线路间隔分画面要求一样，参见线路分画面。

2）线路间隔遥测量和光字牌要求显示如下内容：

a）遥测值：消弧线圈U_{ab}；消弧线圈I_a、I_b、I_c；消弧线圈P、Q；消弧线圈残流、脱谐度、挡位；标注显示消弧线圈电流互感器变比。

b）光字牌：消弧线圈装置异常信号；消弧线圈信号；小电流接地信号。

（8）引导问题8：直流系统一览画面要求。

1）画面配色符合总体要求。

2）直流系统各遥测值以列表方式表示，遥信值以光字牌方式表示。

3）直流系统采集的遥测和遥信值要求显示如下内容：

a）遥测值：充电机输出电压、输出电流；合闸母线电压、电流；控制母线电压、电流；蓄电池电压、充电电流。

b）光字牌：直流装置异常信号；直流系统异常信号。

（9）引导问题9：公用信号一览表画面要求。

1）画面配色和遥测、遥信显示要求同直流一览表画面。

2）公用信号一览表主要显示站用变压器的遥测和遥信以及公用屏内采集（包括通过通

信接口采集）的各类遥信信号，其主要显示遥测和遥信值要求显示如下内容：

a）遥测值：1号站用变压器 I_a、U_a、U_b、U_c、U_{ab}、U_{bc}、U_{ca}；2号站用变压器 I_a、U_a、U_b、U_c、U_{ab}、U_{bc}、U_{ca}。

b）光字牌：低频减载装置、公用测控装置、故障录波器装置、规约转换器装置等装置异常信号、低频减载装置动作、低频减载装置电压互感器断线、各故障录波器启动、站用电失压、消防告警、安防告警、通信电源消失、逆变电源消失等信号。

（10）引导问题10：TV并列一览表画面要求。

1）画面配色和遥测、遥信显示要求同直流一览表画面。

2）TV并列一览表主要显示各电压等级TV并列装置采集的遥测和遥信，其主要显示遥测和遥信值要求显示如下内容：

a）遥测值：各电压等级Ⅰ、Ⅱ段 U_a、U_b、U_c、U_{ab}、U_{bc}、U_{ca}、$3U_0$。

b）光字牌：各TV并列装置装置异常信号；各TV并列信号；各侧计量电压消失信号；各侧保护电压消失信号。

（11）引导问题11：备自投信号一览表画面要求。

1）画面配色和遥信显示要求同直流一览表画面。

2）备自投一览表主要显示备自投装置采集的遥信，其主要显示如下内容：

光字牌：备自投装置异常信号；备自投的备自投动作、TV断线、TA断线、备自投装置闭锁等异常信号。

任务实施

1. 所需设备和工具

RCS-9700变电站计算机监控系统、一次接线图。

2. 步骤

（1）获得实际的一次接线图。

（2）根据实际接线图编辑一次设备图元。

（3）根据现场情况，编辑一次设备相关数据对应的采样点。

（4）根据实际接线图，放置一次设备图元，并用相应的电压等级的连线连接。

（5）绘制各类告警光字牌，关联各类告警推图等。

（6）根据实际情况，核对图上数据。检查图元是否摆放、连接正确；检查各图元数据是否正确反映；检查各告警响应是否正确，推图是否正确。

任务四　监控系统功能与运行操作

教学目标

1. 知识目标

（1）熟悉监控系统的SCADA系统功能。

（2）熟悉监控系统的VQC功能。

（3）熟悉监控系统的防误操作功能。

（4）熟悉监控系统的日常操作。

2. 技能目标

（1）熟悉监控系统所具备的功能。

（2）对熟悉监控系统的日常运行具备一定的操作能力。

（3）善于自学，拓展知识。

任务描述

以变电站计算机监控系统为载体，进行日常运行的监视操作训练，并做好运行监视记录。

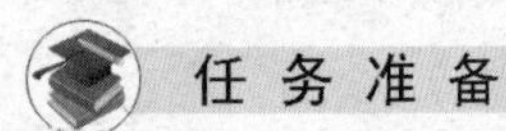

任务准备

任务准备中的几个引导问题：

（1）SCADA功能。

（2）自动无功电压控制（VQC）。

（3）防误操作。

（4）程序化控制。

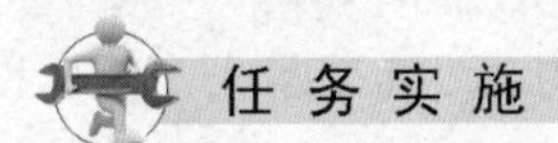

任务实施

1. 所需设备和工具

变电站计算机监控系统、记录簿。

2. 步骤

（1）遥测记录，记入表4-1。

表4-1　遥测数据表

序号	名称	数据记录	序号	名称	数据记录
1	U_A：A相电压		14	Q：无功功率	
2	U_B：B相电压		15	S：视在功率	
3	U_C：C相电压		16	$\cos\varphi$：功率因数	
4	U_{AB}：AB相电压		17	P_A：A相有功功率	
5	U_{BC}：BC相电压		18	P_B：B相有功功率	
6	U_{CA}：CA相电压		19	P_C：C相有功功率	
7	U_0：零序电压		20	Q_A：A相无功功率	
8	f：母线频率		21	Q_B：B相无功功率	
9	I_A：A相电流		22	Q_C：C相无功功率	
10	I_B：B相电流		23	S_A：A相视在功率	
11	I_C：C相电流		24	S_B：B相视在功率	
12	I_0：零序电流		25	S_C：C相视在功率	
13	P：有功功率				

（2）遥信记录，记入表4-2。

表 4-2　　遥信数据表

序号	名称	数据记录	序号	名称	数据记录
1	开入 1		4	开入 4	
2	开入 2		5	开入 5	
3	开入 3		6	开入 6	

（3）遥脉记录，记入表 4-3。

表 4-3　　遥脉数据表

序号	名称	数据记录	序号	名称	数据记录
1	脉冲 1		5	正向有功功率	
2	脉冲 2		6	反向有功功率	
3	脉冲 3		7	正向无功功率	
4	脉冲 4		8	反向无功功率	

（4）变压器油温记录，记入表 4-4。

表 4-4　　变压器油温表

序　号	名　　称	数　据　记　录
1	1 号变压器油温	
2	2 号变压器油温	

相关知识

一、RCS-9700 装置在线操作

1. 在线操作界面功能

在线操作界面是操作员与变电站综合自动化系统交互的桥梁，它使得用户可以方便地与系统交互，完成指定操作。

通过在线操作界面，用户可以监视电网的运行情况，查询有关的统计数据，下达遥控、遥调命令等。

2. 启动在线操作界面

在线操作界面在“RCS-9700 综合自动化系统”运行时自动启动，通过点击控制台上的

，或者在综自系统的“开始”菜单中，选取“系统运行”下的“图形浏览”，都可以将在线操作界面提到所有窗口的最前面进行操作。

在线操作界面启动后，屏幕如图 4-27 所示。

3. 数据及参数的查询

画面系统中有的画面包含了显示多种信息的图元，如告警信息、实时曲线等。这些图元显示的数据是有一定条件的，如告警信息中开始列出的是厂站的告警信息，用户可以根据需要指定查询某类型的告警信息，又如实时曲线做图时定义的是电流实时值，用户在在线时需

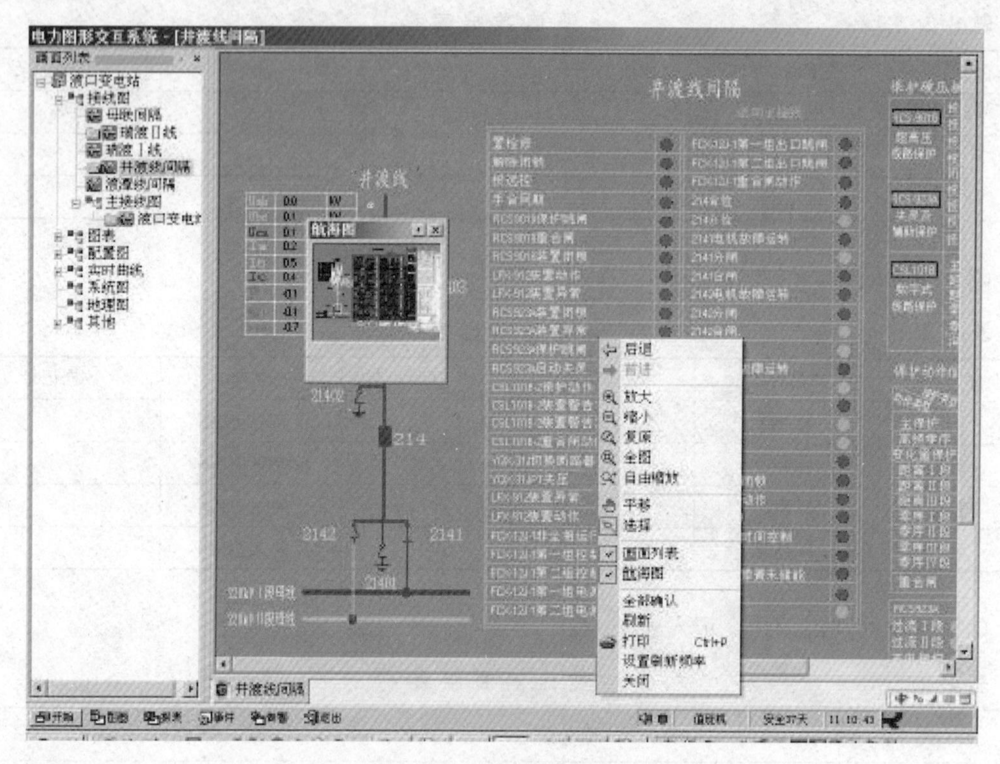

图 4-27 在线操作界面

要察看相关的电压值。此外，在厂站图上只显示了该厂站的遥测或遥信数据，如果用户想了解某一数据的相关数据，如某个遥测量的限值、数据来源等相关信息，也必须使用数据查询功能。

数据和参数的查询包括以下内容：告警信息、数据、实时曲线、历史曲线、设备参数。

（1）告警信息查询。告警信息的查询要在包含告警控件的画面上进行，用户由画面系统调出包含告警控件的画面，如图 4-28 所示。

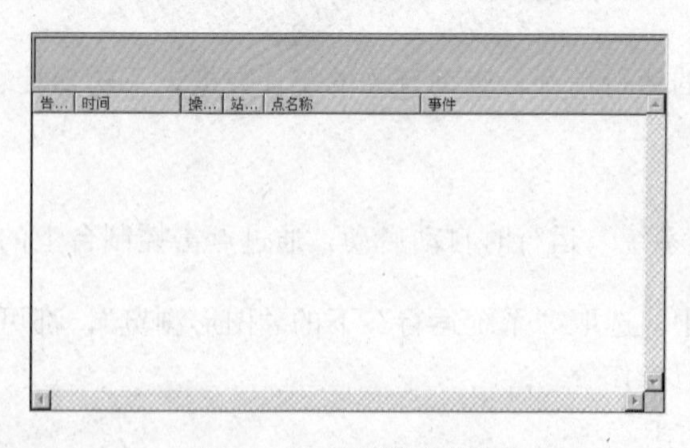

图 4-28 告警信息查询

告警控件由最新未确认告警信息窗、显示告警事件详细信息窗口构成。用右键点击窗口，弹出图 4-29 所示菜单。

“确认”是确定告警窗中的一条告警事件；“全部确认”是确定告警窗中的所有告警事件；“分类查看”是弹出如下事件类型供用户选择，并按所选择的事件类型显示告警事件；“分级查看”是弹出如下对话框供用户选择，并按所选择的事件类型显示告警事件。选择范围包括所有级别、最低级、一般级 1、一般级 2、一般级 3、一般级 4、一般级 5、告警级、事故级，等级设置如图 4-30 所示。

确认
全部确认
分类查看
分级查看

图 4-29 告警控制菜单　　图 4-30 告警等级设置

（2）数据查询。数据查询主要是查询某个遥测或遥信量的相关数据。

对于遥测量用户可以查询：数据参数、极值数据、越限数据。

对于遥信量用户可以查询：数据参数、统计数据。

对于电度量用户可以查询：数据参数。

1）遥测量的数据查询。对于一个遥测量，可以查询其参数、极值数据和越限数据。

a）遥测参数查询。用户由画面系统进入厂站图，用鼠标左键点击画面上的遥测量，弹出遥测操作对话框，如图 4-31 所示。对话框上显示出与该遥测数据相关的参数，如厂站名称、测点名称、属性、值、处理标志及状态。

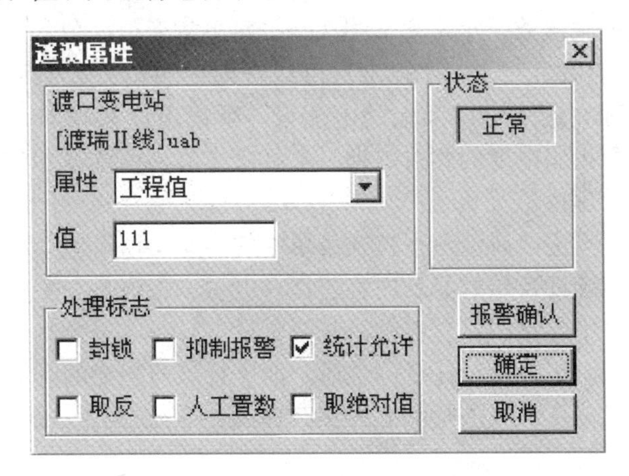

图 4-31 遥测属性

遥测参数的查询过程是在遥测操作对话框点击“属性”下拉式菜单中的“系数”或“偏移”，该遥测量的“系数”或“偏移”值显示在“值”编辑框中。

b）遥测极值数据查询。进入厂站图画面，用鼠标左键点击画面上的遥测量，弹出遥测操作对话框。在遥测操作对话框点击“属性”下拉式菜单中的“日最大值”或“日最小值”等，该遥测量的“日最大值”或“日最小值”值等显示在“值”编辑框中。

遥测极值内容包括早、晚、谷、每日的一些统计数据，如日最大值、日最大值发生时刻、日最小值、日最小值发生时刻、月最大值、月最大值发生时刻、月最小值、月最小值发生时刻。

c）遥测越限数据查询。在遥测操作对话框点击“属性”下拉式菜单中的“日最大值”或“日最小值”等，该遥测量的“日最大值”或“日最小值”等显示在“值”编辑框中。

遥测越限内容包括日、月越限的一些统计数据，如日越上限时间、日越上限时间、月越上限时间、月越上限时间。

2）遥信量的数据查询。对于一个遥信量可以查询它的四态值和统计数据。

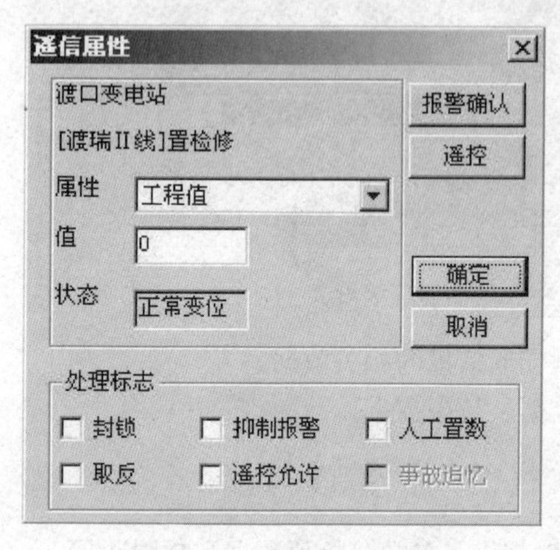

图 4-32　遥信属性

a）遥信四态值的查询。由画面系统进入厂站图，用鼠标左键点击画面上的遥信量，弹出遥信操作对话框，如图 4-32 所示。在遥信操作对话框中列出了遥信的参数，在遥信操作对话框点击“属性”下拉式菜单中的“工程值（四态）”，该遥信量的四态值显示在“值”编辑框中。

b）遥信统计数据的查询。用鼠标左键点击画面上的遥信量，弹出遥信操作对话框，该遥信点的统计数据在遥测操作对话框内显示。在遥信操作对话框点击“属性”下拉式菜单中的“正常分闸次数”或“分闸合闸次数”等，该遥信量的“正常分闸次数”或“正常合闸次数”等显示在“值”编辑框中。统计数据的显示内容包括合闸次数、分闸次数及事故变位次数等，如正常分闸次数、正常合闸次数、事故变位次数、日正常分闸次数、日正常合闸次数、日事故变位次数、月正常分闸次数、月正常合闸次数、月事故变位次数、年正常分闸次数、年正常合闸次数、年事故变位次数。

3）电度量的数据查询。对于一个电度量可以查询它的相关数据和统计数据。由画面系统进入厂站图，用鼠标左键点击画面上的电度量，弹出电度操作对话框，如图4-33所示。在电度操作对话框中列出了电度的相关数据。电度操作对话框内显示的电度数据包括厂站名称、测点名称、值、处理标志及状态。

在电度操作对话框点击“属性”下拉式菜单中的“原始值”等；该电度量的相关数据显示在“值”编辑框中。统计数据的显示内容包括峰电量、谷电量、平电量及总电量等，如日峰电量、日谷电量、日平电量、日总电量、月峰电量、月谷电量、月平电量、月总电量。

（3）实时曲线查询。用户可对任意一个遥测值进行当前趋势的查询，查询过程：由画面系统进入厂站图，用鼠标左键点击画面上的实时曲线，系统弹出一个实时曲线设置对话框，如图 4-34 所示。

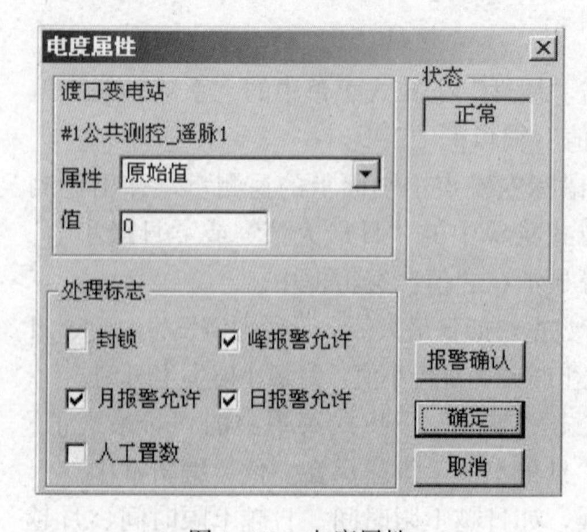

图 4-33　电度属性

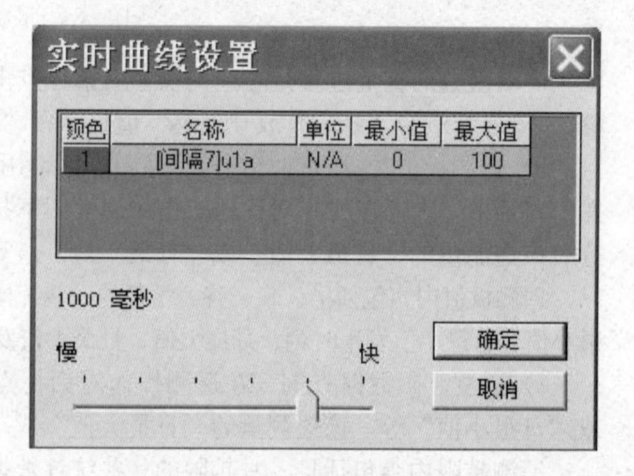

图 4-34　实时曲线设置

实时曲线设置对话框内有实时曲线的列表框及一个“设置刷新频率”滑杆。用户可以双击曲线属性框来增加或删除一条的曲线，其操作过程：可以在实时曲线设置对话框内双击曲线属性框，系统弹出曲线定义对话框，如图 4-35 所示；对话框内的“曲线”下拉框内显示该曲线图元中目前所包含的已定义曲线；点击“确定”按钮，则曲线定义完毕。

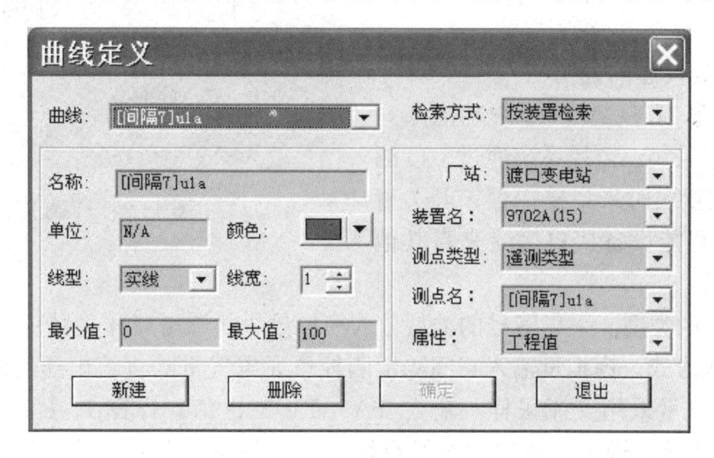

图 4-35　曲线定义

用户可以拖动“设置刷新频率”滑杆改变曲线的刷新频率，滑杆越往“慢”的方向滑动，曲线的刷新频率越低，最低为 10s/次，滑杆越往“快”的方向滑动，曲线的刷新频率越高，最高为 0.1s/次。

（4）历史曲线查询。用户可以对任意一个遥测点的历史数据进行查询，查询方法：由画面系统进入厂站图，用鼠标左键点击画面上的历史曲线，系统弹出“历史曲线设置”对话框。

“历史曲线设置”对话框内的上半部分显示的是历史曲线名称、最大值、最小值、每页点数等信息。“历史曲线设置”对话框的下半部分显示的是历史曲线显示的时间范围和时间间隔。在“历史曲线设置”对话框内用户可以进行一些操作来改变显示的内容。

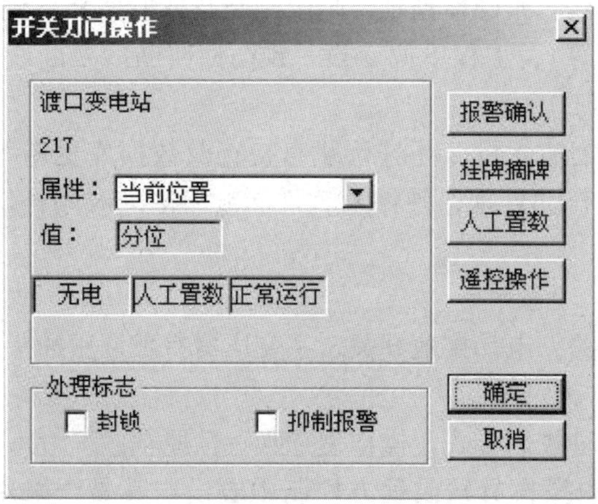

开关刀闸操作
渡口变电站
217
属性：当前位置
值：分位
无电　人工置数　正常运行
处理标志
封锁　抑制报警
报警确认
挂牌摘牌
人工置数
遥控操作
确定
取消

图 4-36　开关、刀闸操作

（5）设备参数查询。电力系统中有许多电力设备，如开关、刀闸、变压器、母线、线路等。这些设备有许多参数，如一个三卷变压器的参数有高压端容量、低压端容量、中压端容量、高中低压端额定电压等。用户可以用设备参数的查询来查询一个设备的参数。用户可以查询的设备有开关、刀闸、变压器、母线、线路、负荷、发电机、保护、电容电抗器、厂站自动装置。

元件参数查询由画面系统进入厂站图，用鼠标左键点击画面上的设备（如开关、刀闸），弹出开关、刀闸的操作对话框，如图 4-36 所示。

设备的所属厂站、名称、当前状态显示在对话框中。

保护装置查询用鼠标左键点击画面上的保护装置，可弹出如图4-37对话框，用鼠标右键点击画面上的保护装置，弹出下拉式菜单。

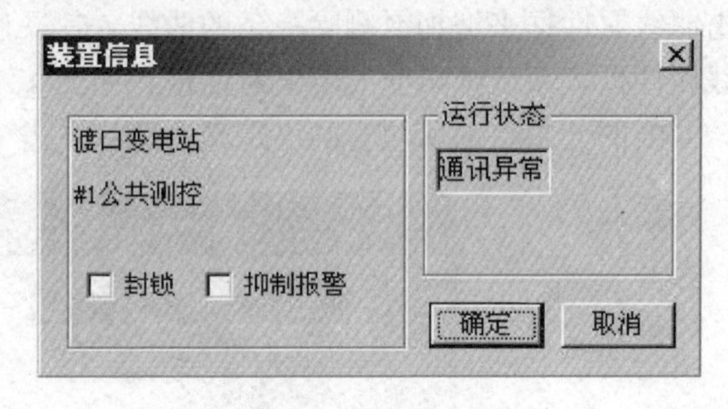

图4-37 装置信息

二、几个引导问题的说明

（1）引导问题1：SCADA系统功能。

1）实时数据采集。监控系统通过I/O测控单元或MU装置实时采集模拟量、开关量等信息量；通过智能设备接口接受来自其他智能装置的数据。

a）采集信号的类型。采集信号的类型分为模拟量、状态量（开关量）。

b）信号输入方式。模拟量输入：间隔层测控单元电气量除直流电压、温度通过变送器输入外，其余电气量采用交流采样，输入TA、TV二次值，计算I、U、P、Q、f、$\cos\varphi$等。状态量（开关量）输入：通过无源触点输入；断路器、隔离开关、接地开关（手车位置）等取双位置触点信号。保护信号的输入：重要的保护动作、装置故障信号等通过无源触点输入；其余保护信号通过保护信息采集器通过以太网接口或串口与监控系统相连，或通过保护及故障录波子站上传各类保护信息。智能设备接口信号接入：站内智能设备主要包括直流电源系统、交流不停电系统、火灾报警装置、电能计量装置及主要设备在线监测系统等。智能设备的数据通过通信方式进入站控层，经统一处理后进入数据库。

2）数据处理。I/O数据采集单元对所采集的实时信息进行数字滤波、有效性检查，工程值转换、信号接点抖动消除、刻度计算等加工。从而提供可应用的电流、相电压、有功功率、无功功率、功率因数等各种实时数据，并将这些实时数据带品质描述传送至站控层和各级调度中心。

a）模拟量处理。按扫描周期定时采集数据并进行相应转换、滤波、精度检验及数据库更新等。模拟量输入信号处理应包括数据有效性、正确性判别、越限判断及越限报警、数字滤波、误差补偿（含精度、线性度、零漂校正等）、工程单位变换、预防回路断线及断线检测、信号抗干扰等功能。

b）状态量处理。按快速扫描方式周期采集输入量、并进行状态检查及数据库更新等。开关量输入信号处理应包括光电隔离、接点防抖动处理、硬件及软件滤波、基准时间补偿、数据有效性、正确性判别等功能。

3）控制与调节功能。

控制范围：全站所有断路器、电动隔离开关、电动接地开关、主变压器有载调压抽头等与控制运行相关的设备和其他重要设备。

控制方式：应具有手动控制和自动控制两种控制方式，操作遵守唯一性原则。

a）自动调节控制。自动调节控制，由站内操作员站或远方控制中心设定其是否采用。它可以由运行人员投入/退出，而不影响手动控制功能的正常运行。在自动控制过程中，程序遇到任何软、硬件故障均应输出报警信息，停止控制操作，并保持被控设备的状态。

调节控制操作正常执行或操作异常时均应产生控制操作报告。正常执行的报告内容有：

操作前的控制目标值、操作时间及操作内容、操作后的控制目标值。控制操作异常的报告内容有：操作时间、操作内容、引起异常的原因、要否由操作员进行人工处理等。另外，当控制功能被停止或启动时也应产生报告。上述几种报告均应打印输出。

b）人工操作控制。操作员可对需要控制的电气设备进行控制操作。监控系统应具有操作监护功能，允许监护人员在不同的操作员站上实施监护，避免误操作。当只有一台工作站可用时，操作人员和监护人员可在同一台工作站上进行操作和监护。

操作控制分为四级，优先级别依次降低：①第一级控制，设备层控制。具有最高优先级的控制权。当操作人员将就地设备的远方/就地切换开关放在就地位置时，将闭锁所有其他控功能，只能进行现场操作。②第二级控制，间隔层控制。间隔层与站控层控制的切换在间隔层完成。③第三级控制，站控层控制。该级控制在操作员站上完成，具有监控中心/站内主控层的切换。④第四级控制，集控层控制，优先级最低。

原则上设备层作为设备检修时的操作手段，间隔层作为后备操作手段。为防止误操作，站控层、集控层控制需采用分步操作，即选择、返校、执行，并在站控层设置操作员、监护员口令及线路代码，以确保操作的安全性和正确性。对任何操作方式，应保证只有在上一次操作步骤完成后，才能进行下一步操作。同一时间只允许一种控制方式有效。

4）告警处理。远动通信装置具备提供全站事故总或按电压等级的事故总信号给调度/监控中心，并定时复归该信号。

后台监控系统应具有事故报警和预告报警功能。事故报警包括非正常操作引起的断路器跳闸或保护装置发出的动作信号；预告报警包括一般设备变位、状态异常信息、模拟量或温度量越限等。后台监控系统应提供能按报警等级分类检索的简报窗口。

a）事故报警。事故状态方式时，事故报警立即发出音响报警（报警音量可调），后台监控系统的显示画面上用颜色改变并闪烁表示该设备变位，同时显示红色报警条文，报警条文可以选择随机打印或召唤打印。事故报警通过手动或自动方式确认，每次确认一次报警，自动确认时间可调。报警一旦确认，声音、闪光即停止。

第一次事故报警发生阶段，允许下一个报警信号进入，即第二次报警不应覆盖上一次的报警内容。报警装置可在任何时间进行手动试验，试验信息不予传送、记录。报警处理可以在主计算机上予以定义或退出。事故报警应有自动推画面功能。

b）预告报警。预告报警发生时，除不向远方发送信息外，其处理方式与上述事故报警处理相同（音响和提示信息颜色应区别于事故报警）。部分预告信号应具有延时触发功能。

c）每一测量值。对每一测量值（包括计算量值），可由用户序列设置四种规定的运行限值（低低限、低限、高限、高高限），分别可以定义作为预告报警和事故报警。四个限值均设有越/复限死区，以避免实测值处于限值附近频繁报警。

d）开关事故。开关事故跳闸到指定次数或开关拉闸到指定次数，应推出报警信息，提示用户检修。

e）双位置状态。能对一次设备的双位置状态不一致进行告警。

5）光字牌。监控系统应能提供光字牌画面，便于较直观地查看重要信号的动作情况。光字牌组应能按间隔进行组织、分类，并提供全站重要光字牌。

光字牌可以按重要程度分为重要信号和一般信号，重要信号排列在光字牌的上部，并以不同的颜色区分。光字牌应能通过前景颜色、背景颜色和闪烁方式的变化正确反映信号在动作、复归的状态和信号的确认情况。

6）事件顺序记录（SOE）。当变电站一次设备出现故障时，将引起继电保护动作、开关跳闸，事件顺序记录功能应将事件过程中各设备动作顺序，带时标记录、存储、显示、打印，生成事件记录报告，供查询。系统保存1年的事件顺序记录条文。事件分辨率：测控单元小于等于1ms，站控层小于等于2ms。事件顺序记录应带时标及时送往调度主站。

7）事故追忆（PDR）。事故追忆范围为事故前1min到事故后2min的所有相关的模拟量，采样周期与实时系统采样周期一致，并能自动存储事故前后的必要的电力系统数据和接线方式。

8）趋势曲线。监控系统应能接收调度系统或集控系统下发的计划值，在监视画面中同时显示计划值曲线和实时值曲线，给出两者的最大偏离值。

9）拓扑着色。系统应具有通过网络拓扑来推理设备的带电、停电、接地情况，停电推理根据电源点和开关、刀闸的状态来推理系统中哪些部分带电，哪些部分停电。接地推理则根据地刀、接地线的状态来判断设备接地状态。带电拓扑颜色为设备运行颜色，不同电压设备等级按规定颜色显示，接地颜色用咖啡色，停电颜色用灰色显示。

10）设备挂牌。系统应提供设备各种挂牌功能，当设备进行检修工作时，应对检修设备进行“检修挂牌”，来禁止计算机后台监控系统对该设备进行遥控操作，并能屏蔽该回路的报警，其试验数据应进入“检修库”。当一次设备运行而自动化装置需要进行维护、校验或修改程序时，应采取挂“禁止操作”牌来闭锁计算机监控系统对相关设备进行遥控操作。

监控中心的挂牌标志与变电站后台监控系统的挂牌标志宜自动保持一致。

11）系统时钟。监控系统设备应从站内时间同步系统获得授时（对时）信号，保证I/O数据采集单元的时间同步达到1ms精度要求。当时钟失去同步时，应自动告警并记录事件。

12）历史数据管理。对于需要长期保存的重要数据将存放在历史数据库中。历史数据库用来保存历史数据、应用软件数据等。历史数据库管理系统应采用成熟商用数据库。系统应是分布式的，标准C语言调用、SQL、X/OPEN的调用级接口（CLI）等。系统应支持所有的数据类型，包括基本的数据类型、声音和图形数据类型以及用户定义数据类型等。

系统应提供系统管理工具和软件开发工具来进行维护、更新和扩充数据库的使用。

应提供通用数据库，记录周期为1min～1h一次可调。历史数据应能够在线滚动存储1年，无需人工干预。所有的历史数据应能够转存到光盘或磁带等大容量存储设备上作为长期存档。

对于状态量变位、事件、模拟量越限等信息，应按时间顺序分类保存在历史事件库中，保存时间可由用户自定义为几个月、几年等。

13）报表管理。监控系统应能生成不同格式的生产运行报表。提供的报表包括实时值表、正点值表、开关站负荷运行日志表（值班表）、电能量表、事件顺序记录一览表、报警记录一览表、微机保护配置定值一览表、自诊断报告，其他运行需要的报表、输出方式及要求、实时及定时显示、召唤打印、生产运行报表应能由用户编辑、修改、定义、增加和减少，报表应使用汉字，报表应按时间顺序存储，报表的保存量应满足运行要求。

14）用户界面。监控系统应能通过各工作站为运行人员提供灵活方便的人机联系手段，实现整个系统的监测和控制。

人机界面系统应基于X-Windows和OSF/Motif，能运行于任一种装有X-Windows Motif 的工作站上，所有的交互式操作通过彩色 CRT、键盘和鼠标进行。借助于 PC 上的标准软件，也可以在 PC 机上显示图形。界面应采用面向对象技术，具备图、模、库一致，生成单线图的同时，自动建立网络模型和网络库。具备全图形人机界面，画面可以显示来自不同分布节点的数据，所有应用均采用统一的人机界面，显示和操作手段统一。

人机界面的应用包括：画面编辑和显示功能、窗口管理及画面管理功能、交互式操作管理、画面硬拷贝功能、支持汉字和用户自定义符号集、权限管理、丰富的汉化手段。

15）图形显示。系统应在主控室运行工作站显示器上显示的各种信息应以报告、图形等形式提供给运行人员。

画面显示内容主要有：全站电气主接线图（若幅面太大时可用漫游和缩放方式）、分区及单元接线图、实时及历史曲线显示、棒图（电压和负荷监视）、间隔单元及全站报警显示图、监控系统配置及运行工况图、保护配置图、直流系统图、站用电系统图、报告显示（包括报警、事故和常规运行数据）、表格显示（如设备运行参数表、各种报表等）、操作票显示、日历、时间和安全运行天数显示。

16）图形绘制。系统应提供图形编辑工具，用来制作各类图元和辑图形，如系统图、接线图、光字牌图、曲线图、棒图、饼图、报表、五防图等。用户能够在任一台主计算机或人机工作站上均能方便直观地完成实时画面的在线编辑、修改、定义、生成、删除、调用和实时数据库连接等功能，并且对画面的生成和修改应能够通过网络广播方式给其他工作站。图形编辑工具具有图模库一体化功能。图形中的设备应能按电压等级和设备状态设置显示颜色和形状。

（2）引导问题 2：自动无功电压控制（VQC）。

变电站电压无功调节功能宜通过与监控系统配套的软件来实现，可根据监控中心或站内操作员设置的电压或无功目标值自动控制无功补偿设备，调节主变压器分接头，实现电压无功自动控制。

1）技术标准。应满足 SD 325—1989《电力系统电压和无功电力技术导则》《电力系统电压质量和无功电力管理规定》、SDJ 25—1985《并联电容器装置设计技术规程》、DL/T 686—1999《电力网电能损耗计算导则》《电力网电能损耗管理规定》、GB/T 12325—2008《电能质量供电电压允许偏差》《电业安全工作规程》以及相关变电运行规程等。

2）功能要求。能对主变压器分接头、电容器、电抗器进行调节。

电压无功自动控制应具有三种模式：闭环（主变压器分接头和无功补偿设备全部投入自动控制）、半闭环（主变压器分接头退出自动控制，由操作员手动调节，无功补偿设备自动调节）和开环（电压无功自动控制退出，只做调节指导），可由操作员选择投入或退出。

运行电压控制目标值应能在线修改，并可根据电压曲线和负荷曲线设定各个时段不同的控制参数。

能自动适应系统运行方式的改变，并确定相应的控制策略。

应能实现手动控制/自动控制之间的切换，并把相应的遥信量上传到监控主站。

电压无功自动控制可对主变压器分接头和无功补偿设备的调节时间间隔进行设置。

电压无功自动控制可根据电容器/电抗器的投入次数进行等概率选择控制，并可限制变压器分接头开关和电容器/电抗器开关的每日动作次数。

操作员可以从监控中心或当地后台对每台 VQC 设备（主变压器、电容器、电抗器）进行启/退操作，来独立控制某一设备是否参与 VQC 调节。

当调节操作有多组电容器、电抗器可以选择时，能根据容量的大小，按指定投切的先后顺序投切设备。

应有完善的 VQC 动作记录可以查询，记录的内容包括操作的设备对象、性质、操作时的电压和无功、操作时的限值等。

系统出现异常时应能自动闭锁。当系统输出闭锁时，应提示闭锁原因。

电压无功自动控制程序模块的异常不能影响监控系统后台的正常工作。

(3) 引导问题 3：防误操作。

1) 总体要求。变电站监控系统必须提供防误操作闭锁功能，应具有“五防”功能：防止误拉、合断路器的提示功能；防止带负荷拉、合隔离开关；防止带电挂接地线；防止带地线送电；防止误入带电间隔的功能。监控系统必须具有操作预演功能。

依托全站的信息采集，防误闭锁的逻辑应完整、正确，适应各种运行工况。遥测数据应能作为闭锁的逻辑判断。

对于电动隔离开关，远方及就地操作均应具备闭锁功能，相对应的间隔层设备应输出足够的独立分/合闸接点及闭锁触点。

系统能根据运行需要在间隔层设备上进行选择对单个对象闭锁/解除闭锁的操作。

具有操作票专家系统，利用计算机实现对倒闸操作票的智能开票及管理功能，能够使用图形开票、手工开票等方式开出完全符合“五防”要求的倒闸操作票，并能对操作票进行修改、打印。

2) 采用监控系统逻辑闭锁防止电气误操作的设备要求。在站控层和间隔层 I/O 测控单元应具有软件实现全站电气防误操作的功能，该软件对运行人员的电气设备操作步骤进行监测、判断和分析，以确定该操作是否正确。在站控层无法工作时，间隔层应能实现全站的防误闭锁。运行人员在设备现场挂、拆接地线时，应在“一次系统接线图”上对应设置、拆除模拟接地线，以保持两者状态一致，模拟接地线应参与闭锁判断。

3) 采用“五防”工作站防止电气误操作的设备要求。计算机监控系统或独立的“五防”主机通过通信向电脑钥匙传送操作票，对于手动操作设备，应通过配置机械编码锁完成防误闭锁功能。在“五防”工作站显示一次主接线图及设备当前位置情况，能进行模拟预演及开出操作票。具有操作及操作票追忆功能。电脑钥匙应记录在“五防”工作站上模拟的操作步骤，以及执行操作过程中的实际操作步骤，并对错误的操作步骤做提示标志。在“五防”工作站设置检修状态后，“五防”工作站上拉合检修设备的操作任务完成时，应自动检查设备状态是否恢复到原始状态。

(4) 引导问题 4：程序化控制。

在设备控制自动化程度高的变电站，宜实现程序化控制功能。

程序化控制应能对电动设备实现批量控制操作，一个程序化控制任务为一组有关联的多个设备控制操作，操作任务由监控中心或当地后台计算机下发，远动机或间隔层装置完成实现。

任务五　变电站监控系统的调试与维护

教学目标

1. 知识目标

（1）了解监控系统现场调试项目、试验方法。

（2）了解监控远程联合调试方法。

（3）熟悉监控系统的日常维护内容和操作。

2. 技能目标

（1）熟悉监控系统，并具备一定的调试能力。

（2）能够对监控系统进行数据备份和还原。

（3）善于自学，拓展知识。

任务描述

以为监控系统载体，对断路器和隔离开关等设备的开关量进行调试，并做好记录。

任务准备

任务准备中的两个引导问题：

（1）监控系统设备调试。

（2）计算机监控系统远程联合调试。

任务实施

1. 所需设备和工具

变电站计算机监控系统、模拟开关设备、记录簿。

2. 步骤

（1）确保调试中对断路器、隔离开关的操作不会引发一次设备事故。

（2）逐一手动分合断路器、隔离开关，查看监控系统对应的开关量是否正确响应。

（3）逐一手动分合各控制把手，各控制单元的远方/就地等开关量是否正确响应。

（4）将控制把手转动到远方位置，通过监控系统进行远程控制分合，查看控制对象是否正确响应；遥控过程中，相关开关量是否正确响应。

（5）将试验对象转到冷备用状态，做好试验记录。

相关知识

一、RCS-9700 监控系统启动与优化

1. 开机设置

为使计算机启动后直接进入 RCS-9700 监控系统，可进行以下方式设置：

（1）以 Administrator 身份登录 Windows 系统。Administrator 的密码为无。

（2）打开注册表编辑器（通过输入 RegEdit 命令）。

（3）选择 HKEY _ LOCAL _ MACHINE 主键，选择 SOFTWARE ⟶MicroSoft ⟶WindowsNT ⟶CurrentVersion ⟶Winlogon。

（4）更改 AutoAdminLogon 的值为 1。

（5）选择开始中的设置⟶任务栏和开始菜单。

（6）选择高级属性，按‘添加’按钮，选择把监控系统运行的主程序放入启动栏内。

2. 系统运行目录

系统运行目录在安装程序之后，自动生成。用户可以通过系统设置更改系统的运行目录。

3. 系统优化

监控系统在长时间运行后或在做完试验投运之前可以对监控系统做出如下优化。

（1）取消其他在启动时自动启动的一系列其他软件，如杀毒软件、解压软件等。

（2）退出数据库管理系统。通过选择任务栏中的数据库管理小图标按退出。

（3）清除 SQL _ SERVER 库一些无用的信息。方法是：

1）打开 SQL _ SERVER 企业管理器。

2）选择监控系统引用的数据库。

3）打开表的列表。选中所需删除内容的表。

4）用返回所有行命令打开表。选中需删除的记录，按“Delete”键直接删除。若需删除所有内容，快速的方法可用 SQL 语句来删除。

5）可清除内容的表包括：

RCSEVENTANA：遥测事件表；

RCSEVENTDGT：遥信事件表；

RCSEVENTOPERATE：其他事件表；

RCSEVENTPRIVILEGE：权限修改表；

RCSEVENTPROTECT：保护信号和 SOE 表；

RCSEVENTPULSE：遥脉事件表；

RCSEVENTRELAY：遥控事件表；

RCSEVENTSETTING：保护定值修改表；

RCSEVENTTUNE：挡位事件表；

RCSEVENTALL：最近一段时间的所有事件表。

二、RCS-9700 监控系统维护

如果系统已经安装，再次启动安装程序或从控制面板上的“安装/删除程序”双击相应项，安装程序弹出如图 4-38 所示维护界面。

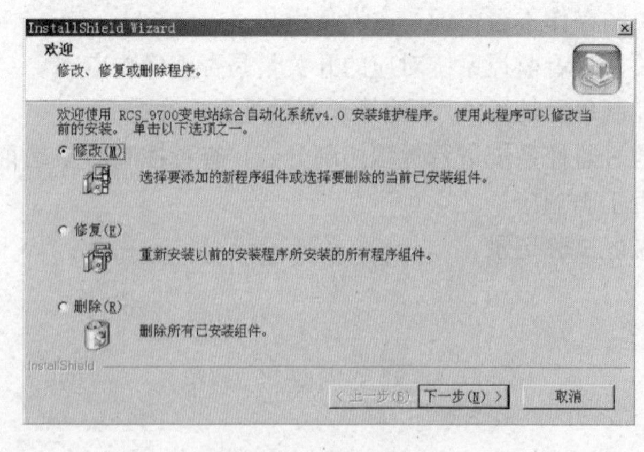

图 4-38 维护界面

用户通过维护界面选择已安装系统进行修改、修复和删除工作。

1. 修改程序

（1）主要工作包括提供界面让用户重新选择程序组件，安装系统根据用户选择添加新选的程序组件或删除当前已安装程序组件，如图4-39所示。

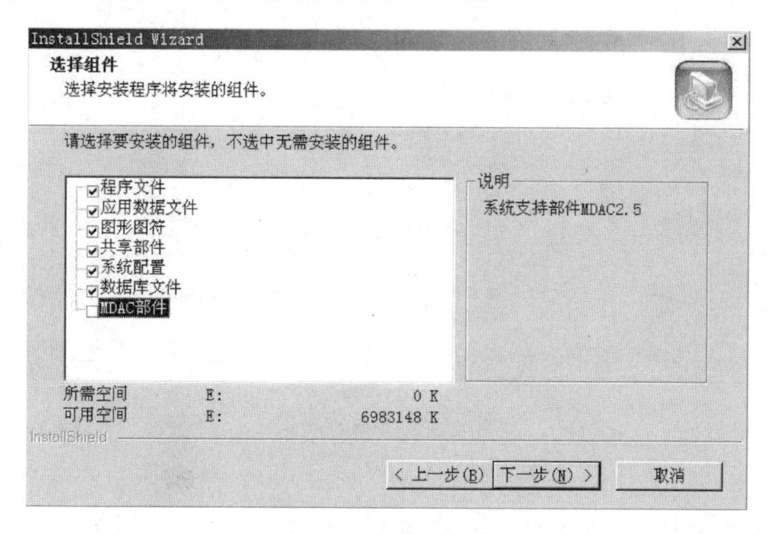

图4-39　选择组件

（2）用户选择完毕后，单击“下一步”，系统进入如图4-40所示安装过程。

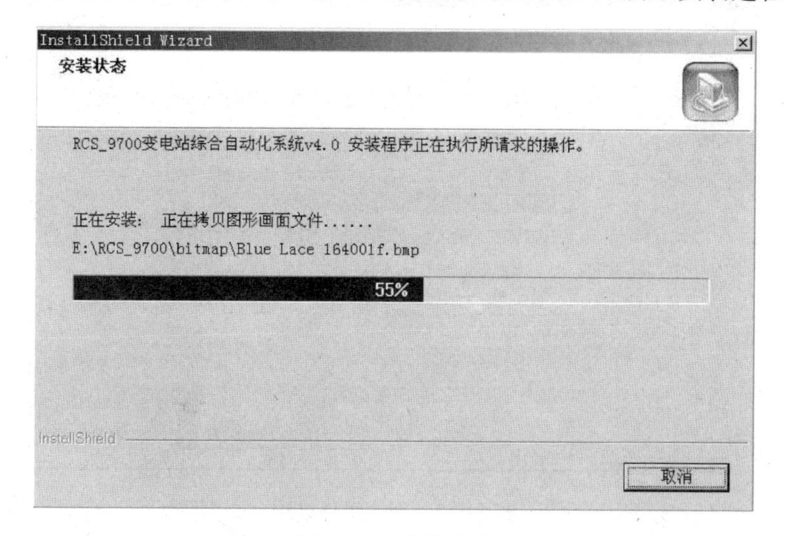

图4-40　安装状态

（3）组件修复完毕后，则进入数据库维护阶段，如图4-41所示。

（4）数据库数据可重新安装，即恢复数据库的原始设置，该项缺省为不安装。

（5）修改工作结束，弹出如下对话框，点击“完成”，退出安装系统。

2. 修复程序

主要工作是重新安装系统已经安装过的所有程序组件。与修改工作相比，只是缺少第（1）步。

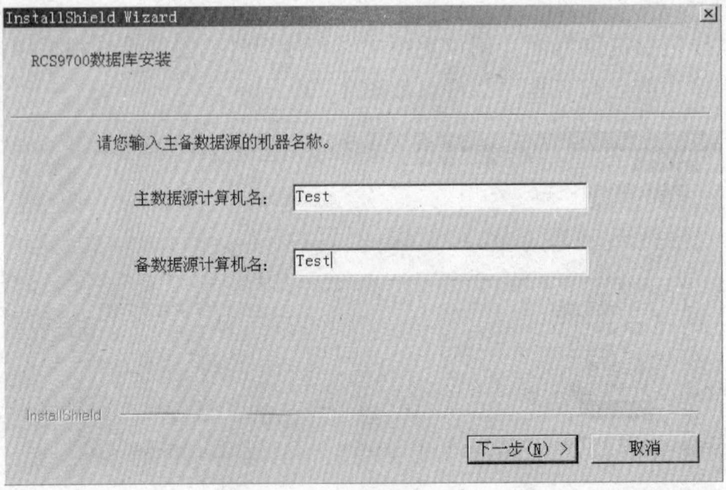

InstallShield Wizard
RCS9700数据库安装
请您输入主备数据源的机器名称。
主数据源计算机名: Test
备数据源计算机名: Test
InstallShield
下一步(N) >
取消

图 4-41　数据库维护

3. 删除程序

主要工作是删除系统已安装的所有程序组件，并删除系统相关配置。

(1) 在维护界面选择“删除”，弹出如图 4-42 所示对话框。

InstallShield Wizard
欢迎
修改、修复或删除程序。
欢迎使用 RCS_9700变电站综合自动化系统v4.0 安装维护程序。 使用此程序可以修改当前的安装。 单击以下选项之一。
修改(M)
选择要添加的新程序组件或选择要删除的当前已安装组件。
确认文件删除
是否要完全删除所选应用程序及其所有组件?
确定
取消
修复(E)
重新安
删除(R)
删除所有已安装组件。
InstallShield
< 上一步(B)
下一步(N) >
取消

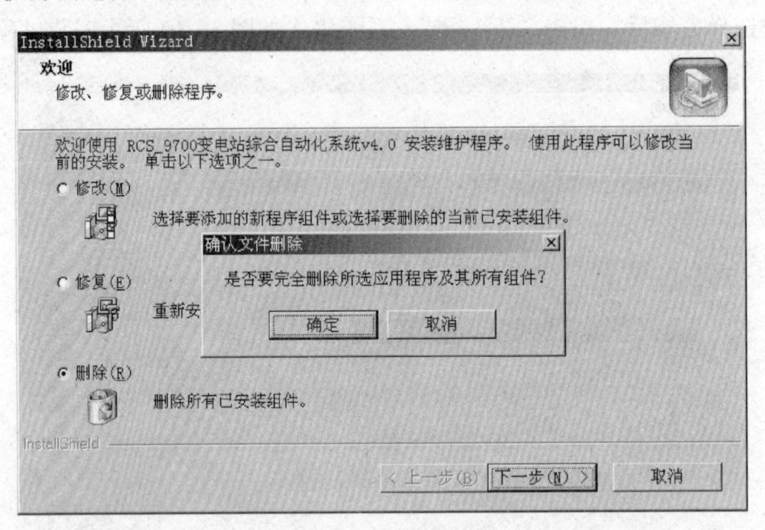

图 4-42　程序组件维护

(2) 选择“确定”，系统开始删除工作，如图 4-43 所示。

(3) 删除过程结束，弹出结束对话框，单击“结束”，退出维护系统。

三、RCS-9700 监控系统数据库的导入和导出操作

1. 整个数据库的导入

数据库的导入和导出操作是同一个操作界面。例如，将计算机 CMSERVER1 上的数据库 RCS-9000 完整的导入到计算机 WANGYG 上的 SALES 的操作过程如下：

(1) 在数据库管理界面中打开向导界面。

(2) 出欢迎界面。

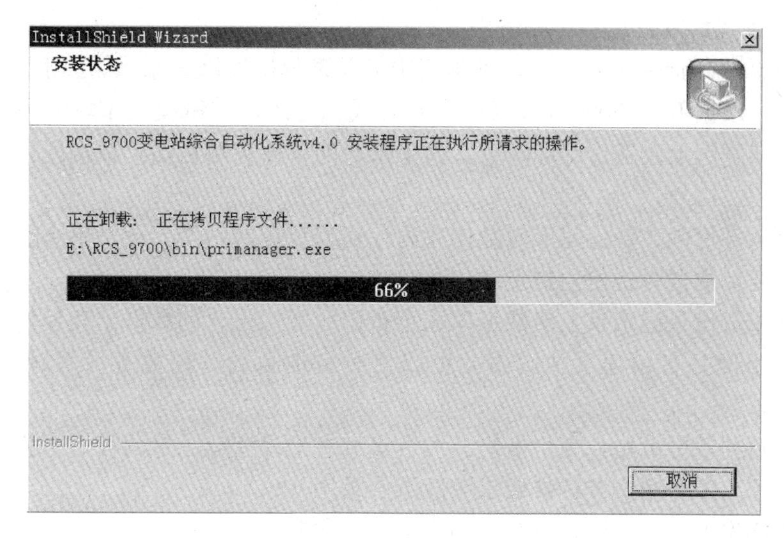

图 4-43 系统删除

（3）选择源数据库 CMSERVER1 上的数据库 RCS-9000。

（4）选择目标数据库 WANGYG 上的数据库 SALES。

（5）选择需要导入的对象。

（6）立即执行。

（7）等待完成。

2. 组态数据的导出

经常遇到的一个问题是如何将在笔记本 BOOK 上的组态数据导入到用户的计算机 USER 上，下面介绍以下方法：

（1）首先关闭笔记本 BOOK 上的所有应用程序，包括 DBMANAGER。

（2）在笔记本 BOOK 上打开 C：\WINNT\NSPRO.INI 文件，将［DATABASE］这个配置下的有关配置删除，仅仅保留（更改为）如下内容：

［DATABASE］

TYPE=0

（3）在笔记本 BOOK 上运行 RCS-9000 中的 DBMANAGER 程序，配置主商业库为笔记本 BOOK 上的数据库 RCS-9000，配置备商业库为计算机 USER 上的数据库 RCS-9000。

（4）在笔记本 BOOK 上 RCS-9000 中运行 RCSDBDEF 程序。

（5）在组态界面中认真查看是否为最新的组态数据，是则保存。

（6）退出组态界面，将笔记本 BOOK 上 C：\ WINNT \ NSPRO.INI 文件改为原有的配置。

（7）将在笔记本 BOOK 上的组态数据导入到用户的计算机 USER 上成功。

（8）如何将在用户的计算机 USER 的组态数据导入到笔记本 BOOK 上哪？只要将第（3）步改为：在笔记本 BOOK 上运行 RCS-9000 中的 DBMANAGER 程序，配置主商业库为计算机 USER 上的数据库 RCS-9000，配置备商业库为笔记本 BOOK 上的数据库 RCS-9000，其余步骤同样。

3. 数据库系统的数据库备份和还原

备份和还原为存储在SQLServer数据库中的关键数据提供重要的保护手段。

备份策略：根据RCS-9000系统数据的特点我们选用简单恢复模型。使用简单恢复模型可以将数据库恢复到上次备份的即时点。简单恢复的备份策略包括：数据库完全备份和差异备份。

数据库完全备份创建备份完成时数据库内存在的数据的副本。这是单个操作，通常按常规时间间隔调度。数据库备份为自包含。

差异数据库备份只记录自上次数据库完全备份后发生更改的数据。差异数据库备份比数据库完全备份小而且备份速度快，因此可以更经常地备份，经常备份将减少丢失数据的危险。

另外还有两种备份策略：完全恢复、大容量日志记录恢复。这两种方式相对复杂和耗用更多的系统资源，除非用户有特殊要求一般不予采用。

数据库的备份关系到整个系统数据的安全性，除非用户特别要求不需要数据库备份，其他情况，在创建RCS-9000的数据库系统完毕后，务必创建数据库系统的备份计划。同时，也要正确地认识到产生灾难的方式是多样的，如果硬盘损坏，那么备份到同一块硬盘的数据势必也要丢失，如果能够把数据通过网络备份到其他的计算机或者本机的另外一个硬盘是比较理想的情况。

工程人员完成现场的工作后，应当对数据库做一次完全备份，并且将完全备份的文件拷贝到自己的笔记本上归档，以备不测。

四、两个引导问题的说明

(1) 引导问题1：监控系统设备调试。

1) 设备参数配置。在监控设备调试工作开始前，首先需要对监控系统设备进行参数配置。参数配置是一个广义的概念，不仅针对间隔层设备，也包括站级层设备。对于间隔层设备主要指测控装置（含主单元）的各项功能和定值的设置，对于站级层设备主要指主机数据库的组态。通常变电站电压等级越高，监控设备功能越强，参数配置内容就越复杂。间隔层设备的参数配置通常采用软硬结合方式，即软件设置和硬件跳线（或DIP拨码开关）。早期的测控装置板件上需要设置的硬件跳线较多，近年来硬件跳线方式已逐渐被软件设置（或称为软跳线）方式所取代，提高了维护便利性。间隔层装置需要配置的参数大体上可分为两类，即功能参数和定值参数。功能参数类似于微机保护装置的功能、投退控制字，如同期功能的投退、软件防误闭锁功能的投退等；定值参数类似于微机保护装及不同型号装置的参数设置内容可能略有差异，但总体上大同小异。对功能参数的设置一般上存在一定差异。国外厂家对间隔层装置定值参数的设置和修改比较严谨，往往需要通过专门的参数配置软件方能进行，并且每次设置/修改后的版本管理也比较严格。而国内厂家对间隔层装置定值参数的设置和修改比较灵活，除了一些比较复杂的参数（如防误闭锁条件），其他大部分参数都可以通过装置操作面板在线设置/修改后重启装置即可生效。站级层的参数设置主要包括主机数据库组态、防误闭锁逻辑编制、各种信息显示画面绘制及数据库关联等。

无论是间隔层还是站级层设备的参数设置，都必须保证参数配置文件的及时备份和严格的版本管理。从某种意义上说，监控系统设备的调试过程是对参数配置内容的逐项验证和不断修正、完善和优化的过程，如果因未及时备份或版本管理混乱等原因导致最终版的参数配置文件丢失，其严重性相当于软件最终版本源代码的丢失，会对监控系统的运行和维护造成严重影响。下装至间隔层设备的参数配置文件一般无法从间隔层装置内导出。

监控设备参数配置水平和优化程度的高低对于监控系统最终调试质量有很大影响，调试人员需要具备较扎实的理论知识，并对该型号设备的软硬件有较深入的了解才能很好地完成参数配置工作。但目前在调试过程中普遍存在“重硬轻软”的情况，即调试人员将主要精力都放在外部二次回路调试上，间隔层和站级层设备的参数配置和调试工作完全依赖设备厂家现场配合人员。厂家配合人员的水平高低成了监控系统调试质量高低的关键。过度依赖厂家服务人员不利于调试人员的技术水平提高，不利于变电站安全运行维护。

2）模拟量采集功能调试。目前变电站监控系统采集的模拟量信息中，交流电气量均采用交流采样方式，直流电气量和非电气量采用变送器采样方式，模拟量采集功能调试工作主要是指对交流采样模块和变送器准确度的检验。根据国家电网公司相关管理规定，测试人员必须经培训考核并获得国家电网公司相关部门颁发的“变送器计量检定人员上岗证”和“交流采样测量装置计量检定人员上岗证”后才能从事模拟量准确度检验工作。相关的检验项目和检验方法应参照《交流采样测量装置校验规范》和《电测量变送器检定规程》中的内容执行。

3）开关量信号采集与处理功能调试。

a）开关量信号采集。监控系统开关量信号采集主要通过测控装置硬接点信号上传和信息管理机通信软信号上传两种方式，此外测控装置也能产生软信号并上传。由于测控装置开关量输入容量有限，硬触点信号包括一次设备位置信号、较重要的告警信号和脉冲信号，其中一次设备位置信号通常采用双触点输入（主变压器分接头除外）。脉冲信号主要指电能量信号，但随着智能电能表的广泛使用现在已基本不再使用。某些型号测控装置会接收同步对时装置发出的分脉冲信号（空触点）作为时间基准。

测控装置硬触点信号回路比较简单，调试工作量较小。测试时先在测控屏端子排上用导线短接信号电源正端和各信号输入点来模拟信号动作，检查 I/O 装置面板信号指示灯和液晶屏显示以及站级层主机显示的信号画面、告警音响、告警信息是否正确一致；然后再到信号源头实际触发该信号，若此时监控系统信号显示错误，便能立即确定问题出自外部回路或信号源而不是测控装置或站级层设备，这对于提高调试效率很有帮助。由于外回路动断触点影响，测试时有可能发生触发一个信号却显示多个信号动作的情况，这时应断开其他信号回路，再重新测试该信号。测控装置开关量输入动作和返回门槛电压的测试宜采用抽测形式进行。

软信号采用通信方式上送，是硬触点信号的有效补充，其优势是连接方式简单，信号容量几乎没有限制。软信号时标一般由产生该信号的智能设备标记，如微机保护装置，由于智能设备的对时精度相对较低（微机保护装置对时精度要求小于 10ms），因此相比硬触点信号，软信号时标的精度略低。

尽管产生方式和上送途径不同，但站级层数据库系统对两种信号的处理和存储方式是相同的。软信号的测试方法比较简单，即在信号源处直接触发该信号，检查站级层显示是否正确即可，也可以配合监控对象传动试验时一起进行。对于智能装置的一些自诊断信号或经运算后得到的软信号，往往很难触发或触发时会同时产生多个信号（例如板件 CPU 或内存故障）。

b）全站统一同步对时系统测试。目前变电站普遍采用了全站统一同步对时系统，即全站所有需要同步对时信号的设备不再各自单独配置对时设备，而是统一接收同一套对时系统发出的同步信号。因此，在进行监控系统信号对时精度测试前，首先需要对站内统一同步对时系统发出的同步对时信号精度进行测试，只有在保证同步对时信号源精度满足要求的前提下，监控系统开关量信号对时精度及SOE分辨率测试才有意义。

4）控制功能调试。防误闭锁功能是变电站计算机监控系统的重要功能之一。

a）现场电气闭锁验证。变电站防误闭锁功能的实现包括硬件防误和软件防误两种，其中软件防误由计算机监控系统来实现，而硬件防误主要有现场机械闭锁和电气闭锁，其中机械闭锁由一次设备安装人员负责测试。在防误闭锁功能调试时，应先对现场电气闭锁进行详细验证，验证前应先把测控装置防误功能切至解锁状态，保证测控装置闭锁接点处于合闸位置，防止监控系统软件防误功能对电气闭锁验证工作产生影响。

在目前监控系统软件防误功能已非常完善和成熟的情况下，电气闭锁不应追求大而全，而应进行简化，尽量避免跨间隔的电气闭锁接线，特别是对于具备多种运行方式的一次设备(如隔离开关)，以免造成二次控制回路过于复杂而降低一次设备运行方式的灵活性。电气闭锁不仅对电动控制回路有效，对手动操作回路同样有效，因此应对一次设备的手动操作回路电磁锁的禁止/允许进行同步验证。由于500kV电压等级隔离开关和接地开关为分相操作，所以电气闭锁验证时应对每一相分别进行验证。

b）软件防误闭锁验证。软件防误闭锁验证主要包括远方遥控的电动隔离开关和接地开关防误闭锁功能验证，需现场手动操作的隔离开关和接地开关的电磁锁或编码锁防误闭锁功能验证，站级层虚拟挂牌或虚拟挂接地线工况下的防误闭锁功能验证。由于防误闭锁功能验证工作量非常大，而不同地区对防误闭锁功能的理解和要求各不相同，为避免返工影响工期，监控系统调试人员在调试之初就应与图纸设计单位和运行单位共同讨论和修改防误逻辑闭锁配置表内容，形成最终版本由各单位签字确认后原则上不再更改。

根据防误闭锁程序安装位置的不同，软件防误闭锁功能可分为站控层闭锁和间隔层闭锁两部分。在制定防误逻辑闭锁配置表时，应遵循以下原则：防误闭锁功能不能影响正常控制功能的实现，断路器作为非明显断开点处理，主变压器三侧接地开关和隔离开关相互闭锁；同一个遥控对象（不含断路器）的分闸与合闸操作的防误逻辑闭锁关系表内容应相同；站级层和间隔层的防误逻辑闭锁配置表内容均应具备完善的全站范围防误闭锁功能；站级层和间隔层的防误逻辑闭锁配置表内容应相同（站级层虚拟挂牌和接地线功能除外，如果要求站级层具备虚拟挂牌和虚拟挂接地线功能，则所有的虚拟挂牌点和虚拟接地线都应在该配置表中有完整而明确的体现）。

某变电站220kV第二串防误逻辑闭锁配置。其中0表示分位，1表示合位。例如，必须保证50212、50221隔离开关和502167接地开关均在分位且该线路无压的条件下，对线路接地开关5 021 617的遥控命令才会被执行。除此之外的各种反逻辑和不定态情况下均应被可靠闭锁。验证时应按照表格所示依次改变50212、50221、502167和线路电压的状态，检查此时监控系统防误闭锁功能是否正确。此外，还应把测控装置模件状态也作为闭锁条件。仍以5021617为例，5021617和50221分别属于5021和5022间隔测控装置，则当5022间隔测控装置故障死机时，监控系统无法获得50221的实际状态，对5021617的操作应被闭锁。实际验证时应在站级层计算机、间隔层测控装置和一次设备就地三处均安排人手，对每一个反逻辑，都要分别在站级层、间隔层和一次设备就地操作箱处进行验证。

软件防误闭锁功能不能影响隔离开关/接地开关的手动操作电磁锁回路。一般测控装置的闭锁接点不串联在电磁锁手动操作回路中，或者虽然串联在电磁锁手动操作回路中，但必须配备相应的解锁连接片。主要原因是当测控装置故障时，测控装置的闭锁触点会自动断开，这样无论是站级层、间隔层还是隔离开关现场，其电动控制回路均无法导通，这时如遇到紧急情况要操作，只能用摇杆手动操作，因此相应电磁锁回路不能被闭锁。

监控系统调试工期一般比较紧张，而调试需要满足的一、二次设备条件往往要较晚才能具备，给闭锁逻辑验证工作带来不便。实际验证时，不必强求隔离开关等一次设备必须已安装调试完毕才可以操作。隔离开关位置信息是由辅助触点传递的，只要把隔离开关连杆与上部脱开，隔离开关电动机运转时行程开关可以运动到位，隔离开关位置辅助触点显示正确即可进行验证；也可以用模拟小开关代替一次设备实际位置信息进行软件防误功能验证。等一次设备安装调试完毕后，只需对正逻辑和抽取的一条反逻辑实际操作验证即可。对于编码锁防误方式的验证，只需将所有编码锁集中在一起逐个验证即可。

由于站级层和间隔层的防误逻辑闭锁配置表内容应相同，因此可以把间隔层装置防误功能模块对每把闸刀操作禁止/允许的判断结果以虚遥信的方式上传至站级层，并显示在每把闸刀控制画面上，非常直观、明了，有助于防止运行人员误操作。如果间隔层装置不具备该功能，也可以通过闸刀控制命令输出触点同步触发双位置信号继电器的方式将禁止/允许信号以硬接点方式接入测控装置信号回路，以达到相同的效果。

变电站基建投运后要经历多次扩建（改造），扩建和改造过程中防误闭锁功能验证不可避免会涉及现场运行一次设备，是监控系统现场调试的危险点和难点。目前，比较妥当和安全的方式是先完成仅涉及扩建间隔内部的防误逻辑验证，然后结合一次设备停电安装（搭接）的机会完成跨间隔的防误闭锁功能验证（例如正母隔离开关与正母母线接地开关之间）。但涉及倒母操作的防误逻辑验证，由于正、副母线不可能同时停电，只能采取在相应间隔测控装置（如母联）上置位的办法来进行闭锁逻辑验证。

5）电压无功综合控制功能调试。电压无功综合控制（简称 AVQC）是计算机监控系统的高级应用功能模块，集成在监控系统站级层计算机软件中，其实质是一个多输入多输出的闭环自动控制系统，控制对象包括主变压器有载分接头挡位的自动调节和静态无功补偿设备（一般指并联电容器，对于 500kV 变电站还包括电抗器）的自动投退。AVQC 模块是监控系统所有功能模块中最复杂和调试难度最大的部分。

AVQC 功能调试前需要确定的内容有 3 个：控制策略、闭锁条件和相关定值。其中，控制策略和相关定值由调度部门提供，闭锁条件需要由设计人员提供并和现场调试人员及运行单位讨论和确定。控制策略通常用以二维坐标形式的区域运行状态图来表示，电压等级越高，状态区间划分越细，状态图的区域数量也越多，比较常见的是 9 域图、17 域图和 25 域图。一般 500kV 变电站使用 25 域图，而 220kV 及以下变电站使用 17 或 9 域图居多。控制策略不是一成不变的，而是要求能够根据调度的要求而进行更改。国内有些厂家在编写 AVQC 国内模块时已经内置了多个国内常用控制策略域图，可通过手动修改 AVQC 模块的相关控制字在多个控制策略中灵活切换，也可以采用条件触发方式来自动修改该控制字，达到自动切换的目的。这种切换方式多用于对不同季节有不同控制策略要求的场合。

在 AVQC 功能实际调试中，单台主变压器由于运行方式单一，AVQC 功能调试和验证工作量并不大，调试难度主要体现变电站内有两台或多台有载调压主变压器工况下的AVQC功能调试。这个难度有技术原因，也有非技术原因。当站内有多台有载调压主变压器时，在运行过程中这些主变压器可能有多种运行方式。如在某种运行方式下，某些变压器处于运行状态，而另一些变压器处于检修状态；参加运行的各变压器之间可并列运行，也可独立运行。AVQC模块为确定控制对象并进一步确定控制方式，首先必须对各变压器的运行方式进行识别。对于两台主变压器，有4种运行方式；对于3台主变压器，有13种运行方式，这是一个排列组合的游戏，变压器数量越多，运行方式越复杂，AVQC模块对运行方式的识别就越困难。500kV变电站都采用了3～4台主变压器的规划方案，因此相应的主变压器运行方式至少在13种以上，要在短时间内完成如此大工作量的调试和验证内容显然有困难。非技术原因是变电站的建设是一个长期的过程，站内多台主变压器不是一次性投运的，而是分期投运的。这样就带来一个问题，在变电站基建阶段只有1号主变压器，AVQC模块的设置只需考虑单台主变压器工况，无需考虑多台主变压器并列运行的工况。当后期有2号主变压器扩建时，AVQC模块的设置需要考虑并列工况，因此相应设置要修改，并重新对新老两台主变压器AVQC功能进行验证试验。但此时1号主变压器属于运行设备，作为变电站中最重要的一次设备，运行主管部门很难同意把已运行的主变压器交由现场调试人员进行并列运行工况下的AVQC功能测试，因为无法百分之百保证测试过程中不会有因AVQC程序模块问题导致运行主变压器事故跳闸的意外情况发生，这样会导致整个变电站失电。将运行主变压器退出运行交给现场试验更不可能。但如果不进行这项并列运行工况下的AVQC功能验证，调试人员无法出具监控系统AVQC功能正常可以投入运行的测试报告，这也是目前国内很多220kV和500kV变电站计算机监控系统都配备了AVQC功能模块，但真正投入闭环运行的却很少的原因。

对于因主变压器数量多造成运行方式识别困难和验证工作量大的问题，可以有以下三种解决方法。①第一种方法是人工设置运行方式，即由运行人员根据现场实际运行工况对主变压器运行方式进行判断并输入计算机，AVQC模块只需根据被告知的运行工况进行调节即可。②第二种方法是尽量简化主变压器运行工况识别判据，一般主变压器运行工况是根据主接线的开关状态来识别的，如主变压器三侧、母联、分段、旁路的开关状态，对于双母线结构，还要看主变压器母线闸刀状态。通过简化识别判据来减少运行方式数量，降低验证工作量。③第三种方法是变电站AVQC模块退出运行，而由调度主站端的区域无功控制模块来实现大区域内AVQC统一调节，这样同一变电站内的所有主变压器均可看成是同一区域内的并列运行主变压器，运行大大简化，这种方式比较适合220kV以下电压等级的变电站。

对于主变压器扩建过程中因运行主变压器不具备试验条件造成主变压器并列运行工况无法验证的情况，可以采取折中方案。①第一种方法是AVQC模块不采用闭环运行方式，而采用半闭环方式，即分接头不参与调节，仅对各主变器的电容电抗进行投退试验，因为主变压器扩建时运行主变压器所属电容电抗移交给现场做试验，不会对运行主变压器带来危险，调度一般都会许可。这样做虽然有载分接头调节功能无法启用，但AVQC功能不会被完全闲置。而且，近年来500kV变电站采用标准化设计后几乎都采用了无载变压器，分接头不可在线调挡，AVQC模块只能进行半闭环运行。②第二种方法是将一台运行有站级层实时数据库和AVQC模块程序的站级层计算机处于离线状态，这样数据库内所有信号状态都可人工设置而不会被刷新还原。用人工置数方式改变已运行的1号主变压器运行状态及其他所有需要改变状态的信号，完成两台或多台主变压器并列运行方式下的 AVQC 模块功能验证工作。只要扩建主变压器的控制命令输出正确无误，就可以保证该 AVQC 模块的正确性（因为运行的 1 号主变压器控制命令输出肯定是正确的）。

6）监控系统与微机保护装置通信功能调试。早期监控系统与微机保护装置之间的通信是将相同通信规约的微机保护装置的 RS-485 通信口并接后接入监控系统公用信息管理机的串行口。对于采用不同通信规约的微机保护装置，公用信息管理机就需要提供多个串行接口，并加载多个相应的通信接口程序。当变电站因扩建而增加微机保护装置数量时，需要将 RS-485 通信线并接到该保护装置，并在公用信息管理机数据库中添加相应地址号。目前，监控系统一般不再与保护装置直接通信，而是将采用相同通信规约的各保护装置 RS-485 通信口并接后先连到保护信息子站（目前很多保护已采用以太网方式与保护管理机通信），再由保护信息子站分别转发到监控系统公用信息管理机和保护信息主站。这样监控系统与保护系统之间只需一个串行口通信即可。需要注意的是采用该通信方式后，公用信息管理机中的保护装置地址是保护子站数据库中重新设置的转发地址，与保护装置实际地址可能会不一致。

保护报文信息上送方式可以分为两种，即点表映射方式和 ASCII 码直读方式。其中，点表映射方式需要在监控系统站级层计算机中建立对应的信息点表，即每个点号对应的信息描述要事先输入并存储在站级层计算机中，保护装置上传的告警信息以点号形式存在，站级层计算机收到该点号后再根据信息点表内容将告警信息翻译出来。这种方式的优点是通信程序编写简单，所需信息传输量小。缺点是信息点表编写麻烦，不同型号的保护装置要编写不同的信息点表文件，前期文字输入工作量较大；即使是同型号装置，当其软件版本升级后造成点表映射发生变化时，监控系统侧的相应点表文件也要进行同步修改，维护工作量非常大。目前，国产保护装置多采用点表映射方式。ASCII 码宣读方式多见于国外厂家产品，但其上传的全部是英文信息，并没有进行汉化处理，因此监控侧还要进行同步翻译，最终也变成了类似点表映射的方式，所不同的是点号由数字变成了英文 ASCH 码，程序编写和维护难度更大，翻译工作量也更大，因此不少监控系统厂家对此类报文干脆采用不做任何处理而直接转发的方式。这也是不少国外厂家保护装置上送至监控系统后台的报文信息均为英文的原因。这些英文报文信息对运行人员没有参考作用，而且干扰了运行人员对其他有用信息的关注，运行人员意见很大。对于这种情况，可以要求将这些信息不要出现在后台信息简报窗内，而直接存储至历史数据库中，既避免了对运行人员产生干扰，也方便对信息的查询。

经通信方式上传的保护信息种类和数量众多，对这些信息的验证工作量也非常大。为了提高效率，验证工作可以在继电保护传动试验时同步进行。对于点表映射方式上送的保护信息，由于保护装置版本升级频繁，其实际点表内容可能与保护装置说明书内容不一致，因此在编写点表文件时不要按照保护装置说明书提供的点表内容输入，而要以该保护装置现场打印出的点表信息为准。

目前，保护装置都具备保护定值的远程调看和修改功能，但出于安全考虑，定值远方修改功能通常被屏蔽。不过随着变电站无人值班模式的逐渐普及，该功能有可能在将来被应用。

7）监控系统与其他智能设备通信调试。调试内容包括监控系统与变电站直流系统、站级层 UPS、蓄电池（组）、小电流接地选线装置、站用电、电能计量系统（ERTU）及其他要求与监控系统有通信接口的智能设备（IED）的通信，监控系统与这些设备之间通常采用串行接口通信方式，只是需要上传的信息数量要少得多，通信规约大多较简单，不少采用了循环式通信规约。调试方式和微机保护装置通信调试相类似，这里不再重复。

8）网络性能测试及调试。

a）网络性能测试。早期监控系统间隔层装置采用串行接口点对点或现场总线方式进行通信，监控系统只有在站级层实现以太网通信，节点数量较少，网络数据流量不大，因此网络测试意义不大。随着总控单元的取消和间隔层设备普遍采用直接上网方式，网络节点数量和网络数据流量大大增加，网络拓扑结构也更复杂，因此有必要对监控系统网络做一个简单的网络性能测试。一般包括以下测试内容。

①网络基准测试：使用网络协议分析仪接入站级层网络交换机，统计正常运行状态下的网络协议种类、网络流量、网络负荷率及用户分布状态。

②网络负载率测试及主机 CPU 占用率测试：模拟事故状态，从间隔层以 30 点/s 的速度持续触发信号 30s（可将 30 个开入点并接），使用网络分析仪统计此刻网络各链路数据流量及网络负荷率，使用站级层主机系统自带诊断程序查看事故状态下的 CPU 占用率。

③网络吞吐能力测试：使用网络负载发生装置对各网络链路进行点对点数据发送，数据帧长度从 64B 逐渐增大到 1518B，使用网络分析仪检测在不同网络带宽下各链路的丢帧率。

④网络负载能力测试：使用网络负载发生装置对整个站级层网络发送广播报文，测试在不同广播报文网络负荷率条件下各网络节点 Ping 指令的平均响应返同时间和文件传输速率。使用网络负载发生装置对整个站级层网络发送广播报文，测试在不同广播报文网络负荷率条件下各网络节点间以 FTP 方式传输单个 500MB 大小的 ZIP 格式压缩文件所需的时间，重复 3 次，计算出平均传输速度。

间隔层设备硬件运算能力较低，因此网络吞吐能力一般较弱，上述负载能力和吞吐能力的测试一般仅针对站级层设备，否则间隔层设备很容易因网络负载太高而通信中断并最终失去响应能力，需要装置重新启动后才能恢复正常。如果负载是以广播方式进行传送，会导致整个间隔层所有装置失去响应能力。此外，目前不少高档交换机为限制网络风暴而对广播报文带宽作了限制（一般不超过 1MB），所以网络负载能力测试时广播方式可能会不可行，这时可以采用多播方式进行测试。

为保证运行变电站的运行安全，对于扩建和改造变电站工程，不建议进行网络吞吐能力和网络负载能力的测试。

b）网络调试。网络性能不仅与网络设备性能有关，与节点设备的整体性能也有很大关系。网络测试的目的找出网络瓶颈，并进行相应设置以消除瓶颈。早期监控系统网络多使用集线器（HUB）或无网管功能的交换机，随着计算机技术的发展和成本的降低，目前已被具有网管功能的交换机所取代。在网络交换机选型时，应选用带千兆端口的交换机，其中千兆端口用于间隔层与髓层之间的汇聚端口。目前的网络交换机硬件性能指标已经很高，在默认设置下其吞吐能力和网络带宽能够满足运行所需，因此网络性能测试不是监控系统调试的重点。另外，考虑到网络测试仿真仪器价格昂贵，不少调试单位并没有配备，这种情况下网络测试可以不做，但对于采用 IEC 61850 技术的数字化变电站，网络交换机的设置和调试工作是非常重要的。

对 CPU 和内存占用率的测试，可以使用站级层主机操作系统自带的诊断程序查看正常状态下的 CPU 和内存的占用率。

（2）引导问题 2：计算机监控系统远程联合调试。

随着电网规模的不断扩大和变电站数量的持续增长，电网的高速发展与运行人员相对不足的矛盾日益突出。目前，国内 110kV 及以下电压等级变电站普遍采取了无人值班模式，不少地区的 220kV 变电站也采用了该模式，500kV 变电站也已开始无人值班试点工作。与该模式相配套的是监控中心运行方式，运行人员通过监控中心对下辖变电站进行远方监视和遥控，当站内设备检修或故障时再派运行维护人员到现场。监控中心与变电站之间的通信方式与调度主站相同，不少地区的监控中心具备升级为备用调度主站的功能。变电站与监控中心之间的信息交互主要还是传统的遥信、遥测、遥控和遥调“四遥”信息。监控中心模式出现相对较晚，下辖变电站中有很大比例是运行变电站，运行设备远动信息的对点调试成了监控中心建设过程中的一大难点。此外，调度主站数据库系统升级换代时若新老数据库无法兼容或转换导人，远动数据库信息需重新核对，也会遇到同样的问题。

1）运行变电站远动信息对点调试的基本要求。运行变电站远动信息对点调试应满足以下基本要求：

a）保证站内设备的安全稳定运行，不允许因对点调试原因导致设备误操作或误动作情况发生。

b）不降低供电可靠性，尽可能减少设备停役时间，尤其是在用户对供电服务可靠性要求日益提高和进行电网运行同业对标的情况下。

c）全站对点调试的周期尽可能短，因为在没有完成该变电站内所有间隔对点调试之前，监控中心是无法对整个变电站实施真正监控的。

2）运行变电站远动信息对点调试方法。目前变电站远动信息对点调试主要有三种方式，即设备单独停电对点调试、结合其他设备停电机会对点调试以及不停电对点调试。

a）设备单独停电对点调试。这种方法要求被测间隔一次设备陪停，然后通过一、二次设备联动进行信息核。通过操作一次设备及实地信号触发进行遥信核对；通过在测控装置实际加载二次电流电压进行遥测信息核对；通过监控中心或调度主站端实际发令看被控对象是否正确动作的方式进行遥控和遥调核对。该方法的优点是安全性好，可一次完成所有信息核对，调试周期较短；缺点则是一次设备必须陪停，设备供电可靠性降低，调试工作量大，仅适用于新建变电站（或新扩间隔）及允许停电的变电设备。

b）结合其他设备停电机会对点调试。这种方法是结合一次设备或继电保护设备定期停电校验的机会进行远动信息核对。核对方法与设备单独停电对点相同。该方法不要求一次设备单独陪停，不会降低设备供电可靠性，且安全性较高；但缺点是必须被动等待一次设备停电机会，调试周期往往很长，调试效率很低，有的变电站全部间隔对点完成甚至需要数年时间。

c）不停电对点调试。当运行设备停电非常困难时，往往需要采用不停电对点调试方式。这种方式避免了运行设备停用，提高了供电可靠性，对系统无影响，但风险也是最大的。通过对不停电对点工作危险点的详细分析，保持清醒的认识，并有针对性地制定严密详尽的安全处理措施，以保证对点工作的安全性。

不停电对点调试时，遥信信息可通过在测控装置开入量端子上直接模拟触发的方式进行核对，遥测信息通过各运行间隔潮流数据的动态变化值进行核对。遥控和遥调命令的核对存在误控一次设备的可能，安全风险较高。

对监控中心遥控、遥调命令的流程分析后可以发现，遥控、遥调命令的正确实现需要同时具备以下 6 个条件。

1）集控站（监控中心）的主机数据库中一次设备遥控、遥调点号正确。

2）集控站（监控中心）防误闭锁程序判断该遥控命令防误逻辑条件满足要求，可以操作。

3）变电站远动装置数据库中一次设备遥控、遥调点号正确。

4）被控一次设备间隔的测控装置防误闭锁程序判断该遥控命令防误逻辑条件满足要可以操作。

5）被控一次设备的控制回路和操作回路接线正确无误。

6）被控一次设备的控制回路电源和操作回路电源带电。

以上 6 个条件中，第 4）和第 5）条对于运行变电站肯定满足要求，因此遥控对点工作其实就是对第 1）条和第 3）条中两个数据库遥控点号正确性的验证。如果第 1）条监控中心主机数据库或第 3）条远动装置数据库中遥控点号与一次设备间的对应关系发生了偏差，那么就有可能误控现象。

由于监控中心遥控命令需要上述 6 个条件同时满足才能成功，那么经分析后可以确定，最简单和最可靠的安全措施就是让第 6 个条件不满足，即断开控制回路电源和操作回路电源，当第 6 条不满足时即使数据库出错遥控（遥调）命令也不会最终出口。

综上所述，在对运行变电站进行集控站（监控中心）遥控（遥调）命令核对时可以考虑采用如下安全技术措施和操作流程：首先断开变电站内所有间隔的隔离开关、接地开关及主变压器有载分接头的控制回路电源和操作回路电源；断开测控装置屏柜端子排上断路器的控制电源正端接线，这样可以保证遥控（遥调）命令不会最终出口。然后，根据图纸找到测控装置命令开出接点在端子排上的位置，先在测控装置面板上直接对被控对象进行遥控操作，用万用表欧姆挡监视开出触点，如果该触点闭合，可以确认该触点实际位置与图纸一致，然后让监控中心对该断路器发出遥控命令，同样用万用表欧姆挡监视出口触点，如果该触点闭合，则监控中心对该遥控点的验证无误，可以继续进行下一个点的遥控对点。对于某些因为闭锁条件不满足而无法遥控出口的一次设备，可将该间隔 I/O 装置切至解锁状态后再连行遥控，也可以考虑在测控装置上对一次设备状态进行置位以满足闭锁条件。

学习情境（项目）总结

变电站计算机监控技术是利用现代自动化技术、电子技术、通信技术、计算机及网络技术与电力设备相结合，将变电站在正常及事故情况下的监测、控制及相关工作管理有机地融合在一起；完成调度厂站端遥测、遥信、遥控、遥调等“四遥”功能；力求供电最为安全、可靠、方便、灵活，经济，从而有效改善供电质量，提高服务水平，减少运行费用。

本情境以任务驱动为导向学习监控系统构成与功能使用，既有理论学习，又有技能训练。了解监控系统软硬件配置及其在系统中的作用；基于数据库在监控系统具有重要地位，掌握数据库的基本设置是有必要的；人机界面是主要的人机交流平台，良好的界面配置有助提高工作效率，应有根据变电站进出线等设备配置变化而修改图形界面的能力；了解监控系统基本功能，和日常运行操作与记录；具备一定的监控系统调试能力，有助了解监控系统的工作原理和提高人员的变电运行监视和控制能力。

复习思考

1. 变电站计算机监控系统的监控范围有哪些？
2. 变电站计算机监控系统实时数据库和历史数据库各有什么作用？
3. 简述人机界面的总体要求。
4. 简述变电站计算机监控系统的主要功能。
5. 变电站计算机监控系统要进行哪些防误闭锁功能调试？

参考文献

[1] 国家电网公司．国家电网公司生产技能人员职业能力培训通用教材　变电站综合自动化．北京：中国电力出版社，2010.
[2] 朱松林．变电站计算机监控系统运行维护．北京：中国电力出版社，2010.
[3] 路文梅．变电站综合自动化技术．3 版．北京：中国电力出版社，2012.

学习情境五　站内通信及远动功能调试

情境描述

描述变电站综合自动化系统站内通信和站与外部通信方式和原理，介绍了基本规约知识和远动装置调试；使学生认识 GPS 系统，远动装置并具有一定的操作能力。

教学目标

了解通信基础知识，了解变电站综合自动化系统站内各层之前的通信，对规约有初步认识，并认识 GPS 构成及工作原理和了解远动装置功能调试。

教学环境

多媒体教室、自动化实训室。

任务一　站内通信测试与使用

教学目标

认知变电站综合自动化系统中的通信内容；能够对通信设备进行测试；能够搭建、配置变电站内监控局域网。

任务描述

通过对变电站综合自动化系统中通信内容的认知，使学生具备能够搭建、配置变电站内监控局域网。

任务准备

站内通信和网络线路连接前的准备：

（1）测试技术资料的准备。测试串口通信方式时需要准备串口监视软件。

（2）工具、机具、材料、备品备件、试验仪器和仪表的准备。常用工具主要有万用表、螺丝刀、剥线钳、电烙铁。

调试和测试串口通信所需工具：DB-9 孔式接头，波士转换器，有串口的计算机，压线钳（制作冷压头）。

调试和测试现场总线通信所需工具：压线钳（制作冷压头）。

调试和测试网络通信所需工具：网络钳，网络检测仪。

任务实施

一、变电站综合自动化系统通信设备的测试

(一) 线缆接校及制作

1. 概述

非屏蔽双绞线（UTP线缆）内部由4对线组成，每一对线由相互绝缘的铜线拧绞而成，拧绞的目的是为了减少电磁干扰，双绞线的名称即源于此。每一根线的绝缘层都有颜色。一般来说其颜色排列可能有两种情况。

第一种情况是由4根白色的线分别和1根橙色、1根绿色、1根蓝色、1根棕色的线相间组成，通常把与橙色相绞的那根白色的线称作白橙色线，与绿色线相绞的白色的线称作白绿色线，与蓝色相绞的那根白色的线称作为白蓝色线，与棕色相绞的白色的线称作白棕色线。第二种情况是由8根不同颜色的线组成，其颜色分别为白橙（由一段白色与一段橙色相间而成）、橙、白绿、绿、白棕、综、白蓝、蓝。

注意：由于双绞线内部的线对均已经在技术上按照抗干扰性能进行了相应的设计，所以使用者切不可将两两相绞线对的顺序打乱，如将白绿色线误作为白棕色线或其他线等。

2. 三种UTP线缆的作用及线序排列

(1) 直连线。直连线用于将计算机连入到Hub或交换机的以太网口，或在结构化布线中由配线架连到Hub或交换机等。表5-1给出了根据EIA/TIA 568-B标准的直连线线序排列说明。EIA/TIA 568-B标准有时被称为端接B标准。

表5-1　　直连线线序排列

端1	白橙	橙	白绿	蓝	白蓝	绿	白棕	棕
端2	白橙	橙	白绿	蓝	白蓝	绿	白棕	棕

(2) 交叉线。交叉线用于将计算机与计算机直接相连、交换机与交换机直接相连，也被用于将计算机直接接入路由器的以太网口。表5-2给出了EIA/TIA568-B标准的交叉线线序排列。

表5-2　　交叉线线序排列

端1	白橙	橙	白绿	蓝	白蓝	绿	白棕	棕
端2	白绿	绿	白橙	蓝	白蓝	橙	白棕	棕

(3) 反转线。反转线用于将计算机连到交换机或路由器的控制端口，在这个连接场合计算机所起的作用相当于它是交换机或路由器的超级终端。表5-3给出了EIA/FIA 568-B标准的反转线线序排列。

表5-3　　反转线线序排列

端1	白橙	橙	白绿	蓝	白蓝	绿	白棕	棕
端2	棕	白棕	绿	白蓝	蓝	白绿	橙	白橙

3. 线缆接校及制作

（1）制作直连线。

1）取适当长度的UTP线缆一段，用剥线钳在线缆的一端剥出一定长度的线缆。

2）用手将4对绞在一起的线缆按白橙、橙、白绿、绿、白蓝、蓝、白棕、棕的顺序拆分开来并小心地拉直。

注意：切不可用力过大，以免扯断线缆。

3）按表5-1端1的顺序调整线缆的颜色顺序，即交换蓝线与绿线的位置。

4）将线缆整平直并剪齐，确保平直线缆的最大长度不超过1.2cm。

5）将线缆放入RJ-45插头，在放置过程中注意RJ-45插头的把子朝上，并保持线缆的颜色顺序不变。

6）检查已放入RJ-45插头的线缆颜色顺序，并确保线缆的末端已位于RJ-45插头的顶端。

7）确认无误后，用压线工具用力压制RJ-45插头，以使RJ-45插头内部的金属薄片能穿破线缆的绝缘层。

8）重复步骤1）～步骤7）制作线缆的另一端，直至完成直连线的制作。

9）用网线测试仪检查自己所制作完成的网线，确认其达到直连线线缆的合格要求，否则按测试仪提示重新制作直连线。

（2）制作交叉线。

1）按照制作直连线中的步骤1）～步骤7）制作线缆的一端。

2）用剥线工具在线缆的另一端剥出一定长度的线缆。

3）用手将4对绞在一起的线缆按白绿、绿、白橙、橙、白蓝、蓝、白棕、棕的顺序拆分开来并小心地拉直。

注意：不可用力过大，以免扯断线缆。

4）按表5-2端2的顺序调整线缆的颜色顺序，也就是交换橙线与蓝线的位置。

5）将线缆整平直并剪齐，确保平直线缆的最大长度不超过1.2cm。

6）将线缆放入RJ-45插头，在放置过程中注意RJ-45插头的把子朝下，并保持线缆的颜色顺序不变。

7）检查已放入RJ-45插头的线缆颜色顺序，并确保线缆的末端已位于RJ-45插头的顶端。

8）确认无误后，用压线工具用力压制RJ-45插头，以使RJ-45插头内部的金属薄片能穿破线缆的绝缘层，直至完成交叉线的制作。

9）用网线测试仪检查自己所制作完成的网线，确认其达到交叉线线缆的合格要求，否则按测试仪提示重新制作交叉线。

（3）制作反转线。

1）按制作直连线的步骤1）～步骤7）制作线缆的一端。

2）用剥线工具在线缆的另一端剥出一定长度的线缆。

3）用手将4对绞在一起的线缆按白橙、橙、白绿、绿、白蓝、蓝、白棕、棕的顺序拆分开来并小心地拉直，然后交换绿线与蓝线的位置。

4）将线缆整平直并剪齐，确保平直线缆的最大长度不超过1.2cm。

5）将线缆放入 RJ-45 插头，在放置过程中注意 RJ-45 插头的把子朝上，并保持线缆的颜色顺序不变。

6）翻转 RJ-45 头方向，使其把子朝上检查已放入 RJ-45 插头的线缆颜色顺序是否和表 5-3 中的端 2 颜色顺序一致，并确保线缆的末端已位于 RJ-45 插头的顶端。

7）确认无误后，用压线工具用力压制 RJ-45 插头，以使 RJ-45 插头内部的金属薄片能穿破线缆的绝缘层，直至完成反转线的制作。

8）用网线测试仪检查已制作完成的网线，确认其达到反转线线缆的合格要求，否则按测试仪提示重新制作线缆。

（二）装置通信参数设定

目前，对电网的监测和控制主要是通过变电站内的二次设备来实现的，利用通信技术来传输各装置监测数据和下达控制命令，是当今变电站综合自动化系统的主流方式。

在变电站运行的综合自动化系统内，所有的二次装置一般都要组成一个或多个通信网。装置的通信参数就是为了保证在同一通信网中的装置能够相互正常通信，不发生干扰和冲突，保证整个网络的数据交换。

1. 危险点预控及安全注意事项

（1）危险点分析。

1）引起进行参数设置的装置通信中断。

2）装置参数设置冲突，导致其他装置通信中断。

3）错误选择装置，导致错误修改装置的参数，引起本次操作范围以外的装置通信中断。

（2）安全注意事项。

1）测试前办理好相应工作票，保证工作地点、工作时间和工作组人员正确。

2）测试人员身体任何部位不要直接接触通信线金属部分，操作前测试人员将手接触可靠接地，保证身上静电完全释放。

2. 装置通信参数调试前的准备

（1）设备调试资料的准备：装置通信参数调试时需要准备相关图纸资料，包括网络结构图、设备说明书等。

（2）仪器、仪表及工器具的准备：笔记本电脑（Windows XP 或 Windows 2000 操作系统，串口及以太网接口）；RS-232 串口线及以太网直通网络线；组态软件。

（三）设置通信方式和参数

（1）IP 地址（网址）。网络通信中的 IP 地址作用相当于上面两种通信方式的地址，只是更为复杂一点。IP 地址由 4 个字节 32 位构成，此外，还要设置 4 个字节 32 位的子网掩码，用来表明 32 位 IP 地址中哪些位表示网络地址，哪些位表示机器地址。另外，在复杂的网络中，如果需要路由，还要设置网关地址。

（2）端口号。这里是指逻辑意义上的端口号，即 TCP/IP 和 UDP/IP 协议中规定端口，范围 0～65535。一般的网络通信规约都将端口号规定了，如 104 规约的端口号就是 2404。

一、变电站综合自动化系统数据通信的内容

变电站综合自动化系统的数据是如何通信的，变电站一次系统的电流、电压、开关位

置、开关状态是如何传送到综自后台的，而综合自动化系统发出的遥调、遥控命令又是如何传送到测控装置以至于使开关设备动作的，这都需要通信系统的支持。变电站综合自动化系统数据通信包括：一是综合自动化系统内部各子系统的通信；二是监控系统与控制中心间的通信。

（一）综合自动化系统内部通信

变电站间隔层的基本测控单元，例如继电保护单元、测控单元、四合一保护及测控单元与变电站层之间的通信。这一层次的通信内容最多、最丰富，概括起来有以下三类：

（1）测量及状态信息：正常和事故情况下的测量值，断路器、隔离开关、主变压器分接开关位置，保护信息。

（2）操作信息：断路器和隔离开关的分合命令，主变压器分接开关位置调节信息；保护、自动装置投退信息。

（3）参数信息：保护和自动装置的定值整定。

（二）综合自动化系统与调度中心的通信

综合自动化系统具有与调度中心或集控站通信的功能，不另设独立的远动装置，而由综合自动化中监控系统的后台机（或称上位机）或通信控制机（即分布式网络中的总控单元）执行远动功能，把变电站测量的模拟量、电能量、状态信息和SOE等信息传送到控制中心。

变电站不仅要向控制中心发出测量和监视信息，而且要从上级调度接收数据和控制命令，如断路器、隔离开关操作命令，在线修改保护定值，召唤实时运行参数，从全系统考虑电能质量、潮流和稳定的控制等，这些功能的实现对电力系统稳定运行带来极大好处。

二、变电站综合自动化系统中数据通信的传输介质

传输介质主要是指计算机网络中发送和接收者之间的物理通路，传输介质分为有线介质和无线介质两大类。其中有通信电缆，也有无线信道如微波线路和卫星线路。而局域网的典型传输介质是双绞线、同轴电缆和光缆。

通信线缆是指在通信过程中用来传输各种信号的传输介质，一般包括电话线、网线、光纤、光缆等。常见的网线主要有双绞线、同轴电缆、光缆三种。而其中双绞线按照是否有屏蔽层又可以分为屏蔽双绞线（shielded twisted pair，STP）和非屏蔽双绞线（unshielded twisted pair，UTP）。STP线缆抗干扰性较好，但由于价格较贵，因此采用的不是很多。目前布线系统规范通常建议采用UTP线缆进行水平布线，而将光纤用作主干线缆，同轴电缆已经不再推荐使用。

（一）双绞线

双绞线是两根绝缘导线互相绞接在一起的一种通用的传输介质，它可减少线间电磁干扰，适用于模拟、数据通信。在局域网中，UTP已被广泛采用，其传输速率取决于芯线质量、传输距离、驱动和接收信号的技术等。UTP线缆按照性能与作用的不同可以分为1类、2类、3类、4类、5类、超5类线和6类线，其中适用于计算机网络的是3类、5类和6类UTP线缆。如令牌环网采用3类UTP，传输速率最高可达16Mbit/s，10BASE-T采用的三类UTP速率达10Mbit/s，100BASE-T采用的5类UTP传输速率达100Mbit/s。5类UTF线缆的传输速率为10～100Mbit/s，阻抗为1000Ω，线缆的最大传输距离为100m。增强型5类UTP线缆通过性能增强设计后可支持1000Mbit/s的传输速率，又被称为超5类或5e线。6类UTP线缆的标准已经于2003年颁布，这是专为1000Mbit/s传输制定的布线标准。

UTP价格较低，传输速率满足使用要求，适用于办公大楼、学校、商厦等干扰较小的环境中使用，STP适用于噪声大、电磁干扰强的恶劣环境中使用，尤其是变电站内，所以变电站综合自动化系统中的通信介质多选STP。

（二）同轴电缆

同轴电缆由一空心金属圆管（外导体）和一根硬铜导线（内导体）组成。内导体位于金属圆管中心，内外导体间用聚乙烯塑料垫片绝缘。在局域网中使用的同轴电缆共有75、50Ω和93Ω三种。RG59型75Ω电缆是共用天线电视系统（CATV）采用的标准电缆，它常用于传输频分多路FDM方式产生的模拟信号，频率可达300～400MHz，称作宽带传输，也可用于传输数字信号。50Ω同轴电缆分粗缆（RG-8型或RG-11型）和细缆（RG-58型）两种。粗缆抗干扰性能好，传输距离较远，细缆价格低，传输距离较近，传输速率一般为10Mbit/s，适用于以及网。RG-62型93Ω电缆是Arcnet网采用的同轴电缆，通常只适用于基带传输，传输速率为2～20Mbit/s。

（三）光缆

光缆是光纤电缆的简称，是传送光信号的介质，它由纤芯、包层和外部一层的增强强度的保护层构成。纤芯是采用二氧化硅掺以锗、磷等材料制成，呈圆柱形。外面包层用纯二氧化硅制成，它将光信号折射到纤芯中。光纤分单模和多模两种，单模只提供一条光通路，多模有多条光通路，单模光纤容量大，价格较贵，目前单模光纤芯连包层尺寸约8.3/125μm，多模纤芯常用的为62.5/125μm。光纤只能单向传输，如需双向通信，则应成对使用。

光缆是目前计算机网络中最有发展前途的传输介质，它的传输速率可高达1000Mbit/s，误码率低，衰减小，传播延时很小，并有很强的抗干扰能力，适宜在泄漏信号、电气干扰信号严重的环境中使用。光缆适用于点-点链路，所以常应用于环状结构网络。缺点是成本较高，还不能普遍使用，变电站综合自动化系统内的主干通信网多采用光缆，如保护小室之间以及保护小室与主控室之间。

三、访问控制方式

访问控制方式是指控制网络中各个节点之间信息的合理传输，对信道进行合理分配的方法。目前在局域网中常用的访问控制方式有三种：带冲突检测的载波侦听多路访问（CS-MA/CD）；令牌环（token ring）；令牌总线（token bus）。以太网（ethernet）最初是美国Xerox公司和Stanford大学合作于1975年推出的一种局域网，它就是采用带冲突检测的载波侦听多路访问技术构成的局域网。以后由于微机的快速发展，DEC、Intel、Xerox三公司合作于1980年9月等一次公布Ethernet物理层和数据链路层的规范，也称DIX规范。IEEE802.3就是以DIX规范为主要来源而制定的以太网标准。以太网具有传输速率高、网络软件丰富、安装连接简单、使用维护方便等优点，所以已成为国际流行的局域网标准之一，而目前变电站综合自动化系统通信大多采用以太网的形式。

四、局域网络技术在变电站综合自动化中的应用

局部网络（local network）是一种在小区域内使各种数据通信设备互联在一起的通信网络。局域网从20世纪60年代末70年代初开始起步，已越来越趋于成熟，其主要特点是形成了开放系统互联网络，网络走向了产品化、标准化；许多新型传输介质投入实际使用，以数据传输速率达1000Mbit/s的以光缆为基础的FDDI技术和双绞线为基础的1000BASE-T等技术已日趋成熟，投入商用；局域网的互联性越来越强，各种不同介质、不同协议、不同

接口的互联产品已纷纷投入市场；微计算机的处理能力增强很快，局域网不仅能传输文本数据，而且可以传输和处理话音、图形、图像、视像等媒体数据。局部网络可分成两种类型：①局部区域网络，简称局域网（LAN）；②计算机交换机（CBX）。局域网是局部网络中最普遍的一种。

单片机技术和局域网络技术的发展，为变电站综合自动化系统的结构向分散式发展创造了有利的条件。分散式综合自动化系统在可适应性、可扩展性和可维护性等方面优于集中式的系统。局域网络为分散式的系统提供通信介质、传输控制和通信功能的手段。

局域网络的某些典型特性是：①高数据传输速率，0.1～100Mbit/s；②短距离，0.1～25km；③低误码率，10^{-11}～10^{-8}。

互联和通信是局域网络的核心。网络的拓扑结构和传输介质、传输控制和通信方式是局域网络的四大要素。

任务二　远动规约认知

教学目标

能说明常用的通信规约的含义、应用范围、基本格式；能生成规约类型配置及转发表。

任务描述

通过对常用变电站通信规约的含义与应用范围的说明，使学生具备对不同规约体系结构的分析。

任务准备

一、远动信息

在变电站综合自动化系统中遥测、遥信、遥控及遥调功能到底是怎么实现的，这些信息是怎么组织的，传输过程中是怎么保证信息传输的准确性的，还必须了解信息的组织和检错纠错的工具。电力系统远动装置是远距离传送电力系统信息，以实现对远方厂、站进行监控的设备，是调度自动化系统的一个重要组成部分。远动系统中的遥测、遥信、遥控及遥调功能是实现调度控制中心实时监视和控制电力系统各厂、站运行设备的基本要求。远动信息就是远动系统中远距离传送的遥测、遥信、遥控、遥调信息。

远动信息所包含的基本内容有遥信、遥测、遥控和遥调信息。遥测和遥信信息在远动系统中称为上行信息，它们的传送方向是由厂站向调度主站传送，下级调度向上级调度传送。遥控和遥调信息在远动系统中称为下行信息，它们的传送方向与上行信息相反，即由调度主站向厂站传送，上级调度向下级调度传送。

二、电力系统通信的常见规约

在电力自动化系统中，调度端与厂站端之间为了有效地实现信息传输，收发两端需预先对数据传输速率、数据结构、同步方式等进行约定，将这些约定称为数据传输控制规程，简称为通信规约。

目前主要使用的通信规约可分为循环传送式规约和应答式规约两种。

（1）循环传送式规约。循环传送式规约是一种以厂站端 RTU 为主动端，自发地不断循环向调度中心上报现场数据的远动数据传输规约。在厂站端与调度中心的远动通信中，RTU 周而复始地按一定规则向调度中心传送各种遥测、遥信、电能量、事件记录等信息。调度中心也可以向 RTU 传送遥控、遥调命令以及时钟对时等信息。在循环传送方式下，RTU 无论采集到的数据是否变化，都以一定的周期周而复始地向主站传送。

循环方式独占整个通道（称点对点方式），调度中心与各 RTU 皆由放射式线路相联。为保证可靠性，循环传送方式还要有主、备两种信道，信道投资较大。

（2）应答式规约。应答式规约适用于网络拓扑是点对点、多点对多点、多点共线、多点环形或多点星形的远动通信系统，以及调度中心与一个或多个远动终端进行通信。通道可以是双工或半双工，信息传输为异步方式，允许多台 RTU 共线一个通道。在问答方式下，主站查询 RTU 是否有新的数据报告，如果有，主站请求 RTU 发送更新的数据，RTU 以新的数据应答。通常 RTU 对于数字量变化（遥信变位）优先传送，对于模拟量，采用变化量超过预定范围时传送。

应答式规约是一个以调度中心为主动的远动数据传输规约。RTU 只有在调度中心主站发出查询命令以后，才向调度中心发送回答信息。调度中心主站按照一定规则向各个 RTU 发出各种询问报文。

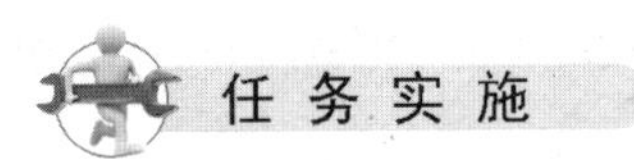

变电站各种智能设备通过不同的通信规约将变电站内智能设备采集的信息，送至变电站综合自动化系统和当地后台，并转送至调度中心，让变电站值班人员、调度值班人员能准确掌握变电站智能设备的遥信、遥测、遥脉等信息。因此，智能设备在通信过程中选择规约时，应统筹考虑，选择在多个现场长期运行过的、数据能长期稳定传输、抗干扰能力强的规约。

一、智能设备规约介绍

1. 规约结构

规约的结构一般由报文头、信息体、结束码组成。

（1）报文头：主要由同步字符、报文长度、地址、报文类型等组成。同步字符用于定位报文的起始并起到防止误码干扰的作用；报文长度用于界定报文内容（信息体）；地址用于标识发出报文的源设备及该报文的目的设备；报文类型用于标识该报文的数据类型或结构类型。

（2）信息体：主要由信息类别、信息个数、信息索引、信息、附加信息组成。信息类别用于标识信息的类别；信息个数用于标识信息体内所含单个信息的个数；信息索引用于标识单个信息的顺序索引号；信息是按规约的定义表达出来的约定的数据；附加信息一般为时标、状态码等，用于说明特定的信息内容。

（3）结束码：一般由校验码和结束符组成。校验码一般有和校验、CRC 校验等，用于接收方对整个报文进行正确性校验用；结束符用于标识报文的结束。

2. 规约报文分析实例

（1）IEC 103 规约报文分析。IEC 103 规约类型为问答式。报文结构分析如下（十六进制）：

S：10 5A 36 90 16

R：68 0E OE 68 28 36 01 81 09 36 F2 BE 01 06 4F 11 10 00 46 16

其中，S代表查询，R代表应答。

1）S报文中：

10 SA 36为报文头；10为同步字符；5A为报文类型，表示查询一级数据；36为查询的目的地址。

90 16为结束码；90为和校验码（5AH+36H=90H）；16为结束符。

2）R报文中：

68 0E 0E 68 28 36为报文头。68为同步字符；0E 0E为报文长度和长度的重复，报文长度0E（14）指从报文类型至信息体之间的字节数；表示报文的应接收字节数为14+4+2=20；68为同步字符的重复；28为报文类型，表示数据报文并有一级数据；36为地址，表示报文由地址为36H的源设备发出。

01 81 09 36 F2 BE 01 06 4F 11 10 00为信息体；01为信息类别，表示带时标的信息类别；81表示含有一个该类信息；09为原因，表示报文由总查询引发；36为设备源地址；F2BE表示信息的索引号；01为双点信息，表示状态为分；06 4F 11 10为时标；00为附加信息。

4616为结束码；46为和校验码（十六进制下28 36 01 81 09 36 F2 BE 01 06 4F 11 10 00的和为346，取单个字节46）；16为结束符。

（2）CDT规约报文分析。CDT规约类型为循环式。报文结构分析如下（十六进制）：

S：EB 90 EB 90 EB 90 71 F4 01 01 02 28 F0 40 00 04 06 2B

其中，S代表发送。

EB 90 EB 90 EB 90 71 F4 01 01 02 28为报文头；EB 90 EB 90 EB 90为同步字符；71为控制字；F4表示报文类别为遥信；01表示信息体为一个；01 02表示源站址为01，目的站址为02；28为71 F4 01 01 02的单字节CRC校验码。

F0 40 00 04 06 2B为信息体；F0表示遥信的起始功能码为F0，按协议即第一组遥信；40 00 04 06表示具体的遥信信息；2B为F0 40 00 04 06的单字节CRC校验码。

3. 智能设备入网方式

变电站里的第三方智能电子设备均需通过规约转换器才能接入站控层网络，将信息上送给变电站监控后台及远动通信管理机。

（1）串口的智能电子设备需通过串口扩展板接入。

（2）网口的智能电子设备需通过CPU板的网络口接入。

二、智能设备规约选用

1. 常见的智能设备规约标准

常见的智能设备规约标准有以下几种：IEC 103：问答式规约、IEC 102：问答式规约、IEC 101：问答式规约、IEC 104：问答式规约、DL 645：问答式规约、MODBUS：问答式规约、CDT：循环式规约、其他厂家自定义规约等。

2. 规约选用的原则

（1）按通信介质选择。一般不采用现场总线方式与智能设备进行通信，除非通信双方都是同一个厂家。

对于采用 RS-232 串口方式的通信而言，可以选择问答式、循环式类型的通信规约。一般只适用于点对点的通信模式。

对于采用 RS-422 串口方式的通信而言，可以选择问答式、循环式类型的通信规约。如果采用一对多的通信模式，则须选用问答式规约。

对于采用 RS-485 串口方式的通信而言，只能选择问答式类型的规约。

对于采用网络方式的通信而言，如果采用 UDP 广播协议或组播协议，一般采用问答式规约。

对于采用网络方式的通信而言，如果采用 UDP/IP 或 TCP 协议，可采用问答式、循环式规约。

（2）按通信模式选择。点对点的通信模式，可以选择问答式、循环式规约。一对多的通信模式，在没有冲撞检测功能的通信介质上，必须选择问答式规约。

（3）按通信质量选择。通信质量较好的情况下，可以选择问答式或循环式规约。通信质量较差的情况下，应该选择问答式规约。

（4）按数据要求选择。如果数据的完整性要求比较高，应该尽量选择问答式规约。如果数据的实时性要求比较高，可考虑选择循环式规约。

（5）按设备类型选择。

IEC 103 规约一般适用于变电站内保护装置、普通智能设备通信，应用范围较大。

IEC 102 规约一般适用于电能采集器设备的通信。

IEC 101 规约一般适用于调度端与站端的通信，通信模式为串行口。

IEC 104 规约一般适用于调度端与站端的通信，通信模式为网络模式，对网络的要求较高，实时性也较高。

DL 645 规约一般适用于和电度表或电能采集器通信。

MODBUS 规约一般适用于和普通智能设备通信，应用范围较大。

CDT 规约一般适用于和普通智能设备通信，应用范围较大，数据容易丢失。

厂家自定义规约应该尽量避免，兼容性较差。

相关知识

一、基本远动任务配套标准 IEC 60870-5-101 简介

从 20 世纪 90 年代以来，国际电工委员会 TC-57 技术委员会为适应电力系统及其他公用事业的需要，制定了一系列远动传输规约的基本标准，这些规约共分 5 篇，即：

IEC 60870-5-1 远动设备及系统　第 5 部分　传输规约　第一篇　传输帧格式（1990 年）

IEC 60870-5-2 远动设备及系统　第 5 部分　传输规约　第二篇　链路传输规则（1992 年）

IEC 60870-5-3 远动设备及系统　第 5 部分　传输规约　第三篇　应用数据的一般结构（1992 年）

IEC 60870-5-4 远动设备及系统　第 5 部分　传输规约　第四篇　应用数据的定义和编码（1993 年）

IEC 60870-5-5 远动设备及系统　第 5 部分　传输规约　第五篇　基本应用功能（1995 年）

IEC 60870-5-101（基本远动任务配套标准）针对 IEC 60870-5 基本标准中的 FT1.2 异

步式字节传输（asynchronous byte transmission）帧格式，对物理层、链路层、应用层、用户进程做了大量具体的规定和定义。IEC 60870-5-101 所定义的基本应用功能允许在其定义的范围内根据具体情况和要求作适当选择。为了使兼容远动设备之间能进行互换，IEC 60870-5-101 还对类型标识和传送原因等规定了严格的定义，也允许在其定义之外由制造厂和用户另行定义，但对其严格定义的内容，兼容远动设备不得违反。

DL/T 634.5101—2002《远动设备及系统 第5101部分 传输规约 基本远动任务配套标准》（IEC 60870-5-101：2002V2）标准等同采用 IEC 60870-5-101《远动设备及系统 第5部分 传输规约 第101篇 基本远动任务配套标准》（2002）。在编写过程中，经广泛征求意见，并结合我国国情对 IEC 60870-5-101 主要在以下方面进行了选择：

（1）全部采用 IEC 60870-5-101 中对物理层、链路层、非平衡传输规则、基本应用功能所做的定义和规定，并对多点共线方式在功能方面，根据 IEC 60870-5-5 的要求做了具体规定。在传输规则中对超时时间选取了 IEC 60870-5-2 中的匹配超时时间。

（2）对 IEC 60870-5-101 中有关应用数据结构、应用信息元素定义和编码、应用服务数据单元的定义和表示的规定，仅从其中选取了一个子集。

（3）根据 IEC 60870-5-2 链路传输规则中的平衡式链路传输规则，对子站的事件启动触发传输做了具体化的工作。

基本远动任务配套标准 IEC 60870-5-101 一般用于变电站远动设备和调度计算机系统之间，能够传输遥测、遥信、遥调，保护事件信息、保护定值、录波等数据。其传输介质可为双绞线、电力线载波和光纤等，一般采用点对点方式传输，信息传输采用平衡方式（主动循环发送和查询结合的方法）。该协议年输送数据容量是 CDT 协议的数倍。可传输变电站内包括保护和监控的所有类型信息，因此可满足变电站自动化的信息传输要求。目前该标准已经作为我国电力行业标准推荐采用，且得到了广泛的应用，该协议也被推荐用于配电网自动化系统进行信息传输。

IEC 60870-5-101 远动规约常用的信息体元素类型包含信息体地址的信息体标识单元，加上信息体元素和信息体时标（如果存在）构成了 101 规约报文中最重要的信息体。

作为国家电力行业新的远动通信标准，101 规约将在今后一段时间内逐步被贯彻，取代原部颁 CDT 规约的地位。

二、电能累计量传输配套标准 IEC 60870-5-102 简介

IEC 60870-5-102 主要应用于变电站电量采集终端和电能量计量系统之间传输实时或分时电能量数据，是在 IEC 60870-5 基本标准的基础上编制成的，对物理层、链路层、应用层、用户进程做了许多具体的规定和定义。制定此配套标准的目的是为了适应电力市场，满足电能量计量系统的传输电能累计量的需要，并使电力系统中传输电能累计量的数据终端之间达到互换性和互操作性的目的。如果电能量计量系统中的主站通过调制解调器或者网络直接访问电能累计量表计读电能累计量时，电能累计量表计应提供该标准所规定的传输规约的接口。国内版本为 DL/719—2000《远动设备及系统 第5部分 传输规约 第102篇 电力系统电能累计量传输配套标准》。

三、继电保护设备信息接口配套标准 IEC 60870-5-103 简介

IEC 60870-5-103 是将变电站内的保护装置接入远动设备的协议，用以传输继电保护的所有信息。该规约为继电保护和间隔层（IED）与变电站层设备间的数据通信传输规定了标

准，国内版本为DL/T 667—1999《远动设备及系统　第5部分　传输规约　第103篇　继电保护设备接口配套标准》。

四、采用标准传输协议子集的IEC 60870-5-101网络访问（IEC 60870-5-104）简介

IEC 60870-5-104是将IEC 60870-5-101以TCP/IP的数据包格式在以太网上传输的扩展应用。随着网络技术的迅猛发展，为满足网络技术在电力系统中的应用，通过网络传输远动信息，IEC TC57在IEC 60870-5-101基本远动任务配套标准的基础上制定了IEC 60870-5-104传输规约，采用IEC 60870-5-101的平衡传输模式，通过TCP/IP协议实现网络传输远动信息，它适用于PAD（分组装和拆卸）的数据网络。

五、IEC 61850变电站自动化系统结构和数据通信的国际标准简介

为了满足经济社会发展的新需求和实现电网的升级换代，以欧美为代表的各个国家和组织提出了“智能电网”概念，各国政府部门、电网企业、装备制造商也纷纷响应。智能电网被认为是当今世界电力系统发展变革的新的制高点，也是未来电网发展的大趋势。

国际电工委员会（IEC），IEC的标准化管理委员会（SMB）组织成立了“智能电网国际战略工作组（SG3）”，由该工作组牵头开展智能电网技术标准体系的研究；IEC SG3确定的5个核心标准：

IEC/TR 62357　电力系统控制和相关通信，目标模型、服务设施和协议用参考体系结构；

IEC 61850　变电站自动化

IEC 61970　电力管理系统—公共信息模型（CIM）和通用接口定义（GID）的定义

IEC 61968　配电管理系统—公共信息模型（CIM）和用户信息系统（CIS）的定义

IEC 62351　安全性

IEC 61850是新一代的变电站自动化系统的国际标准，它是国际电工委员会（IEC）TC57工作组制定的《变电站通信网络和系统》系列标准，是基于网络通信平台的变电站自动化系统唯一的国际标准。此标准参考和吸收了已有的许多相关标准，其中主要有：IEC870-5-101远动通信协议标准；IEC870-5-103继电保护信息接口标准；UCA2.0（utility communication architecture 2.0）（由美国电科院制定的变电站和馈线设备通信协议体系）；ISO/IEC 9506制造商信息规范MMS（manufacturing message specification）。

IEC 61850是一个关于变电站自动化系统结构和数据通信的国际标准，其目的是使变电站内不同厂家的智能电子设备（IED）之间通过一种标准（协议）实现互操作和信息共享。电力行业尤其是变电站环境对数字化网络通信的要求是非常苛刻的。按照IEC 61850系列标准的要求，工业以太网交换机产品至少要满足其中的功能性要求、电磁兼容设计要求、宽温环境要求和机械结构验证等四大类要求。

功能性方面，最重要的至少有两点，一是要求工业以太网交换机能够支持快速转发和QoS服务质量以保证IEC 61850标准中重要的GSE/GOOSE数据包得到实时的传输，并且能够支持组播通信管理IGMPsnooping。二是工业以太网交换机必须能够支持构建冗余的网络拓扑例如环网架构以提高拓扑的可靠性，并且同时能够提供极短的网络故障恢复时间。此外还包括像VLAN、优先级和快速生成树等技术功能测试要求。

IEC 61850标准总结了变电站内信息传输所必需的通信服务，设计了独立于所采用网络和应用层协议的抽象通信服务接口（ASCI）。在IEC 61850-7-2中，建立了标准兼容服务器所必须提供的通信服务的模型，包括服务器模型、逻辑设备模型、逻辑节点模型、数据模型和数据集模型。客户通过 ACSI，由专用通信服务映射（SCSM）映射到所采用的具体协议栈，例如制造报文规范（MMS）等。IEC 61850 标准使用 ACSI 和 SCSM 技术，解决了标准的稳定性与未来网络技术发展之间的矛盾，即当网络技术发展时只要改动 SCSM，而不需要修改 ACSI。

任务三　远动装置功能调试

教学目标

认识 GPS 构成及工作原理，能够判断 GPS 设备是否对时准确；能正确识别系统监视报文，包括串口报文、网络报文等进行监控系统维护；能进行监控系统通讯网络测试。

任务描述

通过对变电站综合自动化的认知，使学生具备变电站综合自动化系统中远动装置功能调试的能力。

任务准备

1. 远动装置

变电站综合自动化系统采集的信息和接受的操作命令要传送到调度端，远动装置就必不可少了，远动装置是调度自动化系统终端基础设备。它安装于各发电厂、变电站内，负责采集所在发电厂或变电站表征电力系统运行状态的模拟量或数字量，监视并向调度中心传送这些模拟量或数字量，执行调度中心发往所在发电厂或变电站的控制和调节命令。

2. GPS 在电力系统的作用

目前，我国电网已初步建成以超高压输电、大机组和自动化为主要特征的现代化大电网。它的运行实行分层控制，设备的运行往往要靠数百千米外的调度员指挥；电网运行瞬息万变，发生事故后更要及时处理，这些都需要统一的时间基准。为保证电网安全、经济运行，各种以计算机技术和通信技术为基础的自动化装置广泛应用，如调度自动化系统、故障录波器、微机继电保护装置、事件顺序记录装置、变电站计算机监控系统、火电厂机组自动控制系统、雷电定位系统等。这些装置的正常工作和作用的发挥，离不开统一的全网时间基准。有了统一精确的时间，既可实现全厂（站）各系统在 GPS 时间基准下的运行监控，也可以通过各开关动作、调整的先后顺序及准确时间来分析事故的原因及过程。统一精确的时间是保证电力系统安全运行，提高运行水平的一个重要措施。

任务实施

一、设备间的电缆连接

远动设备安装过程中，首先必须完成各种设备之间的电缆连接，从而保证数据汇集后再向远方传送。远动主机是传送给调度中心数据的远程终端，其中负责数据转发的设备部分必须可以接收站内所有设备采集的数据，因此远动主机负责收集数据的设备与站内其他设备的连接要有专门的数据网络，通常称之为站控层网络。目前常用的远动主机设备基本上都可以通过站控层以太网从站内其他装置处得到遥信、遥测等测量信息，同时也可以把调度下发的控制命令通过以太网转发给其他装置。站内其他分散的数据采集装置、智能设备之间的通信也大量使用串口和现场总线方式。对于站控层网络的通信，如果距离较短则直接使用八芯以太网双绞线连接至同一台交换机；如果设备距离较远，则需要使用光纤通信方式接入交换机。在距离较远但又不方便敷设光纤，或者考虑到费用因素时，也可以使用双绞线连接，但中间必须增加中继交换机进行信号放大。在选择双绞线时应当选择专业厂家生产的高质量双绞线，双绞线内应包含抗干扰的屏蔽层。同时在制作双绞线的 RJ-45 插头时，也应当采用标准的线序进行压制，这样可以达到最好的抗干扰效果，以保证通信质量。

在完成变电站远动数据网络的连接后，便可以进行远动主机与通信设备电缆的连接。传统的模拟通道使用微波、载波、光端、扩频等设备传输，一般用四线 E/M 通路中的收发通路。对于常用的模拟通道连接，自动化设备先提供一个 RS-232 或 RS-422 方式通信的串行接口，串口发出的数字信号经过 Modem 转换为音频信号后，再通过四芯屏蔽电缆接入通信配线柜，经通信处理后向远方调度中心发送。

如果使用光纤调度数据网与调度中心通信，则远动主机必须提供至少一个标准的 RJ-45 以太网接口，该以太网接口应当 10M/100M 速度自适应。如果远动主机是双机冗余配置，则两个远动主机应各提供一个 RJ-45 以太网接口，如两个以太网接口需要连接同一个调度数据网的话，必须通过一个交换机进行数据传输。假如一个厂站同时与多个调度系统使用网络（IEC104 规约）通信，就必须对各个调度系统的数据之间就需要进行必要的隔离，一般是在交换机上划分多个虚拟的局域网，划分后的不同虚拟网之间的数据无法传输。远动主机的以太网口可以和多个调度的数据网口划分在一起进行数据交换。从交换机出来的以太网线需要经过路由器正式进入调度光纤数据网，所以交换机和路由器之间也必须要有可靠的双绞线连接，路由器中的配置必须按照实际的要求进行设置才能使数据顺利通过，从路由器出口处再用一条双绞线连接至通道终端柜的指定接线口。有关交换机和路由器的配置记录应在设备的安装调试记录中进行说明。

另外，为了方便日后的维护和故障检查，每条通信电缆的起始和终止位置都应该带有明确的标示牌，标明电缆的走向。如果是通过电缆沟进行远距离连接的数据线，为保护电缆不被损坏，还应当增加必要的保护措施，如穿防火的 PVC 管等。

二、设备的安装和调试

设备的安装，一般是指把设备固定在指定的位置，连接好设备的工作电源线和各种通信连接线，使其能够正常工作；而远动通信设备的安装除以上工作外，还要完成设备本身的功能调试及站端自动化设备与调度中心的前置机之间的调试工作。在完成远动设备的电缆连接后，就可进行设备的安装调试工作。在确保设备电源正确的前提下，将所有设备上电开机试运行，检查设备能否正常工作、装置指示灯或者液晶面板显示是否正常、设备的散热风扇是否运转正常、有无接线错误导致装置不能正常运行等。如果所有设备都能正常运行，就可以进行自动化设备与远方调度中心的信号调试工作。在调试过程中，还要注意站端远动设备的规约与调度中心使用的规约应一致，且规约中要求的站址及各种规约信息参数都满足双方通信的要求。

在模拟通道使用前，必须对 Modem 板进行正确设置，使其波特率和特征频率等与调度设置的一致，正负逻辑要统一，配置的 Modem 可以通过跳线的方式进行设置。另外，信号传输的电平应符合通信设备的设置要求，过高或者过低的传输电平将造成传输信号过负荷或者失真。

调度数据网的连接关键在于远动主机、路由器和交换机的配置。目前采用的调度数据网通信方式是使用国际标准的 IEC104 规约通信，规约要求厂站内的远动主机要和调度中心的前置机建立一种可靠的 TCP 方式的“服务器——客户端”连接。因此，厂站内的远动主机必须根据调度中心的要求定义指定的 IP 地址，然后通过路由器的路由功能实现和远方调度中心的连接，从而建立起规约要求的 TCP 连接。对于要与多个调度数据网进行通信的厂站，远动主机则按照每个调度分配指定的 IP 地址进行连接，一般每个调度分配指定的 IP 地址是不一样的。不同的调度数据网之间还必须形成可靠的隔离，而交换机的虚拟局域网功能可以满足这一要求。

支持虚拟局域网划分功能的交换机，可以通过交换机的 Console 口进行虚拟局域网的划分。在交换机关机状态下，将计算机的串口与专用调试线的九针插头相连，把专用调试线的 RJ-45 插头与 Console 口相连。在计算机的超级终端里选择一个串口连接，将串口通信波特率设置为默认的 9600 波特率，数据位 8 位，无校验，这时交换机上电开机。在交换机启动的过程中，通过计算机的超级终端就可以轻松地进行参数修改和虚拟网划分。通常在交换机的设备清单里会提供装置的说明书，根据说明书中的命令介绍可以很容易地把交换机的多个以太网口任意组合成多个虚拟的小网，每个小网之间互相不能访问，从而实现各个调度数据网之间的数据隔离。经过划分虚拟局域网的交换机，其各个虚拟网之间不能互访，在使用时必须注意网口的正确使用。

从交换机流出的数据还必须通过路由器才能到达指定的调度数据网，因此路由器中必须配置正确的路由表才能提供远动主机和调度中心前置机这两个不同网段的网络节点的连接通道。配置路由的方法与划分交换机虚拟网的方法类似，也是通过设备附带的专用调试线连接到路由器的 Console 口后，通过命令的方式进行设定的。值得注意的是，为了防止路由器中的设置被任意修改，在进入设置命令方式时会判断使用者的权限，只有具有超级管理员权限的用户才可以修改路由器中的路由配置。另外，在调度数据网所有设置工作全部完成后，厂站内路由器的维护也可以由调度中心通过远方登录后进行，但正常情况下设置好的网络模式在运行后一般不会进行更改。

需要说明的是，通常路由器的配置都是成对出现的，即厂站内远动主机使用的 IP 地址和调度中心前置机使用的 IP 地址不属于同一个网段，彼此的连接都需要通过各自的路由器设置的第三方网段来建立路由映射关系。一旦厂站内和调度中心两侧的路由器设置都完成后，就可以通过远方 ping 命令来测试整个通道是否畅通了。如果在任意一侧都可以顺畅地 ping 到对方，那么 RTU 就可以和远方的调度中心建立可靠的 TCP 连接，从而实现规约应用数据的相互交换。

三、测控装置对时精度检测方法

使用 GPS 主时钟和测控装置配合使用就可以准确、快捷地检测测控装置的对时精度。

（1）先清除测控装置中所有 SOE 历史记录。

（2）GPS 主时钟输出信号通过电缆引出，接在测控装置上，此时，测控装置每到整分钟时都将收到对时信号。

(3) 在测控装置的“SOE报告”中观察各条SOE记录的时间。

(4) 测控装置GPS失步的告警模式。当GPS对时失步超过90s，测控装置将产生“GPS失步”告警信号，在测控装置通信正常，置检修连接片未投的情况下，变电站监控后台将接收到装置上送的“GPS失步”告警信号。

四、案例

案例：某变电站时间同步系统的应用。

变电站时间同步系统由GPS主时钟RCS-9785C/D和GPS扩展装置RCS-9785E构成。系统配备两台带GPS对时功能的RCS-9785C装置，一“主”一“从”，分别安装在两个小室，其他小室和主控室配备RCS-9785E对时扩展装置，RCS-9785E接收来自两台RCS-9785C的IRIG-B时间码并选择输出。RCS-9785E是单纯的对时信号扩展装置，它不带GPS模块，只需接收外部对时源的IRIG-B时间码，通过解码和转换处理后可同步扩展输出IRIG-B、1PPS、1PPM、1PPH和对时报文信息。

RCS-9785C的GPS插件不仅可以接收GPS天线的信号，而且通过光纤输入接口可以接收来自另一台时钟源的IRIG-B时间码。正常运行时，如果两台装置的GPS模块都能跟踪到卫星，则两台装置都根据自己的GPS信号输出对时信息，它们均为高精度高准确度的时间信息；如果其中一台的GPS信号失步，则自动切换至外部时钟源，即采用另一台装置的IRIG-B时间码作为时间基准。如果两台装置的GPS信号都失步，则首先将由“主”装置根据内部时钟输出对时信息，“从”装置以“主”装置的时钟信号为时间基准，假如“主”装置的内部时钟故障，则都以“从”装置的内部时钟为时间基准。

RCS-9785D装置具有两个GPS插件，在内部也是一“主”一“从”的关系，由CPU插件对其进行选择切换，如果两个插件的GPS模块都能跟踪到卫星，则CPU选择“主”GPS插件输出对时信息；如果其中一个插件的GPS模块失步，则CPU选择另一个GPS插件输出对时信息。如果两个GPS模块都失步，则CPU先判断有无有效的外部时钟源，如果有则取外部IRIG-B时间码为时间基准，否则优先选择“主”GPS插件根据内部时钟输出对时信息。

RCS-9785E对时扩展装置的两路IRIG-B输入信号互为备用，在同等条件下优先选择第一路IRIG-B输入信号为基准时钟源。

相关知识

微机型远动装置的基本组成包括硬件和软件两个部分。

一、远动装置的硬件组成

从功能上考虑，远动装置主要是采集发电厂或变电站的遥测量、遥信量、数字值和计数值，经适当的处理后及时向调度中心发送，形成对电网运行的监视。同时，远动装置接收并执行调度中心发送到所在厂站的命令，形成对电网运行的控制，因此远动装置是一个多输入多输出的微型计算机系统。

远动装置的硬件结构如图5-1所示。

远动装置主要由CPU模块、人机对话（MMI）模块、电源模块、GPS对时模块、串行接口模块以及远传Modem模块等装置构成，如图5-1所示。

(1) CPU模块。CPU模块应具备高性能的MCU，大容量的存储空间，具有极强的数

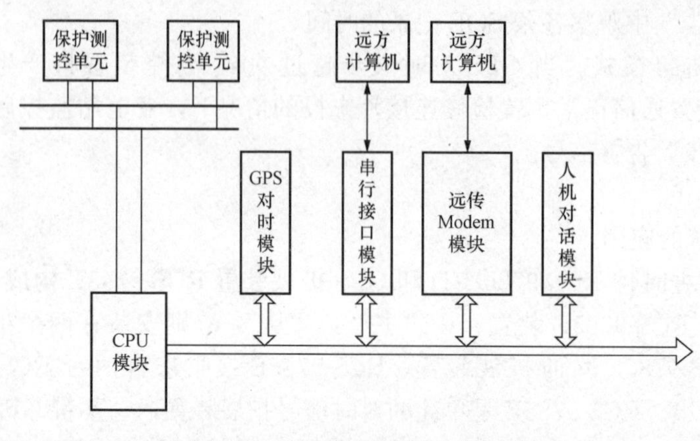

图5-1　远动装置的结构示意图

据处理及记录能力。商用实时多任务操作系统和高级语言程序，使程序具有很强的可靠性、可移植性和可维护性。

为了与远方调度或其他监控系统通信，CPU模块应可提供多个串行通信接口和以太网络接口。

（2）人机对话（MMI）模块。人机对话模块主要功能是显示装置信息，扫描面板上的键盘状态并实时传送给CPU，通过液晶显示器显示装置信息，人机对话应操作方便、简单。

（3）电源模块。为保证装置可靠供电，电源输入采用直流220V，经逆变输出装置所需的电源。

（4）GPS对时模块。GPS对时模块可以接入其他授时装置产生的对时脉冲信号（开入信号），或串行数字对时信息，同时也可以产生高精度的授时脉冲信号．用于整个变电站内的时钟同步。

（5）串行接口模块。串行接口模块是完成与外部远传数字接口或当地智能设备通信时，将CPU内部的TTL电平转换成需要的RS-232/RS-422/RS-485等各种电平。

（6）远传Modem模块。Modem模块是实现与带有Modem的远方主站通信的FSK调制解调器，应具备300～9600bit/s波特率可调，同、异步通信方式可选的功能。

远动装置不直接采集数据。数据的采集主要由各测控装置、保护装置、通信管理机、其他智能设备完成。

远动装置通过与各测控装置、保护装置、通信管理机、其他智能设备之间的通信获得数据，并进行汇总和相应转换处理。通信方式有串口、现场总线、网络等；采用的通信协议一般有问答式和主动上送式，可根据不同情况选用。

远动装置将获得的数据进行处理和存储，按照设定的规约与调度主站通信，将数据以遥测、遥信、时间顺序记录等方式上传到调度主站，并接收、处理调度主站下发的遥控和遥调命令。

二、远动装置的软件组成

远动装置是实时监控系统中的一个组成部分，显然，远动装置运行的软件是实时软件。实时软件要完成的任务由定时或不定时触发产生，可用中断服务程序来完成。因此，远动装置软件包括一个主程序和多个中断服务程序。主程序完成对整个系统的初始化和人机联系的功能。中断服务程序完成远动装置的输入和输出功能，主要包括实时时钟中断服务程序、A/D结束中断服务程序、字节发送“空”中断服务程序和字节接收“满”中断服务程序等。

学习情境（项目）总结

站内通信是变电站综合自动化系统与各装置之间联系的纽带，对整个变电站综合自动化系统来说非常重要。它通过多种通信方式，将变电站各基本元件为信息进行汇总，传输从而完成变电站综合自动化系统的基本功能。它包括变电站的内部通信和综合自动化系统与调度之间的通信。

电力系统远动装置是远距离传送电力系统信息，以实现对远方厂、站进行监控的设备，是调度自动化系统的一个重要组成部分。远动系统中的遥测、遥信、遥控及遥调功能是实现调度控制中心实时监视和控制电力系统各厂、站运行设备的基本要求。远动信息就是远动系统中远距离传送的遥测、遥信、遥控、遥调信息。要进行信息的传输离不开通信规约，在电力自动化系统中，调度端与厂站端之间为了有效地实现信息传输，通信规约是在收发两端预先对数据传输速率、数据结构、同步方式等进行约定的数据传输控制规程。目前主要使用的通信规约可分为循环传送式规约和应答式规约两种。

复习思考

1. 双绞线中的线缆为何要成对地绞在一起？其作用是什么？
2. 如何制作交叉线？
3. 说出 UTP 的中文意思及线缆的组成。
4. 站内通信和网络线路连接前的准备工作有哪些？
5. 站内通信和网络线路测试的质量标准是什么？
6. 装置通信参数设定质量标准是什么？
7. 简述远动信息的基本内容。
8. 循环式规约的特点主要有哪些？
9. 应答式规约的优点是什么？
10. 电力系统数据通信主站与厂站之间协议标准分别有哪些？
11. IEC 61850 通信规约的主要特点是什么？
12. 规约选用的原则是什么？
13. 列举常见的智能设备信息传输规约，并简述它们各自的特点。
14. 远动装置在变电站自动化系统中的作用是什么？
15. 远动装置的主要功能有哪些？
16. 远动数据通信设备安装的目的是什么？
17. 在使用模拟通道时，对 MODEM 板进行设置的内容有哪些？
18. GPS 系统如何完成对时过程？
19. GPS 时钟同步系统对于电力系统有什么重要性？
20. 时间同步系统的组成有哪些？
21. 变电站时间同步系统的结构是什么？
22. 测控装置对时精度检测方法有哪些？

23. GPS授时有哪几种方式？特点分别是什么？

参考文献

[1] 丁书文．变电站综合自动化现场技术．北京：中国电力出版社，2008.

[2] 丁书文．综合自动化原理及应用．北京：中国电力出版社，2010.

[3] 湖北省电力公司生产技能培训中心．变电站综合自动化模块化培训指导．北京：中国电力出版社，2010.

[4] 丁书文，胡起宙．变电站综合自动化原理及应用．2版．北京：中国电力出版社，2010.

学习情境六　变电站操作电源的运行及维护

情境描述

本情境介绍直流系统、蓄电池等变电站操作电源的运行及维护。通过图形示意、结构讲述、要点讲解，掌握直流系统、蓄电池等变电站操作电源的构成、工作原理、典型接线和直流监控系统各部分组成及作用，会进行直流系统开、关机操作及故障处理、蓄电池的维护、直流监控系统的运行维护。

教学目标

能进行变电站直流系统接线的检查及监视与操作；依据直流屏安装接线图说明直流屏接线；变电站直流监控单元的监视与操作；说明直流系统监控单元的组成及各部分的作用、内容；对直流监控单元进行的基本操作及信息查询，依据监控单元的信号对直流系统的运行状态进行正确的判断。

教学环境

多媒体教室、直流实训室。

任务一　直流系统接线的运行与维护

教学目标

通过介绍电力系统中直流电源装置的发展、特点、配置、组成及工作原理，能够依据直流屏安装接线图说明直流屏接线，能够进行变电站直流系统接线的检查及监视与操作，可以对各直流回路进行停送电操作。

任务描述

直流系统是变电站操作、控制、监测的中枢神经系统，为各种控制、自动装置、继电保护装置、信号等提供可靠的工作电源和操作电源。当站内交流失压后，直流电源作为应急的后备电源提供操作和事故照明。根据电压等级不同，直流系统采用不同的接线方式，需要掌握变电站直流系统组成、工作原理、典型接线，完成直流系统开关机及运行维护。

任务准备

准备 5 套变电站综合自动化系统直流电源屏，可以分组实施。电位器、调压器 5 套，万用表等常用工具5套。有条件的准备继电保护测试仪5套，直流电源屏操作手册若干套。

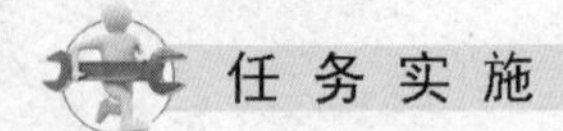

一、直流系统的开、关机步骤

（一）开机步骤

连接好蓄电池和单体电池巡检线。按要求接入交流Ⅰ、Ⅱ路输入电源并检查交流输入电压是否在380V×（1±15%）范围内。检查蓄电池开关应处于分闸位置。分别合上Ⅰ、Ⅱ路输入电源开关无异常后，合上高频开关模块电源开关（此时模块正常工作指示灯亮、模块的显示屏上有电压、电流等数字显示）。再合上监控电源开关，监控器开始工作，根据蓄电池种类、容量复核监控器的设置：均充、浮充电压，充电限流值、均转浮电流等（直流屏出厂时已按要求设置）。检查充电电压、控制电压等是否正常，检查声光报警系统是否正常。关闭控制模块交流电源开关，检查自动和手动调压是否正常。检查完毕后（监控充电设置为自动），合上电池开关，此时检查监控界面：检查充电方式并注意观察充电电压表、充电电流表和控制电压表的指示应与充电方式相对应的正常值、单体电池检测每组均有指示值。开启绝缘监察仪、合上控制、合闸馈电开关后，无任何报警，直流屏开始正常工作；

注意：在恒压充电过程中，随蓄电池端电压增高、充电电流减小至$0.1I_{10}$经3h后自动转为浮充工作状态。

（二）关机步骤

因大修等需退出运行时，应按标准作业化程序开好工作票，转移负载后，关断馈电屏的直流输出空气断路器、关断微机绝缘监测装置电源开关、关断蓄电池开关、关断监控器电源开关、关断所有高频开关电源模块的电源开关后，关闭交流进线开关（有双路电源进线时，应将两路进线开关全部关断）。

二、主要故障及维护

（一）高频开关电源模块故障

1. 故障现象

（1）系统报警：模块故障光字灯亮，音响（电铃或蜂鸣器）报警。

（2）模块面板上的故障指示灯闪烁，显示屏上无电压、电流显示。

由于系统模块采用$N+1$备份，因此，不论充电或控制模块有一个模块发生故障时，不会影响系统的正常工作，若有备用模块可带电热拔插更换模块（注意：模块面板上的拨码开关的位置应一致），或通知生产厂家更换。

2. 微机监控器故障

（1）故障现象：当监控器故障时，系统报警，音响报警、监控故障光字灯亮。

（2）发现监控故障时，可关闭监控电源的开关重新启动，若故障仍未消除，应通知厂家维修。

（3）当监控器故障或关闭时，模块将自主工作，仍可维持直流屏的工作。此时，可通知厂家维修。

3. 调压单元故障

（1）故障现象：音响报警、控制母线电压异常的光字灯亮。

（2）故障原因：自动降压控制器故障，无法自动调压。

（3）故障处理方法：应立即观察监控器显示的控制母线电压值或屏上的控母电压表的指示值，用手动调节调压万转开关的挡位并观察控制母线电压表，使控制电压达到规定值，及时通知厂家更换自动降压控制器。

4. 熔断器的维护

（1）熔断器的维护：直流屏中除二次回路配备熔断器外，最为关键的是蓄电池熔断器。注意：当熔断器上级蓄电池直流断路器因短路跳闸而熔丝未断，在检修消除故障后，也应将“＋”“－”极的熔断器换新（因短路电流已通过熔断器的熔丝，可能造成熔丝的局部熔化，造成熔断器的熔断电流减小，在冲击负荷电流下造成误动作）。

（2）熔断信号器：应在大修后检查熔断信号器微动开关动作是否正常和作报警试验。

5. 蓄电池的运行和维护

（1）维护标准：DL/T 724—2000《电力系统用蓄电池直流电源装置运行与维护技术规程》。

（2）阀控式密封铅酸蓄电池运行中及放电终止电压值应符合表 6-1 的规定。

表 6-1　　阀控式密封蓄电池运行中及放电终止电压值

阀控式密封铅酸蓄电池	单个蓄电池的标称电压（V）		
	2	6	12
运行中的电压偏差值	±0.05	±0.15	±0.30
开路电压最大最小电压差值	0.03	0.04	0.06
放电终止电压值*	1.80	5.40（1.8×3）	10.08（1.8×6）

* 蓄电池组在放电时，当任中一只蓄电池端电压达到上表放电终止电压值时，应立即停止放电。

（3）在巡视中应检查蓄电池单体电压值，电池之间的连接片有无松动和腐蚀现象，壳体有无渗漏和变形，极柱和安全阀周围是否有酸雾溢出，绝缘电阻是否下降，蓄电池温度是否过高等。

（4）备用搁置的蓄电池，每 1～3 个月进行一次补充充电。

（5）阀控式密封蓄电池的温度补偿受环境温度的影响，基准温度 25℃时，每下降 1℃，单体 2V 阀控式密封蓄电池浮充电压值应提高 3～5mV。

（6）根据现场实际情况，应定期对电池组做外壳清洁工作。

（7）阀控式密封蓄电池的故障处理。

1）蓄电池外壳变形：造成原因是充电电压过高，充电电流过大，内部有短路或局部放电、温升超标、安全阀阀控失灵等。处理方法：减小充电电流、降低充电电压，减小充电电流，检查安全阀是否堵死。

2）运行中的浮充电压正常，但一放电，蓄电池的电压很快下降到终止电压值，原因是蓄电池内部失水干涸、电解物质变质。处理方法是更换蓄电池。

相关知识

一、直流操作电源相关概念

1. 直流操作电源的定义

发电厂和变电站中，为控制、信号、保护和自动装置（统称为控制负荷），以及断路器电磁合闸、直流电动机、交流不停电电源、事故照明（统称为动力负荷）等供电的直流电源系统，通称为直流操作电源。

2. 直流操作电源的类别

根据构成方式的不同，在发电厂和变电站中应用的有以下几种直流操作电源：

(1) 电容储能式直流操作电源。是一种用交流厂（站）用电源经隔离整流后，取得直流电为控制负荷供电的电源系统。正常运行时，它向与保护电源并接的足够大容量的电容器组充电，使其处于荷电状态；当电站发生事故时，电容器组继续向继电保护装置和断路器跳闸回路供电，保证继电保护装置可靠动作，断路器可靠跳闸。这是一种简易的直流操作电源，一般只是在规模小、不很重要的电站使用。

(2) 复式整流式直流操作电源。是一种用交流厂（站）用电源、电压互感器和电流互感器经整流后，取得直流电为控制负荷供电的电源系统。在其设计上，要在各种故障情况下都能保证继电保护装置可靠动作、断路器可靠跳闸。这也是一种简易的直流操作电源，一般只是在规模小、不很重要的电站使用。

(3) 蓄电池组直流操作电源。由蓄电池组和充电装置构成。正常运行时，由充电装置为控制负荷供电，同时给蓄电池组充电，使其处于满容量荷电状态；当电站发生事故时，由蓄电池组继续向直流控制和动力负荷供电。这是一种在各种正常和事故情况下都能保证可靠供电的电源系统，广泛应用于各种类型的发电厂和变电站中。

以上电容储能式和复式整流式直流操作电源系统，在20世纪60、70年代有较多的应用，80年代以后，由于小型镉镍碱性蓄电池和阀控式铅酸蓄电池的应用，这种操作电源在发电厂和变电站中已不再采用。而蓄电池组直流操作电源系统，其应用历史悠久，且极为广泛。现代意义上的直流操作电源系统就是这种由蓄电池组和充电装置构成的直流不停电电源系统，通常简称为直流操作电源系统或直流系统。

3. 直流操作电源的设备技术发展

在直流操作电源系统中，主要的设备有蓄电池组、充电装置、绝缘监测装置以及控制保护等设备。随着制造技术的发展，几十年来也发生了很大的变化。

(1) 蓄电池组形式，在20世纪70年代以前发电厂和变电站中应用的都是开启式铅酸蓄电池，使用的容量逐渐增加，单组额定容量达到了1400～1600Ah。70年代以后，开始应用半封闭的固定防酸式铅酸蓄电池，并逐步得到普遍采用。到80年代中期以后，镉镍碱性蓄电池以其放电倍率高、耐过充和过放的优点，开始在变电站中得到应用，但由于价格较高，一般使用的都是额定容量在100Ah以内的，限制了其应用的范围。90年代发展起来的阀控式铅酸蓄电池，以其全密封、少维护、不污染环境、可靠性较高、安装方便等一系列的优点，在90年代中期以后等到普遍的采用。

回顾蓄电池的变化可知，蓄电池在向维护工作量小、无污染、安装方便、可靠性提高的方向发展。虽然提高蓄电池的寿命是一重要课题，但在提高寿命方面国内的技术进展不大，一般的阀控式铅酸蓄电池在5～10年之间，低的只有3～5年；目前国外的技术一般可以做到10～15年，高的达到18～20年。蓄电池的使用寿命，在很大程度上要依靠正确的运行和维护。

(2) 充电装置。在20世纪70年代以前，主要是用电动直流发电机组作充电器；70年代开始应用整流装置，并逐渐取代了电动发电机组，得到普遍的应用。

20世纪80年代以前，考虑到经济性和运行的稳定性，对充电和浮充电整流装置采用不同的容量设计。1984年以后，对充电和浮充电整流装置开始采用相同的容量设计，使之更有利于互为备用，并且这种做法被普遍接受。充电装置的配置方式是：一组蓄电池的直流操作电源系统配置两组充电装置，两组蓄电池的直流操作电源系统配置三组充电装置。1995年以后，随着高频开关型整流装置的普及，考虑到整流模块的$N+1$（2）冗余配置和较短的修复时间，大量采用一组蓄电池配置一组充电装置的方式（核电的配置方式不一样）。

作为充电器的整流装置，多年来在不断发展改进，20世纪70年代是分立元件控制的晶闸管整流装置，可靠性和稳定性较差，技术指标偏低。80年代发展为集成电路控制的晶闸管整流装置，可靠性和稳定性以及技术指标得到较大的提高，这一时期的晶闸管整流控制技术也日臻成熟，并具备简单的充电、浮充电和均衡充电自动转换控制功能。进入90年代以后，随着微机控制技术的普及，集成电路控制型晶闸管整流装置逐渐被微机控制型晶闸管整流装置取代，使整流装置的稳流和稳压调节精度得到较大的提高，并且自动化水平的提高可以实现电源的“三遥”，为实现无人值班创造了条件。1996年以后，随着高电压、大功率开关器件和高频变换控制技术的成熟，高频开关整流装置以其模块化结构、$N+1$（2）并联冗余配置、维护简单快捷、技术指标和自动化程度高的优点，得到迅速的推广和普及。目前，这种高频开关型整流装置已成为市场的主角。

（3）绝缘监测装置是直流操作电源系统不可缺少的组成部分，用于在线监测直流系统的正负极对地的绝缘水平。在20世纪80年代以前，一直是采用苏联技术设计的、以电桥切换原理构成的绝缘检查装置，用继电器、电压表和切换开关构成，具有发现接地故障、测量直流正负极对地绝缘电阻和确定接地极的功能。80年代，在此原理技术上，国内制造了用集成电路构成的绝缘监测装置，并把母线电压监视功能与之合并在一起，提高了装置的灵敏度和易操作性。上述的绝缘监测装置，在直流系统发生接地故障时，只能确定哪一极接地，而不能确定哪一条供电支路接地，在运行维护中查找接地点非常麻烦，并且存在监测死区。针对这种情况，国内在90年代以后，采用微机控制技术，开发制造了具有支路巡检功能的绝缘监测装置。其不但能够准确的测量直流系统正负极的接地电阻，同时还可以确定接地支路的位置。当前这种具有支路巡检功能绝缘监测装置得到普遍的应用，技术的发展围绕支路巡检功能展开，早期全部采用低频叠加原理，目前以直流漏电流原理为主，两种原理各有优缺点。

（4）控制保护设备。蓄电池组、充电装置和直流馈电回路，多年来一直用熔断器作短路保护，用隔离开关进行回路操作，直到现在仍在普遍使用。进入20世纪90年代以来，随着技术的发展，这些老式的保护和操作设备逐渐被具有高分断能力和防护等级的新型设备替代。到1996年以后，开始用带热磁脱扣器的直流自动空气断路器，兼作保护和操作设备，为直流屏的小型化设计创造了条件。目前，这种直流专用空气断路器在直流系统中已普遍的应用，并开发出具有三段式选择性保护功能的直流空气断路器产品。

4. 直流系统的构成

高频开关直流操作电源系统是由交流配电单元、高频开关整流模块、蓄电池组、硅堆降压单元、电池巡检装置、绝缘监测装置、充电监控单元、配电监控单元和集中监控模块等部分组成，其系统原理接线图如图6-1所示。

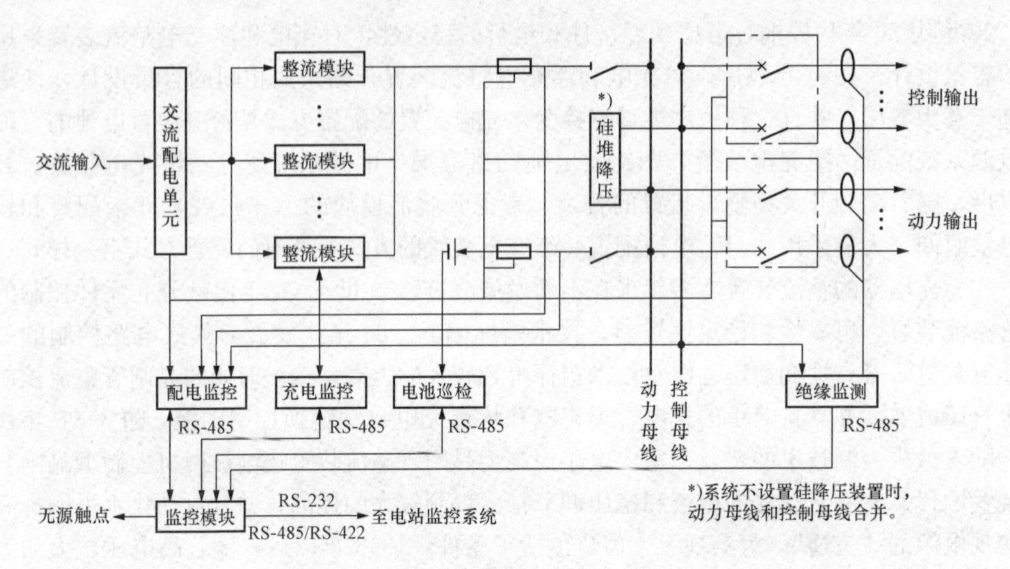

图 6-1　高频开关直流操作电源系统原理接线图

5. 直流系统的工作原理

（1）交流正常工作状态。系统的交流输入正常供电时，通过交流配电单元给各个整流模块供电。高频整流模块将交流电变换为直流电，经保护电器（熔断器或断路器）输出，一面给蓄电池组充电，一面经直流配电馈电单元给直流负载提供正常工作电源。

1）硅堆降压单元。根据蓄电池组输出电压的变化自动调节串入降压硅堆（串联二极管）的数量，使直流控制母线的电压稳定在规定的范围内。当提高蓄电池组的容量，减少单体串联的个数时，可以取消硅堆降压单元，达到简化系统接线、提高可靠性的目的。

2）绝缘监测装置。实时在线监测直流母线的正负极对地的绝缘水平，当接地电阻下降到设定的告警电阻值时，发出接地告警信号。对于带支路巡检功能的绝缘监测装置，还可以确定接地故障点是发生在哪一条馈电回路中。

3）电池巡检装置。实时在线监测蓄电池组的单体电压，当单体电池的电压超过设定的告警电压值时，发出单体电压异常信号。该装置为电站的运行维护人员随时了解蓄电池组的运行状况提供了方便，但对于每个用户来说并不是必需的。

4）充电监控单元。接受集中监控模块的控制指令，调节整流模块的输出电压实现对蓄电池组的恒压限流充电和均浮充自动转换，同时上传整流模块的故障信号。当集中监控模块故障退去的情况下，该模块仍能按预先设定的浮充电压值继续对蓄电池组充电。

5）配电监控单元。采集系统中交流配电、整流装置、蓄电池组、直流母线和馈电回路的电压、电流运行参数，以及状态和告警接点信号，上传到集中监控模块进行运行参数显示和信号处理。

6）集中监控模块。采用集散方式对系统进行监测和控制。整流模块、蓄电池组、交直流配电单元的运行参数分别由充电监控电路和配电监控电路采集处理，然后通过 RS-485 通信口把处理后的信息上传给监控模块，由监控模块统一处理后显示在液晶屏幕上。同时监控模块可通过人机对话操作方式对系统进行运行参数的设置和运行状态的控制，还可以通过 RS-485 或 RS-232 通信口接入变电站监控系统，实现对电源系统的远程监控。另外，监控模块通过对采集数据的分析和判断，能自动完成对蓄电池组充电的均浮充转换和温度补偿控制，以保证电池的正常充电，最大限度地延长电池的使用寿命。

（2）交流失电工作状态。系统交流输入故障停电时，整流模块停止工作，由蓄电池不间断地给直流负载供电。监控模块时实监测蓄电池的放电电压和电流，当蓄电池放电到设置的终止电压时，监控模块告警。同时监控模块时刻显示、处理配电监控电路上传的数据。

（3）系统工作能量流向。系统工作时的能量流向如图 6-2 所示。

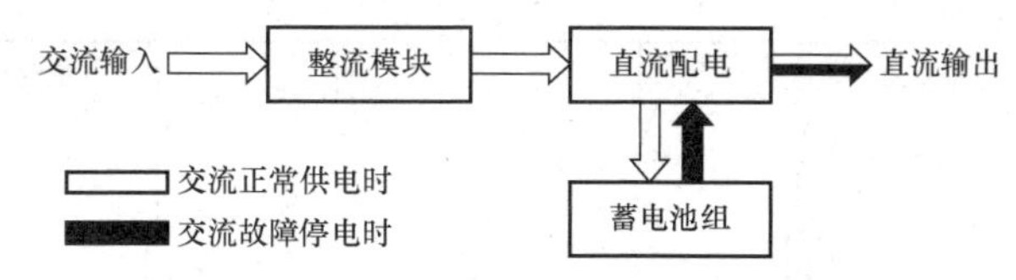

图 6-2　系统工作能量流向图

6. 直流系统接线方式

（1）母线接线方式。

1）其中 1 组蓄电池的直流系统，采用单母线接线或单母线分段接线方式。

2）其中 2 组蓄电池的直流系统，应采用二段单母线接线方式，蓄电池组分别接于不同母线段上。二段直流母线之间设置联络开关电器，且满足在运行中二段直流母线切换时不中断供电的要求。两段直流母线切换过程中允许两组蓄电池短时并联运行。

（2）蓄电池组和充电装置均应经隔离和保护电器接入直流系统。

1）直流系统为单母线分段接线方式时，蓄电池组和充电装置的连接方式如下：1 组蓄电池配置 1 套整流器时，二者应跨接在两段直流母线上；1 组蓄电池配置两套整流器时，2 套整流器应接入不同直流母线段，蓄电池组应跨接在两段直流母线上。

2）直流系统为二段单母线接线方式时，蓄电池组和充电装置的连接方式如下：2 组蓄电池配置 2 套整流器时，每组蓄电池及其整流器应分别接入不同直流母线段；2 组蓄电池配置 3 套整流器时，每组蓄电池及其整流器应分别接入不同直流母线段，第 3 套公用整流器应经切换电器可对两组蓄电池进行充电。

3）设置硅降压装置，控制负荷与动力负荷混合供电的直流系统，其硅降压装置串接在控制母线与动力母线之间。

4）每组蓄电池均应设置专用的试验放电回路。试验放电设备应经隔离和保护电器直接与蓄电池组出口回路并联。对于小型发电厂和各电压等级的变电站直流系统，试验放电装置宜采用微机控制的电阻型产品；对于大、中型发电厂直流系统，试验放电装置宜采用微机控制的有源逆变型产品。

二、变电站直流系统典型接线

变电站常用的直流母线接线方式有单母线分段和双母线两种。双母线的突出优点在于可在不间断对负荷供电的情况下，查找直流系统接地。但双母线刀开关用量大，直流屏内设备拥挤，检查维护不便，新建的 220～500kV 变电站多采用单母线分段接线。

1. 220kV 变电站直流系统典型接线

220kV 变电站单母线分段的直流系统接线如图 6-3 所示。

2. 500kV 变电站直流系统典型接线

500kV 变电站单母线分段的直流系统接线如图 6-4 所示。

3. 站内直流电压特点

变电站的强电直流电压为 110V 或 220V，弱电直流电压为 48V。

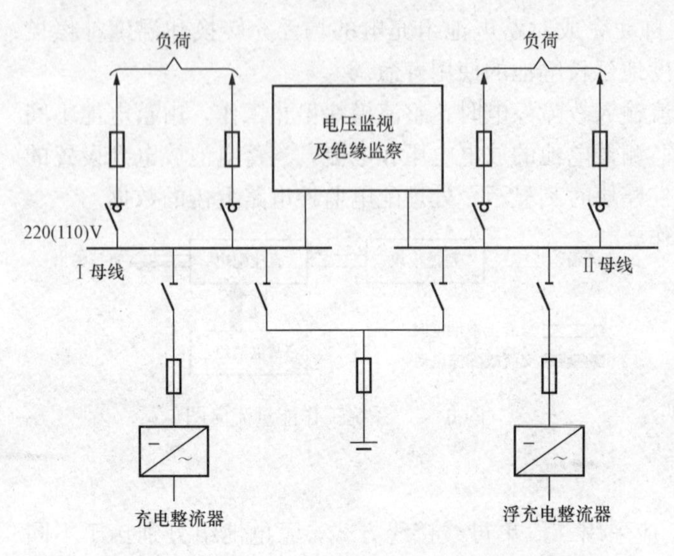

图 6-3 220kV 变电站单母线分段的直流系统接线

强电直流采用 110V 的优点：

(1) 蓄电池个数少，降低了蓄电池组本身的造价，减少了蓄电池室的建筑面积，减少了蓄电池组平时的维护量。

(2) 对地绝缘的裕度大，减少了直流系统接地故障的几率，在一定程度上提高了直流系统的可靠性。

(3) 直流回路中触点的断开时，对连接回路产生干扰电压，直流用 110V 时，能降低干扰电压幅值。

(4) 对人员较安全，减少中间继电器的断线故障。

强电直流采用 110V 的缺点：

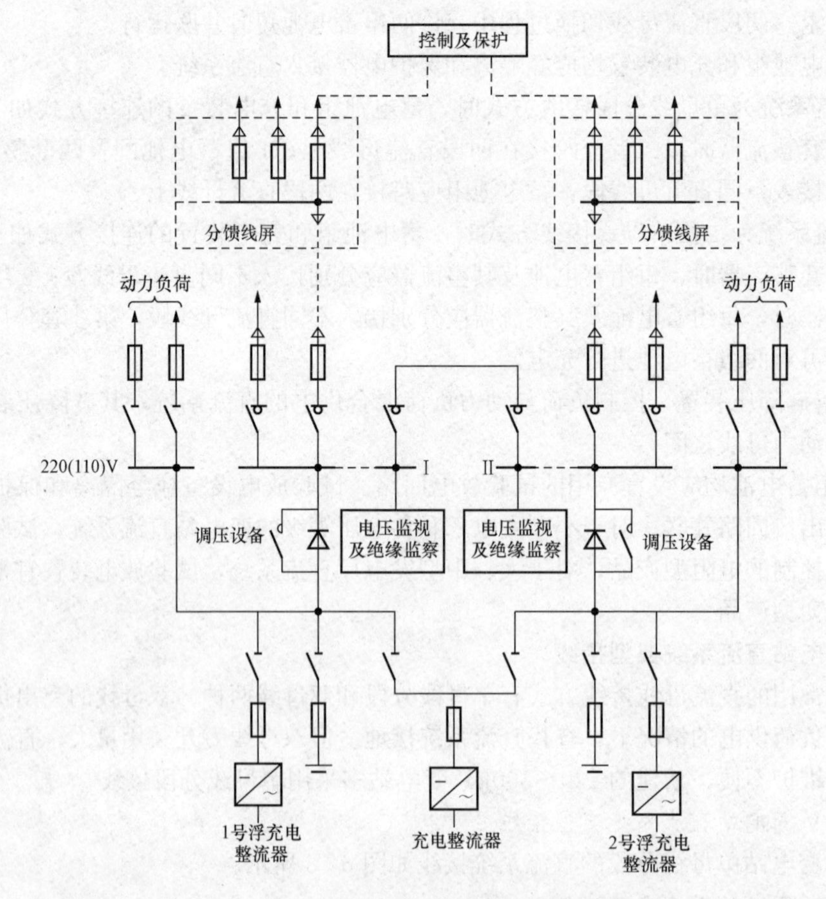

图 6-4 500kV 变电站单母线分段的直流系统接线

(1) 变电站占地面积大，电缆截面大，给施工带来困难。

(2) 一般线路的高频保护的收发信机输出功率大小与直流电压有关，对长线路的保护不利。

（3）交流的220V照明电源和110V的直流电源无法直接切换，需增加变压器和逆变电源，增加事故照明回路的复杂性。

（4）在站内有大容量直流电动机的情况下，增大电缆截面，增加投资。

基于技术和经济上的考虑，对于采用集中控制（电缆线较长）的220～500kV变电站，强电直流系统的工作电压宜选用220V。

当变电站规模较小时或全户内的220kV变电站情况下，控制电缆长度较小时，强电直流系统的工作电压宜选用220V。

500kV变电站多采用分布式控制方式，二次设备分布控制，在主控室和分控室都设有独立的直流系统控制，电缆的长度大大缩短，变电站的蓄电池组数多。这种情况下变电站强电直流系统的工作电压宜选用110V。

三、变电站弱电直流系统的电压

按我国的惯例，变电站弱电系统的工作电压一般采用48V，这一电压等级也符合国际标准。

任务二　直流系统监控系统的运行与维护

教学目标

通过介绍直流系统监控系统的组成及各部分的作用、内容/能够对直流监控单元进行基本操作及信息查询，依据监控单元的信号对直流系统的运行状态进行正确的判断。

任务描述

直流系统是变电站操作、控制、监测的中枢神经系统，为各种控制、自动装置、继电保护装置、信号等提供可靠的工作电源和操作电源。当站内交流失压后，直流电源作为应急的后备电源提供操作和事故照明。根据电压等级不同，直流系统采用不同的接线方式，需要掌握变电站直流系统组成、工作原理、典型接线，完成直流系统开关机及运行维护。

任务准备

准备5套变电站综合自动化系统直流电源屏，可以分组实施。电位器、调压器5套，万用表等常用工具5套。有条件的准备继电保护测试仪5套，直流电源屏操作手册若干套。

目前电力系统中直流电源装置广泛采用微机控制型高频开关直流电源系统。微机控制型高频开关直流电源系统（简称直流屏）是智能化直流电源产品（具有遥测、遥信、遥控）可实现无人值守，能在正常运行和保障在事故状态下对继电保护、自动装置、高压断路器的分合闸、事故照明及计算机不间断电源等供给直流电源，或在交流失电时通过逆变装置提供交流电源。适用于发电厂、变电站、电气化铁路、石化、冶金、开闭所及大型建筑等需要直流供电的场所，从而保证设备安全可靠运行。因此，直流屏称为变电站的“心脏”。

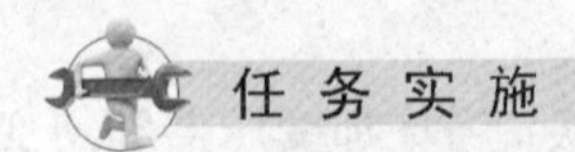

一、监控单元的组织结构认识

监控系统兼容了电源系统中的各种设备的检测与控制，系统组织结构如图 6 - 5 所示。

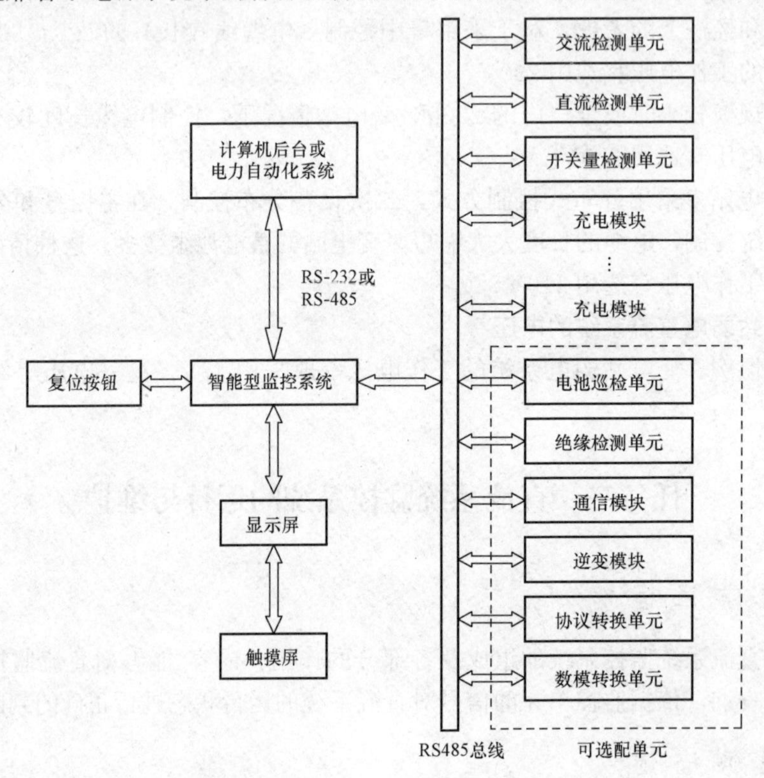

图 6 - 5　直流监控系统组织结构图

二、主监控显示界面及操作说明

1. 主监控工作原理

主监控主要完成数据的采集与处理，如当数据异常时给出告警信息，并做出相应的控制，如控制模块限流；将数据通过 RS-232/RS-485 总线远传到后台（如电力自动化系统）；接收后台发来的控制命令；接收手动输入的各种操作命令，如设定告警限、控制模块开关机、手动均浮充转换等。其工作原理框图如图 6 - 6 所示。

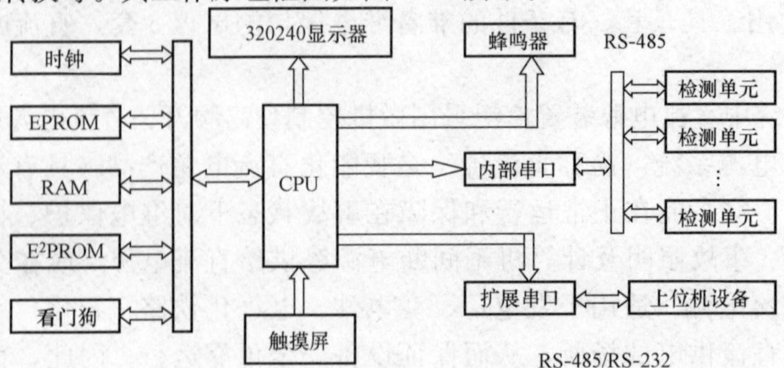

图 6 - 6　直流监控机工作原理框图

2. 电池充电管理原理

（1）恒流充电电流：电池恒流充电的限流值默认为 0.1C（C 为电池容量）。

（2）转换电流：由均充转换到浮充的转换电流默认为 0.02C。

（3）浮充转均充条件（以下任一条件成立，则转均充）：

1）手动转均充：通过“电池管理”菜单中设定。

2）维护性均充，当电池长期浮充超过设定的维护均充时间（默认为 30 天）则自动转均充。

3）交流上电，当交流停电后又恢复供电时，进入均充状态；但当电池充电电流在 20min 内降到 0.02C 以下时，自动返回浮充状态。

4）大电流均充，当电池充电电流大于 0.03C 时自动进入均充状态；但当电池充电电流在 20min 内降到 0.02C 以下时，自动返回浮充状态。

（4）均充转浮充条件：当电池处于均充的时间超过设定的“均充限时”时间，自动转浮充；或当充电电流小于“转换电流”时，延时“均充延时”时间后转浮充。

（5）当一个系统中配有 2 组充电机 2 组电池时，系统自动默认为 2 组电池的容量和电池节数相等，同时各组充电机组上的充电模块数量均为设定的“充电模块总数”的一半。

三、显示界面结构

显示器画面分为 5 个部分，即题头栏、时间、信息栏、主参数栏和菜单栏，如图 6-7 所示。题头栏显示产品名称；时间栏显示日期和时间；信息栏为主要信息获取视窗，同时也可作为大面域的键盘使用；主参数栏显示系统状态、合母电压、控母电压、电池电流和充电方式；菜单栏显示一些主要的菜单，如上、下翻页按钮。通过视窗式结构设计可使维护人员操作一目了然，及时掌握系统运行信息，操作非常方便，同时考虑到触摸屏有限的分辨率，系统将作为输入界面的按钮做得尽量大一些，充分利用 5.7in 这个有限的空间，使误操作率降到最低，完全实现人性化设计。

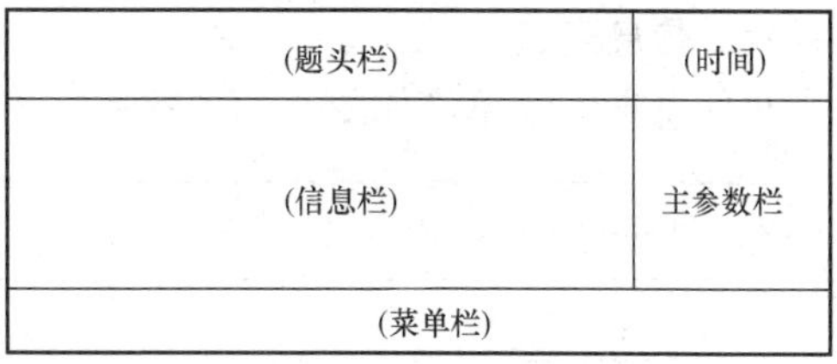

(题头栏)
(时间)
(信息栏)
主参数栏
(菜单栏)

图 6-7　显示画面

四、基本画面

基本画面即系统上电时显示的画面，也即系统默认画面，如图 6-8 所示。当系统在一段时间（2min）内无触摸操作时，系统自动回到基本画面；当系统正常时，基本画面显示产品名称（或其他）；当系统出现异常时系统自动显示当前故障信息，维护人员可在最短的时间内迅速掌握故障信息。

在主参数栏用大字体显示系统最为重要的参数，如系统状态、合母电压、控母电压、电池电流和充电方式。

五、系统设置

在基本画面中点触“系统设置”将出现图 6-9 所示画面，输入系统设置密码，按“输入”键进入系统设置功能，系统设置密码包括初始化密码、超级密码和一般密码，只要正确输入其中一个密码即可进入系统设置画面。

输入密码（或数据）时，可直接在数字键盘上操作，输完一个数值后按“输入”键，系统自动判断数值的合法性，合法则录入该数值，不合法则回到数值输入状态，输入数字时可

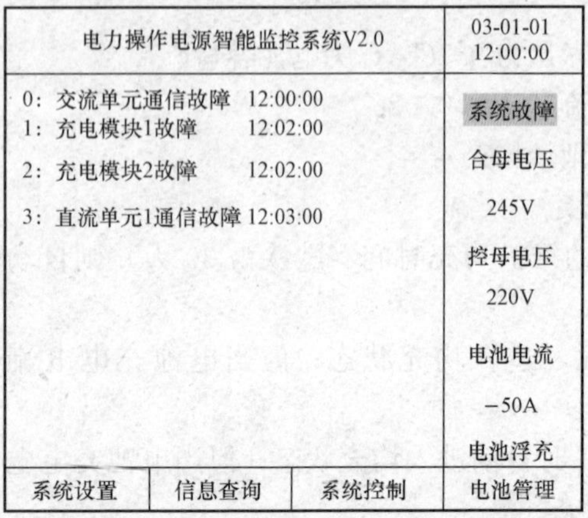

电力操作电源智能监控系统V2.0　03-01-01 12:00:00

0：交流单元通信故障 12:00:00
1：充电模块1故障 12:02:00
2：充电模块2故障 12:02:00
3：直流单元1通信故障 12:03:00

系统故障
合母电压
245V
控母电压
220V
电池电流
－50A
电池浮充

系统设置 信息查询 系统控制 电池管理

图 6-8 基本画面

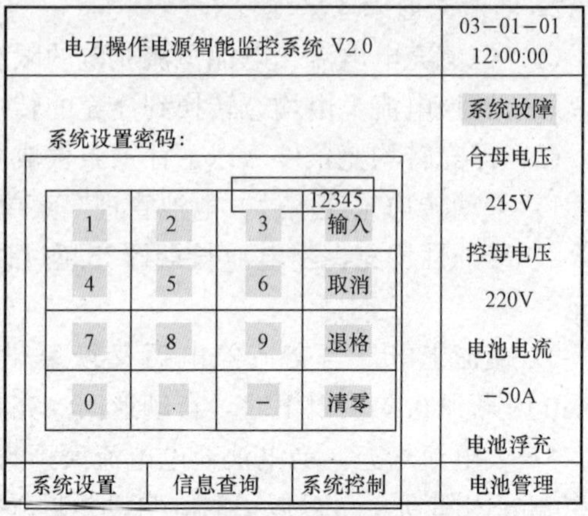

电力操作电源智能监控系统 V2.0　03-01-01 12:00:00

系统设置密码：

1	2	3	12345 输入
4	5	6	取消
7	8	9	退格
0	.	-	清零

系统故障
合母电压
245V
控母电压
220V
电池电流
－50A
电池浮充

系统设置 信息查询 系统控制 电池管理

图 6-9 系统设置

灵活配合使用“退格”和“清零”键，当不希望更改当前数据时可按“取消”键，回到前面的操作界面（注：数值长度最大值为7）。

从系统设置菜单上可看到系统设置包括10个可选菜单：系统配置、交流设置、直流设置、电池巡检设置、绝缘检测设置、通信设置、节点输出设置、时间密码修改、其他设备设置和亮度调节。用户可直接点触菜单上的汉字进入相应的菜单选项。

六、信息查询

在信息查询菜单（如图6-10所示）中用户可查询系统实时运行参数，包括交流参数、直流参数、模块参数、电池巡检、绝缘检测、历史故障、充放电曲线、放电计量、其他设备查询和版本说明。

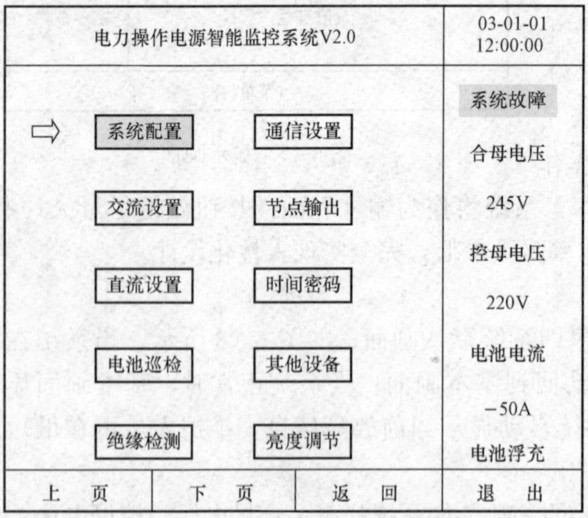

电力操作电源智能监控系统V2.0　03-01-01 12:00:00

⇨ 系统配置　通信设置
交流设置　节点输出
直流设置　时间密码
电池巡检　其他设备
绝缘检测　亮度调节

系统故障
合母电压
245V
控母电压
220V
电池电流
－50A
电池浮充

上 页　下 页　返 回　退 出

图 6-10 信息查询

七、模块控制

模块控制是对充电模块开关机的手动控制，具体操作方法与参数设置方法相同。同时用户也可以通过后台通信实现远程遥控功能。

八、电池管理

电池管理是电力电源监控系统的重要组成部分，所以系统将电池管理功能直接在基本画面中进入，突出其重要性。

可以根据电池实际运行情况手动控制电池均、浮充转换，当用户手动控制电池均浮充转换后，系统会自动根据用户设定的电池管理条件进行电池的智能化均浮充管理。其中可设置的参数有均浮充电压、电池容量、温度补偿系数（温度补偿范围：10～50℃）和其他均浮充转换条件。当系统实现双电双充时，两组电池的电池管理参数相同。

相关知识

一、直流屏的发展概况

直流屏发展：旋转电机（直流发电机）→磁饱和稳压→硅整流→晶闸管整流（相控）→现在广泛应用的微机控制高频开关整流直流电源。

二、微机控制高频开关电源直流屏的特点及型号

（1）特点：微机控制高频开关直流屏具有稳压和稳流精度高，体积小、质量轻，效率高，输出纹波、谐波失真小，自动化程度高及可靠性高，并可配置镉镍蓄电池、防酸蓄电池及阀控式铅酸式电池，可实现无人值守。

（2）型号如图 6-11 所示。

例如，GZDW34-200/220-M 含义是：电力用微机控制高频开关直流屏，接线方式为母线分段、蓄电池容量 200Ah、直流输出电压 220V 的阀控式铅酸蓄电池。

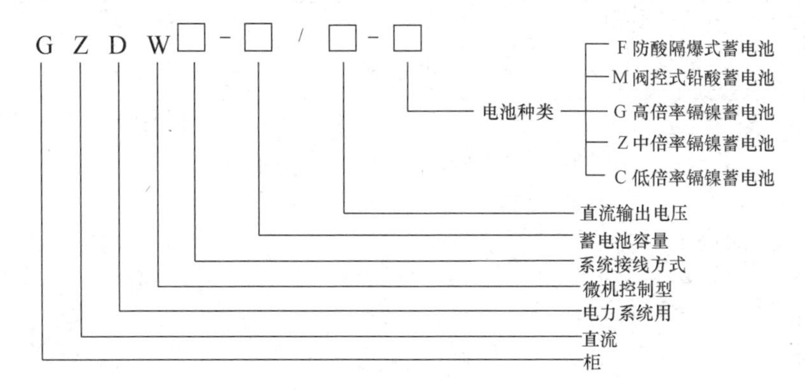

图 6-11　微机控制高频开关直流电源装置的型号

（3）微机控制型高频开关直流电源系统可根据用户要求配置系统：

1）大系统。蓄电池容量大于 200Ah，适用于 35、110、220、500kV 变电站及发电厂。

2）小系统。蓄电池容量在 100Ah 及以下，适用于 10、35kV 变电站及小水电站等场所。

3）壁挂式直流电源，适用于开闭所、配网自动化、箱式变压器等场所。

（4）微机控制高频开关直流屏的外观如图 6-12 所示。

三、直流屏系统的组成

（1）按功能，包括交流输入单元、充电单元、微机监控单元、电压调整单元、绝缘监测单元、直流馈电单元、蓄电池组、电池巡检单元等。

（2）按屏，包括充电柜、馈电柜及电池柜等。

（3）直流屏的原理框图，如图 6-13 所示。

四、直流屏工作原理

（1）正常情况下，由充电单元对蓄电池进行充电的同时并向经常性负载（继电保护装置、控制设备等）提供直流电源。

（2）当控制负荷或动力负荷需较大的冲击电流（如断路器的分、合闸）时，由蓄电池提供直流电源。

（3）当变电站交流中断时，由蓄电池组单独提供直流电源。

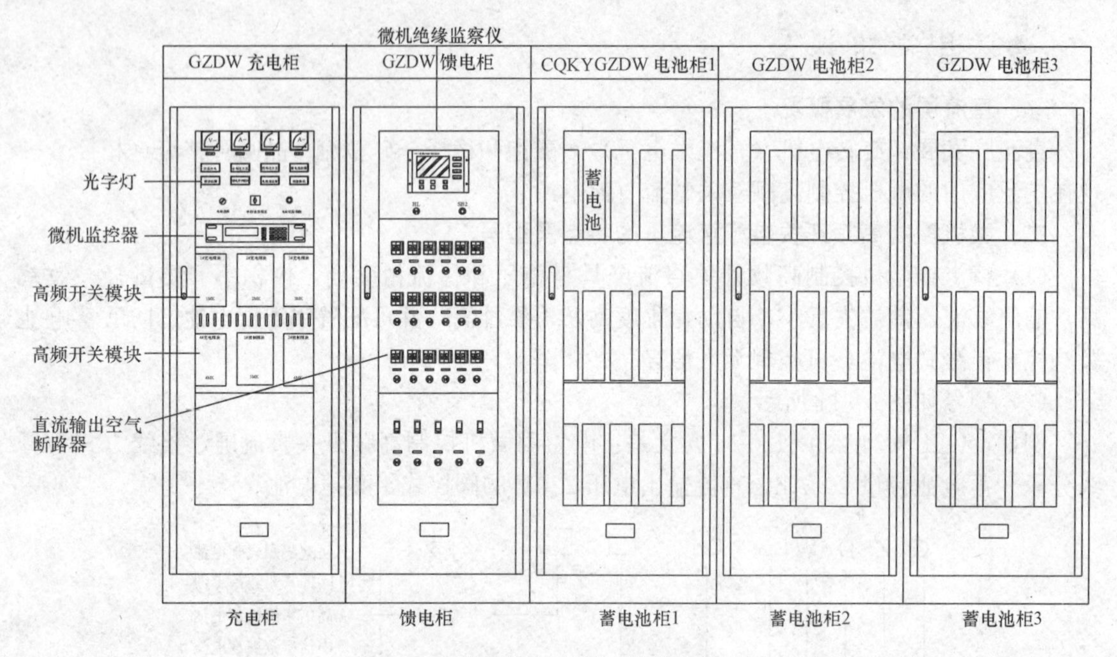

图 6-12 微机控制高频开关直流电源屏

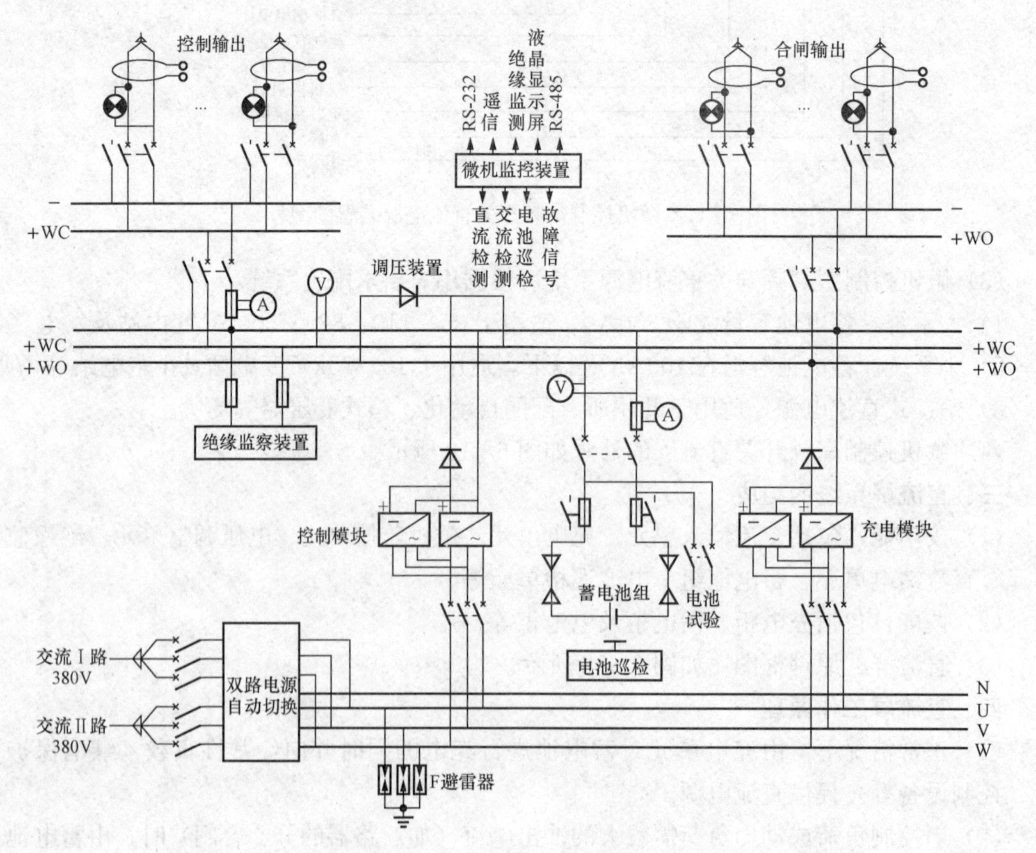

图 6-13 直流屏的原理框图

五、微机监控单元的监控原理和功能

1. 微机监控器的原理

（1）微机监控器可分别采用单片机、PLC、工控机、触摸屏等，其显示屏采用全汉化的液晶显示大屏幕。

（2）直流屏的一切运行参数和运行状态均可在微机监控器的显示屏上显示。监控器通过RS-485或RS-232接口与交流检测单元、直流检测单元、绝缘检测单元、电池巡检检测等单元的通信，从而根据蓄电池组的端电压值，充电装置的交流电压值、直流输出的电压、电流值等数据来进行自动监控。运行人员可通过微机的键盘、按钮或触摸屏进行运行参数整定和修改。远方调度中心可通过“三遥”（遥信、遥测、遥控）接口，在调度中心的显示屏上同样能监视，通过键盘操作同样能控制直流屏的运行方式。

2. 监控单元的功能

（1）自诊断和显示功能：微机监控单元能诊断直流电源系统内部电路的故障及不正常运行状态，并能发出声光报警；实时显示各单元设备的各种信息，包括采集数据、设置数据、历史数据等，可方便及随时查看整个系统的运行情况和曾发生过的故障信息。

（2）设置功能：通过监控器对系统参数进行设定和修改各种运行参数，并用密码方式允许或停止操作，以防工作人员误动，提高系统的可靠性。

（3）控制功能：监控器通过对所采集数据的综合分析处理，做出判断，发出相应的控制命令，控制方式分“远程”和“本地”（即手动和自动）两种方式，用户可通过触摸屏或监控器上的操作键设定控制方式。

（4）报警功能：监控器具有系统故障、蓄电池熔丝熔断、模块故障、绝缘故障、母线电压异常（欠压或过压）、交流电源故障、电池故障、馈电开关跳闸等报警功能，每项报警有两对继电器无源干触点，作遥信无源触点输出或通过RS-232、RS-485接遥信输出。

（5）电源模块的管理：能控制每一个模块开、关机，能及时读取模块的输出电压、电流数据及工作、故障状态和控制或显示浮充、均充工作状态及显示控制模块的输出电压和电流输出、可实现模块的统一控制或分组控制。

（6）通信功能：监控器将采集的实时数据和告警信息通过Modem（调制解调器）、电话网或综合自动化系统送往调度中心，调度中心根据接收到的信息对直流屏进行遥测、遥信、遥控，运行人员可在调度中心监视各现场的直流系统运行情况，实现无人值守。

（7）电池管理：监控器具有对蓄电池组智能化和自动管理功能，实时完成蓄电池组的状态检测，单体电池检测，并根据检测结果进行均充、浮充转换、充电限流、充电电压的温度补偿和定时补充充电等。

（8）监视功能：监视三相交流输入电压值和是否缺相、失电，监视直流母线的电压值是否正常，监视蓄电池熔断器是否熔断和充电电流是否正常等。

（9）“三遥”功能：远方调度中心可通过“三遥”接口，能遥控、遥测及遥信控制和显示直流电源屏的运行方式和故障类别。

本情境主要包含了直流系统接线及监控的运行与维护两大部分，旨在要学生能够掌握直

流系统组成、工作原理，直流监控系统的组成及工作原理，要求学生能够进行直流系统开关机操作、直流系统故障维护、直流监控系统操作等任务。

复习思考

1. 直流系统由哪些模块构成？
2. 直流系统的工作原理是什么？
3. 直流系统如何进行开、关机操作？
4. 如何进行蓄电池的运行与维护？
5. 直流屏的工作原理是什么？
6. 直流监控单元的功能有哪些？
7. 如何进行主监控界面的操作？

参考文献

[1] 国家电网公司．直流电源管理规范 [S]．北京：中国电力出版社，2006.

[2] 廖军，吴胜，戚振彪，蒲道杰，景瑶．直流接地故障分析与查找 [J]．广东电力，2013（01）.

[3] 国家电网公司．国家电网公司生产技能人员职业能力培训专用教材变电运行（750kV）[M]．北京：中国电力出版社，2010.

[4] 国家电网公司．国家电网公司生产技能人员职业能力培训专用教材变电运行（330kV）[M]．北京：中国电力出版社，2010.

学习情境七　变电站综合自动化系统的异常和故障检查与处理

情境描述

描述变电站综合自动化系统可能出现的异常或故障，检查与处理的方法；使学生对异常或故障具有一定的检查操作能力；通过对变电站综合自动化系统遥信、遥测、遥控异常检查及处理，熟知变电站综合自动化系统测控装置的结构和工作原理，明确测控装置的使用维护的要求。

教学目标

了解变电站综合自动化系统遥信、遥测、遥控异常检查及处理和监控系统的故障检查，了解异常或故障的现象和检查操作步骤。了解正确处理保护装置的动作信号及报告步骤；会正确处理运行时出现的告警信号；能进行变电站综合自动化系统的异常情况处理；能严格执行有关的安全规程。

教学环境

多媒体教室、自动化实训室。

任务一　变电站综合自动化系统遥信、遥测、遥控异常检查及处理

教学目标

了解正确处理保护装置的动作信号及报告步骤；会正确处理运行时出现的告警信号；能进行变电站综合自动化系统的异常情况处理；能严格执行有关的安全规程。

任务描述

对变电站综自系统遥信、遥测、遥控异常检查及处理，掌握基本处理方法。

任务准备

准备5套变电站综合自动化系统直流电源屏，可以分组实施。电位器、调压器5套，万用表等常用工具5套。有条件的准备继电保护测试仪5套，变电站综合自动化系统操作手册若干套。

一、变电站综合自动化系统遥信异常

变电站综合自动化系统遥信是监控系统发现保护动作和现场开关变位重要的信息，值班员通过遥信信息可以了解目前系统的运行状态。

1. 个别遥信频繁变位

（1）发现个别遥信频繁变位时，首先检查是不是信号线接触不良，如果接触不良则采取措施消除，如果接触良好则检查辅助触点是否松动，如果松动，则修理辅助触点。

（2）查看设备是不是处在检修或试验状态，如果在检修或试验状态，则禁止该遥信更新或报警。

（3）检查开关机构有无故障，如果是开关机构的故障，则报告检修班检修开关机构。

（4）检查是否由于信号受到干扰，如果是由于干扰造成，则消除干扰，或加强屏蔽。

2. 一批遥信数据不更新

（1）首先检查是不是由于外部故障，是不是由于遥信公共端断线，如果断线则重新接线。

（2）检查遥信电源是否失电或电源故障，如果电源故障，则采取措施恢复。

（3）检查是否对应遥信接口板故障，如果接口板故障，则更换遥信接口板。

（4）检查测控单元地址是否冲突，如果是修改测控单元地址。

（5）检查是否测控单元故障，如果测控单元故障，则通知自动化班检修测控单元。

（6）检查通信是否中断，如果通信中断，则检查是否通信机故障，若通信机故障，则通知有关班组检修通信控制机。

（7）检查测控单元与通信及通信是否正常，如果中断，则检查恢复测控单元与通信机的通信。

（8）检查通信机与主计算机通信是否中断，如果中断，则检查恢复通信机与主计算机的通信。

（9）检查是否设置禁止更新，如果是，则恢复自动更新。

（10）检查前景是否与数据库不对应，如果是，则恢复前景和数据库。

（11）检查画面刷新是否停止，恢复画面刷新。

（12）检查主计算机程序是否异常，如果是，查找程序异常的原因并进行处理。

二、变电站综合自动化系统遥测异常

变电站综合自动化系统遥测是监控系统发现一次系统中电流、电压和功率等现场设备参数有无越限的重要的信息，值班员通过遥测信息可以了解目前系统的运行的参数，以便采取措施。

1. 遥测数据不更新

（1）检查测控单元是否失电，若失电，检查测控单元电源是否发生故障，排除电源故障，或查找失电原因恢复供电；

（2）检查测控单元是否故障，若有故障则进一步判断采样输入回路是否故障，若发生了故障，更新采样输入回路插件，若无则判断 A/D 变换部分是否发生故障，若有则更换 A/D 变换插件。

（3）判断 TV 回路是否失压，若有则检查 TV 回路并恢复电压。

（4）检查 TA 回路是否短路，若有排除 TA 回路短路故障，否则检查通信是否中断，若中断则检查对应测控单元，恢复通信。

（5）检查是否人工禁止更新，若有则恢复自动更新。

（6）检查前景与数据库是否不对应，若不对应则修改前景与数据库使之对应，否则查找其他原因。

2. 遥测数据错误

（1）检查测控单元是否发生故障。

（2）检查采样输入回路是否发生故障，若有故障，更换采样输入回路插件，若无则判断A/D变换部分是够发生故障，若有则更换A/D变换插件。

（3）判断TV回路是否失压，若失压则检查TV回路并恢复电压。

（4）检查TA回路是否短路，若短路则排除TA回路短路故障，否则检查电流、电压输入回路是否错误，核对相序重新接线。

（5）检查电流电压波形是否畸变，若发生畸变则查找畸变原因并排除。

（6）检查测控单元地址是否错误，若错误则重新修改测控单元地址。

（7）检查前景与数据库是否对应，若不对应则修改前景与数据库使之对应，否则查找其他原因。

3. 遥测精度差

（1）检查测控单元是否异常。

（2）检查采样回路接触是否良好，若接触不良则消除其原因或更换有关插件，若无则判断A/D变换部分是否发生故障，若有则更换A/D变换插件。

（3）判断TV回路是否异常，若TV回路异常则消除TV回路异常并减小TV回路负荷。

（4）检查TA回路是否异常，若TA回路异常则消除TA回路异常并减小TA回路负荷。

（5）检查标度系数是否有误，核对标度系数，若无误则查找其他原因。

4. 多组遥测、遥信数据不更新

（1）检查通信是否中断。

（2）检查测控与通信机通信是否中断，若中断则恢复测控与通信机通信，否则检查通信机与计算机通信是否中断，若中断则恢复通信机与计算机通信。

（3）检查主计算机程序是否异常，若异常则派出主计算机程序异常。

（4）检查各测控单元地址是否冲突并更正，否则查找其他原因。

5. 多路遥测数据报错的处理

（1）查看是不是地址出错，若测控单元地址出错，则修改测控单元地址；若测控单元地址正确，则检查是不是通信机转发点号错，如果是则修改通信机转发点号。

（2）如果不是地址出错，则检查是不是数据库定义出错，如果实则修改数据库定义。

（3）如果数据库定义正确，则检查主计算机程序是否正常，如果是则排除主计算机程序问题。

如果主计算机程序正常，则查找其他原因。

6. 个别遥测数据不更新

（1）发现个别遥测数据不更新时，首先检查外部回路是否故障，如检查信号回路是否断线，如果断线，则重新接线，如果信号输入回路正常，则检查型号继电器的触点是否卡死，如果是则修理信号继电器的触点。

（2）如果外部回路正常，则检查对应的光电隔离器件是否损坏，如果是则更换遥信输入接口板。

（3）检查转发点号是否未定义或定义错，如果是则修改转发点号。

（4）检查是否画面前景错，如果是则修改相应的画面前景。

（5）检查是否数据库定义错，如果是则修改数据库定义。

（6）检查是否设置禁止更新，如果是则恢复自动更新。

（7）检查前景是否和数据库不对应，如果不对应则修改前景和数据库。

（8）查找其他原因。

三、测控单元常见异常

变电站综合自动化系统遥控是监控系统对现场开关变设备进行操作的重要的命令，值班员通过遥控可以对目前系统的运行状态进行改变，遥控命令的执行非常重要，必须百分之百准确。

1. 测控单元与通信机通信不通

（1）查看是否地址出错，若测控单元地址出错，则修改测控单元地址；若测控单元地址正确，则检查通信机内是否为定义，如果是则修改通信机内测控单元定义。

（2）检查通信连线接触是否良好。

（3）检查测控单元有无发生故障，若发生故障，修理测控单元。

2. 测控单元模拟量采样异常

（1）检查是否发生外部故障，若发生外部故障，检查 TV、TA 回路是否异常，若无异常检查信号线接触是否良好。

（2）检查采样输入回路是否发生故障，如果发生故障，更换采样输入回路。

（3）检查 A/D 转换回路是否发生故障，若发生故障，更换 A/D 转换插件。

（4）检查 CPU 插件是否出现异常，若出现异常更换 CPU 插件。

（5）检查测控单元软件是否异常，若出现异常，检查和修改软件。

3. 测控单元开关采集异常

（1）检查是否发生外部故障，若发生外部故障，检查信号电源是否发生故障并排除之，若信号电源未发生故障，检查信号公共端是否断线，若断线重新接线。

（2）检查开关量输入回路是否发生故障，若发生故障，更换开关量输入回路插件。

（3）检查测控单元软件是否异常，若出现异常，则排除测控单元软件异常。

4. 测控单元遥控拒动

（1）检查是否发生外部故障，若发生外部故障，检查控制回路是否断线，若无断线检查有无控制电源，若无控制电源，检查并恢复控制电源。

（2）检查遥控连接片是否投入。

（3）检查遥控出口回路是否异常，若出现异常更换遥控插件。

（4）检查 CPU 插件是否出现异常，若出现异常更换 CPU 插件。

（5）检查测控单元软件是否异常，若出现异常，检查和修改软件。

任务实施

1. 遥控命令发出，遥控拒动

遥控拒控 3 次时，应检查合闸保险是否良好，远方就地切换把手是否接触良好。遥控返校错误时，立即就地进行操作，同时向工区、调度以及自动化班汇报，及时进行处理。

（1）检查就地/远方开关是否在就地位置，若在，进一步检查保护屏上的开关是否在就地位置，将其切换至远方位置，若已为远方位置则检查开关柜上开关是否在远方位置，若不在将其切换至远方位置。

（2）检查测控单元出口连接片是否投入，若未投，投入连接片。

（3）检查控制回路是否断线，若是检修控制回路。

（4）检查控制电源是否消失。

（5）检查开关是否正在检修，若是暂停遥控。

（6）检查遥控出口继电器是否发生故障，若发生故障则更换继电器。

（7）检查遥控闭锁回路是否发生故障，若发生故障，修复遥控闭锁回路。

（8）检查遥控是否被强制闭锁，若被强制闭锁则检查操作有无违反操作规程或其他错误。

2. 遥控返校错或遥控超时

（1）检查通信是否受到干扰，若受到干扰重新操作一次。

（2）检查测控单元是否发生故障，若发生故障排除测控单元故障。

（3）检查通信是否中断，若中断则检查遥控与通信机通信是否中断，并恢复其遥控与通信机通信。

（4）检查通信机与主计算机通信是否中断，若中断，则恢复通信机与主计算机通信。

（5）检查控制回路是否断线，检修控制回路。

（6）检查控制电源是否消失。

（7）检查是否同时有多个遥控操作，若有多个遥控操作，则使之不同时操作。

（8）检查遥控出口继电器是否发生故障，如果继电器发生故障，更换出口继电器。

（9）检查遥控闭锁回路是否发生故障，若发生故障，修改遥控闭锁回路。

3. 遥控命令被拒绝

（1）检查开关号或者对象号是否错误，若错误则更改开关号或对象号。

（2）检查该遥控是否被闭锁，若被闭锁则检查操作有无违反操作规程。

（3）检查受控开关位置是否为检修状态，将其修改为受控开关状态。

（4）检查核对该开关是否能遥控。

（5）检查开关前景定义是否错误，若错误，重新定义前景。

（6）检查操作者有无遥控特权，若无则更换操作者。

（7）检查操作口令是否多次输入错误，核对操作口令。

（8）检查被控开关是否有失误对应，若无实物对应取消遥控。

4. 遥调命令发出，遥调拒动

（1）检查分接头控制电源是否投入。

（2）检查遥调连接片是否投入。

（3）检查出口继电器是否已损坏，若已损坏则更换出口继电器。

（4）检查挡位信号是否更新。

（5）检查遥调是否被闭锁，若被闭锁，如果挡位处于极端位置，则进行相反方向遥调操作。

（6）如果挡位处于自动控制模式，改为手动模式。

（7）检查变压器是否处于异常状态，此时暂停遥调。

5. 遥控单元失电

（1）检查是否发生外部故障，若发生外部故障，检查电源熔丝是否完好，如果熔丝已断，更换熔丝；若熔丝完好，检查电源线是否断开或接触不良。

（2）检查机柜电源总开关是否断开，合上总电源开关。

（3）检查测控单元电源是否发生故障，若发生故障及时更换测控单元电源。

相关知识

一、测控单元调试和验收

调试和验收按以下步骤和方法进行：

1. 外部直观检查

在设备到达现场，安装就位后，首先应进行外部直观检查。检查各保护、测控单元或其他微机装置和设备电路板插件有无松动、接触不好现象；检查机箱、机柜有无螺栓松动、脱落现象，特别是外观有无损坏、变形现象。机柜、机箱外观若有严重损坏或变形，常常意味着内部电路板插件也受到损坏。

2. 绝缘和接地检查

主要检查机箱对机柜绝缘、强电输入端子对地绝缘，以及检查各种信号电缆的屏蔽接地是否正确、接地良好。需特别注意的是：机柜与变电站接地网连接必须保证接触良好、可靠，与变电站接地网的接触电阻尽可能小，与变电站接地网可靠连接，对提高变电站自动化设备抗电磁干扰能力至关重要。虽每个屏柜都与变电站接地网相连，但就整个系统来看，只有一点接地，该接地点就是变电站接地网接地点。

3. 接线和通电检查

设备到现场后，接线和通电检查，主要为设备端子外部接线检查和核对。将实际接线与图纸核对有无出入，检查接线有无接触不良、松动现象。由于各种各样的原因，现场实际施工图纸与厂家设备端子出线图纸可能会有少许出入，这时应特别注意，请设计人员、厂家技术人员配合协调，确认和更改。

接线检查确认无误后，在设备加电之前，应检查机柜、计算机输入电源是否符合自动化设备对电源的要求，如设备电源要求直流还是交流，输入电压是否相符，电源电压是否在规定范围内波动。通电时，最好逐个设备进行。通电检查有无异常现象，观察电源指示灯有无指示，有无异常声音或发热、冒烟现象。若发生上述现象，应立即切断电源。

4. 功能检查

功能检查主要有遥测、遥信、遥调、遥控检查，保护功能检查，人机界面、通信以及控制功能检查。这些检查有很多是互相关联、互相交叉的。在进行保护整组试验时，结合遥信、通信、和人机界面等几个部分检查，可一次检查到上述各个环节，避免大量重复劳动。又如，在做遥测、遥信试验时，可结合与调度远动通信试验一起做。这样既检查了当地遥测、遥信信号反映正确性，也检查了调度自动化系统该站远动信息的正确性，可保证远方调度和监控变电站可同变电站当地自动化一道投入运行。

由于技术的进步，测量的精确度有了较大提高，同时，也比较稳定，在工厂一次调试完后，可基本上保持不变。因此，设备到现场后，对遥测精确度检查，可采取抽检的方式，提取某一个或几个测控单元进行测量精确度检查，也可仅针对有疑问的设备进行检查，不必逐个检查。

遥测、遥信功能检查，在现场主要是正确性检查。通过在设备端子排处、在一次设备出线端子处，模拟电流、电压信号，模拟开关信号变位，观察测控单元、计算机系统画面显示是否出现对应的数值、相应的变位，同时出现对应遥测数值，发生遥信变位的设备应同现场对应设备相一致。

遥调、遥信功能主要核对正确性。通过在计算机系统上选择对应的断路器或变压器分接头进行控制操作，分合闸或上升下降调节，验证整个控制环节的正确性。

通信检查包括保护、测控单元与计算机系统通信、智能电能表通信、自动装置与计算机通信、远动通信检查等。通过功能检查，可间接地反映通信功能工作的状况：准确性、实时性、可靠性。

5. 系统整组检查

完成各项单项功能试验后，进入系统整组试验。

整组试验包括上述单项功能试验，只不过试验环境和条件略有改变。整组试验强调验证整个系统运行时，各单项功能完成的情况。例如，同时数个开关发生变位，整个系统是否完整地采集到每一个变位信息，并给予实时、可靠、正确的处理，既不漏，也不多。同时记录和区分变位的时间，也应符合要求。

对单项试验来说，整组试验虽有部分重复，但十分必要。单项功能试验关心的是这一功能完成的正确性，而整组试验不仅关心这一功能的正确性，且还要验证这一功能和相关功能以及系统的相互作用和影响。

二、测控装置使用注意事项

（1）屏柜应有良好、可靠的接地，接地电阻应符合设计规定。

（2）使用交流电源的电子仪器测量电路参数时，电子测量仪器端子与电源侧应绝缘良好。仪器的外壳应与保护屏柜在同一点接地。

（3）检验或检修时，不宜用电烙铁。若必须使用时，应将电烙铁与屏柜在同一点接地。

（4）尽量避免用手接触集成电路元器件的管脚，确实不能避免时，应有防止人身静电损坏集成电路的措施。

（5）断开直流电源后才允许插、拔插件。

（6）拔芯片应用专用起拔器。插入芯片时应注意芯片的插入方向、管脚是否插入正确。插入芯片后，应经第二人核对后，才可通电检验或使用。

（7）测量绝缘电阻时，应拔出装有集成电路芯片的插件。

（8）各保护测控单元的地址（或编号）一旦确定下来后，严禁随意变更。在更换备品备件时，要特别注意核对地址、编号，应保证绝对一致。

(9) 当微机保护在现场按制造厂提供的技术条件进行整定试验不能实现时，不允许用降低使用条件和技术指标的办法来完成整定试验，而应请制造部门解决此类问题。

(10) 微机保护的整组试验应采取向微机保护的电流、电压和外部接点端子通入实际模拟的故障分量来考核微机保护的整定精确度和动作行为。不允许用改变保护控制字的方式进行微机保护的整组试验。

(11) 现场宜用更换插件的方法进行检修，不允许使用电烙铁对微机保护进行检修，以免扩大插件的损坏程度或给装置留下隐患。

(12) 变电站主计算机的使用，至少应留有计算机系统全部软件和数据备份一份，并保存在较为安全的地方。

(13) 不准随意退出计算机监控应用程序，更不准利用变电站主计算机做与变电站监控无关的事情。

(14) 变电站主计算机有必要退出运行时，应按照计算机退出运行的操作顺序将计算机退出运行。严禁通过直接切断电源的方式，强制计算机退出运行。

(15) 计算机使用的不停电电源，应定期进行检查和维护，充放电，保持其始终处于良好的工作状态。

(16) 对远动通道，应有防雷、抗各种操作过电压的措施。

三、测控装置故障的影响

在早期的电力生产管理中，由于电网自动化设备未被广泛地用于实时监控电力系统的运行，电网自动化设备错误或故障引起的事故极少发生，极少见到专门针对电网自动化设备的事故分析和研究成果。近些年来，国内外多次发生电网重大事故后，电力生产的管理者才逐步重视自动化设备可能对电力生产产生的严重影响，促使对自动化设备或系统给电力安全生产造成的影响进行分析研究。

对许多电网重大事故的分析表明了自动化设备的作用，例如，北美大停电事故中，如果自动化系统当时能够正常运行，电网管理机构极有可能对初发的事故进行迅速处理和控制，防止事故扩大造成的严重后果。

随着电力系统生产管理和技术装备的发展，自动化系统越来越广泛地在电力生产中发挥作用，继电保护和安全自动装置、厂站自动化系统是电力生产中直接控制和监视电网运行的设备，其动作行为的结果直接对电网运行状态产生影响。

从设备的组成和运行形式等方面来看，厂站自动化设备与继电保护和安全自动装置相似，在电力生产实践中形成的针对继电保护、安全自动装置在发生事故后的分析、调查及防范措施的制定等方面的思路、规则和方法也是适用于厂站自动化设备。

任务二 监控系统的故障检查及处理

教学目标

能正确处理变电站综合自动化系统故障。了解变电站综合自动化系统故障检查的注意事项；学会常见故障处理方法；能进行变电站综合自动化系统简单故障的检查；能严格执行有关的安全规程。

任务描述

通过对变电站综合自动化监控系统进行故障检查及处理，熟知标准化作业流程，能详细描述监控系统故障检查及处理的内容及目的。

任务准备

准备5套变电站综合自动化系统直流电源屏，可以分组实施。电位器、调压器5套，万用表等常用工具5套。有条件的准备继电保护测试仪5套，变电站综合自动化系统操作手册若干套。

一、后台监控系统参数异常现象

在调试和维护过程中，常遇到的一些问题是同监控系统的参数配置有关的，故遇到问题可以直接先看看相应选项是否已正确配置。

（1）系统为双网配置，但监视只有A网正常。

（2）遥控操作被禁用。

（3）遥控操作方式为单人，无监护人界面。

（4）遥控操作无“五防”校验。

（5）经后台系统计算的数据不正确等。

二、后台监控系统遥信数据异常现象

（1）遥信数据不刷新。

（2）遥信值和实际值相反。

（3）遥信错位。

（4）遥信名称错误。

三、后台监控系统遥测异常处理现象

（1）遥测数据不刷新。

（2）遥测数据错误。

四、后台监控系统遥控功能异常

（1）遥控选择不成功。

（2）遥控执行不成功。

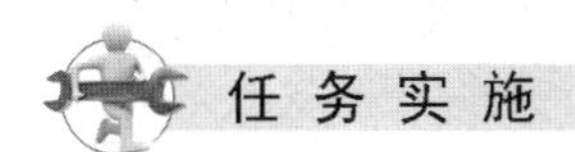

任务实施

由教师设置通信中断，让学生实际操作检查排除。变电站在线监控系统为变电站值班人员提供的操作平台，如果变电站综合自动化系统出现故障，在线监控软件可以通过语音、屏幕窗口等各种方式提请值班人员注意，监控系统报警后，一般应该采取如下措施查询故障原因并处理：

（1）监控人员首先调出变电站一次接线图，观察一次接线图上的各种信息，确认是故障类型。

（2）汇报调度和相关班组（汇报自动化班、保护班，不通或多站同时通道中断则汇报信通公司）。

（3）加强本站设备巡视，进行进一步检查及处理。

（4）系统为双网配置，但监视只有 A 网正常的原因分析：目前后台监控系统大部分都是双网配置，正常双网通信正常，如出现 A/B 网络异常，可先检查网线是否完好，是否可靠接触。如正常，检查数据库配置是否正确、完整，在后台系统组态界面的系统设置/节点表里，有所有后台机相关设置，包括 IP 地址等。一般调试初期就会设置好 IP 地址，即在相应机器中进行“是否双网”的设置，否则只有 A 网是正常的，B 网为异常状态。通过后台的系统网络界面也能看到相应网络状态。如以上都没问题，就要考虑计算机硬件了，查看网卡是否被禁用了。

（5）遥控操作被禁用的原因分析：在系统组态界面的系统设置/节点表里有“遥控允许”设置，如要遥控允许没有被设置，那么该后台机的遥控操作会被禁止。

（6）遥控操作方式为单人，无监护人界面的原因分析：在系统组态界面的系统设置/遥控设置里有“遥控监护人校验”设置，如遥控监护人校验没有被设置，那么该后台机的遥控操作方式为单人，无监护人界面。

（7）遥控操作无“五防校验”的原因分析：在系统组态界面的系统设置/遥控设置里有“五防校验”设置，如“五防校验”没有被设置，那么该后台机的遥控操作将无需进行“五防校验”。

（8）经后台系统计算的数据不正确的原因分析：后台通过综合量计算实现将收到的数据进行转化，如变压器挡位有时收到的是 BCD 码，便要将之综合量计算转位挡位。这时如结果不正确，可检查：

1）系统组态界面的系统设置/节点表，有“有综合量计算”设置，如果此相不设置，则后台不进行处理。

2）计算公式表中综合量计算公式的计算周期被设置为“事件触发”，请正确选择计算周期。

3）系统类/综合量计算表中相应记录的“是否禁止计算”的被设置，请取消此设置。

4）计算的结果为非法值，如挡位的计算结果为 0 或遥测的计算结果不在有效范围内，检查公式，输入输出数据等。

相关知识

一、检修前的准备工作

（1）按照要求向调度中心和上级调度部门进行检修申请，向调度部门申请开工，告知计划工作时间。

（2）确定作业项目，明确工作任务：

1）由班组长向工作负责人以及工作人员交代工作地点、工作内容、工作任务。

2）熟悉监控系统运行工作站的技术资料、安装图纸，明确设备性能、结构、安装程序、质量要求、工艺方法、配置参数及注意事项。

3）工作负责人进行技术交底、组织分工。

（3）工器具和材料准备：

1）按需要准备材料。

2）准备必需的劳动保护用品。

二、系统检查备份

备份要注明日期及工作人员。

1. 检查系统状态

（1）检查监控系统运行工作站的硬件运行状态。

（2）检查备机操作系统、系统软件的运行状态，保证其网络通畅，包括内存、硬盘空间，CPU 负荷率等，均应满足相关指标要求。

2. 进行系统软件及运行环境备份（根据需要进行）

（1）备份所有的运行中程序、运行参数设置等内容。

（2）备份当前系统运行环境设置。

（3）备份所有源代码（可选）。

（4）将备份文件保存至其他计算机或存储设备。

三、设备硬件检修

1. 硬件设备检修

（1）测试确认电源已断开。

（2）移动硬件设备至便于检修的位置。

（3）进行设备检修操作，如更换、添加系统硬件设备等。

（4）检查系统接线无误，设备安装牢固、可靠。

（5）完成检修操作后盖上机箱，移回原位。

2. 安全检查

（1）做好防静电措施，检查机箱内有无明显断线、脱焊、元件脱落、短路、板卡未插紧等现象。再次全面检查一遍接线质量。

（2）做好详细的设备配置记录。

3. 设备通电检查

（1）合设备电源开关。

（2）启动设备。

（3）密切观察设备有无打火、冒烟、焦煳味、异常声音等现象发生，发现后立即关电检查、排除。

（4）设备运行、告警指示功能检查：设备电源指示灯、告警灯、告警音响、运行状态指示灯功能均能正常工作或正确反映设备状态。

（5）散热功能检查：检查设备散热风扇运转及声音是否正常，柜体与风扇间距是否满足散热要求。

（6）做好检查记录。

四、系统功能检查、性能测试

1. 操作系统软件及系统配置检查

（1）安装正版服务器操作系统软件。

（2）运行最新的操作系统补丁。

（3）安装服务器硬件驱动程序。

（4）参照安全防护模板进行监控系统运行工作站加固，更新病毒库。

（5）按照设计配置服务器 IP 地址，接通网络。

2. 进行监控软件功能检查调试

（1）检查监控软件及数据库软件运行是否正常。

（2）检测监控系统运行工作站遥信是否正确。

（3）检测监控系统运行工作站的遥测功能是否正确。

（4）检测监控系统运行工作站的遥控功能是否正确。

（5）按验收规范表所列的其他参数要求检测工作站是否满足要求。

五、系统恢复运行

1. 系统所有功能恢复运行

（1）测试监控系统运行工作站启动是否正常。

（2）测试监控系统运行是否正常。

（3）与调度中心核对相关监控运行数据。

2. 检修结束

（1）监控系统运行工作站的相关软件备份。

（2）如有需要通知上级调度自动化主管部门。

（3）填写监控系统运行工作站检修记录报告及在网上填写相关修试记录。

（4）由工作负责人负责将工作内容、遗留问题、运行情况记录入系统维护记录簿。

（5）整理各项资料，完成存档工作。

学习情境（项目）总结

变电站综合自动化系统的异常和故障检查与处理包括是变电站综合自动化系统遥测、遥信、遥控、遥调功能的异常和通信系统的故障，对整个变电站综合自动化系统运行非常重要。

本情境让学生通过对变电站综合自动化系统的异常和故障的处理，让学生系统了解和掌握了变电站自动化系统，使学生不但掌握变电站自动化系统的原理，也掌握了变电站自动化系统的维护。

复习思考

1. 变电站综合自动化系统遥信异常有哪些？
2. 变电站综合自动化系统遥测异常有哪些？
3. 变电站综合自动化系统遥控异常有哪些？
4. 变电站综合自动化系统遥调异常有哪些？
5. 测控单元常见异常有哪些？

参考文献

[1] 丁书文．变电站综合自动化现场技术．北京：中国电力出版社，2008.

[2] 丁书文．综合自动化原理及应用．北京：中国电力出版社，2010.

[3] 湖北省电力公司生产技能培训中心．变电站综合自动化模块化培训指导．北京：中国电力出版社，2010.

[4] 丁书文，胡起宙．变电站综合自动化原理及应用．2版．北京：中国电力出版社，2010.

学习情境八　认识智能变电站

情境描述

本学习情境，以目前电网系统变电站中在大量建设和改造的智能变电站自动化系统为载体，共设计了两个学习任务，分别是智能变电站关键技术应用、智能变电站应用实例。任务一是在已经熟悉了综合自动化变电站的情况下，来认识智能变电站，理解其与综合自动化变电站的不同，熟悉智能变电站的技术特点，熟悉智能变电站的结构体系；熟悉智能变电站主要技术，其中重点熟悉 IEC 61850 通信技术标准、数字式互感器技术、智能化的一次设备。任务二是在熟悉了智能变电站特征的情况下，了解智能变电站的高级应用，了解智能变电站的功能创新。学生通过对实训基地、实地参观学习、或视频学习，然后分组讨论、汇报和总结，熟悉智能变电站的功能创新内容和高级应用环节。通过实施具体的学习任务，引导学生初步认知智能变电站的构成、特点、作用、功能；引导学生认识到智能变电站技术是变电站综合自动化技术的发展、升级，也是数字化变电站和高级应用的进一步提升，主要变化体现在一次设备智能化检测、操作，二次设备网络化功能实现等；训练学生获取智能变电站技术新知识、新技能、处理信息的能力；培养学生团队协作和善于沟通的能力。

教学目标

理解什么是智能变电站，了解智能变电站自动化的基本概念和构架体系，以及其构成、主要技术。

教学环境

建议实施小班上课，在智能变电站实训室（或校外智能变电站实训基地）进行教学，便于“教、学、做”一体化教学模式的具体实施。配备需求：白板、一定数量的电脑、一套多媒体投影设备。多媒体教室应能保证教师播放教学课件、教学录像及图片。

任务一　智能变电站关键技术应用

教学目标

（1）理解智能变电站概念。

（2）说明智能变电站的技术应用特征。

（3）说明智能变电站的结构体系特点。

（4）熟悉智能化的一次设备。

（5）熟悉非常规互感器分类、特点。

（6）能介绍 IEC 61850 通信标准应用情况。

任务描述

随着国家智能电网的大力建设，智能变电站的建设正在推进，并且各省电力公司已有不少智能变电站投入运行。首先要对校内实训基地、校外智能变电站实地参观学习，或通过网络、视频、课件学习，能够进行智能变电站实物对照及技术应用特征分析，然后分组讨论、汇报和总结。熟悉智能变电站的构成、作用、功能、及使用方法。

任务准备

教师说明完成该任务需具备的知识、技能、态度，说明观看或参观设备的注意事项，说明观看设备的关注重点。帮助学生确定学习目标，明确学习重点、将学生分组；学生分析学习项目、任务解析和任务单，明确学习任务、工作方法、工作内容和可使用的助学材料。

任务实施

观察智能变电站关键技术应用及主要构成设备。

1. 实施地点

智能变电站现场或智能变电站实训室，或多媒体教室观看视频、课件 。

2. 实施所需器材

（1）多媒体设备。

（2）一套智能变电站系统实物；可以利用智能变电站实训室装置，或去典型智能变电站参观。

（3）智能变电站音像材料。

3. 实施内容与步骤

（1）学员分组：3～4 人一组，指定小组长。

（2）资讯：指导教师下发项目任务书，描述项目学习目标，布置工作任务，讲解变电站综合自动化系统的构成、功能及特点；学生了解工作内容，明确工作目标，查阅相关资料。

（3）指导教师通过图片、实物、视频资料、多媒体演示等手段，让学生初步了解变电站自动化系统。

（4）计划与决策：学生进行人员分配，制订工作计划及实施方案，列出工具、仪器仪表、装置的需要清单。教师审核工作计划及实施方案，引导学生确定最终实施方案。

（5）实施：学生可以实行不同小组分别观察系统的不同环节，循环进行，仔细观察、认真记录，进行智能变电站的认识。

1）观察智能变电站设备外形，观察结果记录在表 8-1～表 8-3 中。

表 8-1　　观察智能变电站记录表

序号	智能变电站所观察的环节	包括的主要设备	设备间的连接描述	主要设备作用描述	主要设备特点描述	备注
1						
2						
3						
⋮						
不明白的问题						
询问指导教师后对疑问理解情况						

表 8-2　　智能变电站技术应用特征记录表

序号	1	2	3	4	5	6	…
基本特征							
特征详细描述							
不明白的问题							
询问指导教师后对疑问理解情况							

表 8-3　　智能变电站先进于变电站综合自动化系统技术记录表

序号	1	2	3	4	5	6	7	8	…
技术方面									
具体技术描述									
不明白的问题									
询问指导教师后对疑问理解情况									

2）注意事项：①认真观察，记录完整；②有疑问及时向指导教师提问；③注意安全，保护设备，不能触摸到设备。

（6）检查与评估：学生汇报计划与实施过程，回答同学与教师的问题。重点检查变电站综合自动化系统的基本知识。教师与学生共同对学生的工作结果进行评价。

1）自评：学生对本项目的整体实施过程进行评价。

2）互评：以小组为单位，分别对其他组的工作结果进行评价和建议。

3）教师评价：教师对互评结果进行评价，指出每个小组成员的优点，并提出改进建议。

相关知识

变电站自动化技术经过多年的发展已经达到一定的水平，随着智能化开关、光电式电流电压互感器、一次运行设备在线状态检测、变电站运行操作培训仿真等技术日趋成熟，以及计算机高速网络在实时系统中的开发应用，势必对已有的变电站自动化技术产生深刻的影响，全数字化、智能化的变电站自动化系统已经投入运行并大量建设。

国家电网公司在2009年5月21日已发布了建设“坚强智能电网”的发展规划，到2020年将全面建成统一的“坚强智能电网”。在发电、输电、变电、配电、用电和调度六个环节之中，变电环节占据着相当重要的地位，智能变电站因此成为建设坚强智能电网的重要组成部分，是连接发电和用电的枢纽，是整个电网安全、可靠运行的重要环节。随着应用网络技术、开放协议、一次设备在线监测、变电站全景电力数据平台、电力信息接口标准等方面的发展，驱动了变电站一、二次设备技术的融合以及变电站运行方式的变革，由此逐渐形成了完备的智能变电站技术体系。与传统的变电站相比，其技术更加先进，具有安全可靠、占地少、成本低、少维护、环境友好等一系列优势。目前，国内已经陆续有各电压等级的智能变电站投入运行，智能变电站的建成投运可大幅提升设备智能化水平和设备运行可靠性，实现变电站无人值班和设备操作的自动化，提高资源使用和生产管理效率，使运行更加经济、节能和环保。

一、智能变电站概念

智能即为人性化，就是把变电站做成像人在调节一样，当低压负荷量增加时变电站送出满足增加负荷量的电量，当低压负荷量减小时，变电站送出电量随之减少，确保节省能源。

依据国家电网公司企业标准 Q/GDW 383—2009《智能变电站技术导则》的规定，智能变电站定义为采用先进、可靠、集成、低碳、环保的智能设备，以全站信息数字化、通信平台网络化、信息共享标准化为基本要求，自动完成信息采集、测量、控制、保护、计量和监测等基本功能，并可根据需要支持电网实时自动控制、智能调节、在线分析决策、协同互动等高级功能，实现与相邻变电站、电网调度等互动的变电站。

智能变电站主要包括智能高压设备和变电站统一信息平台两部分。智能高压设备主要包括智能变压器、智能高压开关设备、电子式互感器等。智能变压器与控制系统依靠通信光纤相连，可及时掌握变压器状态参数和运行数据。当运行方式发生改变时，设备根据系统的电压、功率情况，决定是否调节变压器分接头；当设备出现问题时，会发出预警并提供状态参数等，在一定程度上降低运行管理成本，减少隐患，提高变压器运行可靠性。智能高压开关设备是具有较高性能的开关设备和控制设备，配有电子设备、传感器和执行器，具有监测和诊断功能。电子式互感器是指纯光纤互感器、磁光玻璃互感器等，可有效克服传统电磁式互感器的缺点。变电站统一信息平台功能有两个：一是系统横向信息共享，主要表现为管理系统中各种上层应用对信息获得的统一化；二是系统纵向信息的标准化，主要表现为各层对其上层应用支撑的透明化。

二、智能变电站典型应用特征

智能变电站与综合自动化变电站不同，除了关注站内设备及变电站本身可靠性外，更关注自身的自诊断和自治功能，做到设备故障提早预防、预警，并可以在故障发生时，自动将设备故障带来的供电损失降至最低。其主要应用环节体现在五个方面。

第一，智能化一次设备技术的发展与应用。随着基于光学或电子学原理的电子式互感器和智能断路器的使用，常规模拟信号和控制电缆将逐步被数字信号和光纤代替，测控保护装置的输入输出均为数字通信信号，变电站通信网络进一步向现场延伸，现场的采样数据、开关状态信息能在全站甚至广域范围内共享，实现一、二次设备的灵活控制，且具备双向通信功能，能够通过信息网进行管理，使全站信息采集、传输、处理、输出过程完全数字化。

第二，基于 IEC 61850 标准的自动化系统。基于 IEC 61850 标准的统一标准化信息模型实现了站内外信息共享。智能变电站将统一和简化变电站的数据源，形成基于同一断面的唯一性、一致性基础信息，通过统一标准、统一建模来实现变电站内的信息交互和信息共享，可以将常规变电站内多套孤立系统集成为基于信息共享基础上的业务应用。如信息采集就地化、信息共享网络化、信息应用智能化等。

第三，网络技术发展及应用。网络系统是智能变电站自动化系统的命脉，它的可靠性与信息传输的快速性决定了系统的可用性。如过程层网络分为 SMV 采样值网络和 GOOSE 网络。前者主要功能是实现电流、电压交流量的上传，后者主要实现开关量的状态监视及分合闸控制、防误闭锁等。

第四，辅助系统信息集成应用。如采取物联网技术，实现辅助系统信息的有效集成。

第五，智能高级应用。实现各种站内外高级应用系统相关对象间的互动，满足智能电网互动化的要求，实现变电站与控制中心之间、变电站与变电站之间、变电站与用户之间和变电站与其他应用需求之间的互联、互通和互动。

智能变电站典型应用特征主要可总结为以下几点：

1. 数据采集数字化、全景化

数字化变电站的主要标志是采用数字化电气量测系统（如光电式互感器或电子式互感器）采集电流、电压等电气量。实现了一、二次系统在电气上的有效隔离，开关场经传导、感应及电容耦合等途径对于二次设备的各种电磁干扰将大为降低，可大大提高设备运行的安全性；非常规互感器送出的是数字信号，以弱功率数字量输出，可以直接为数字装置所用，省去了这些装置的数字信号变换电路，非常适合微机保护装置的需要；增大了电气量的动态测量范围并提高了测量精确度，一个测量通道额定电流可测到几十安培至几千安培，过电流范围可达几万安培；常规的强电模拟信号测量电缆和控制电缆被数字光纤所取代，消除了电气测量数据传输过程中的系统误差。其为实现常规变电站装置冗余向信息冗余的转变以及信息集成化应用提供了基础。图 8-1 为数字式互感器与控制保护设备的连接方式。

2. 设备检修状态化

电力设备的劣化、缺陷的发展具有统计性和前期征兆，表现为电气、物理、化学等特性参量的渐进变化，通过传感器、计算机、通信网络等技术，及时获取设备的各种特征参量并结合一定算法的专家系统软件进行分析处理，可对设备的可靠性做出判断，对设备的剩余寿命做出预测，从而及早发现潜在的故障，提高供电可靠性。在线监测的特点是可以对运行状态的电力设备进行连续和随时的监测和判断，为电力设备的状态检修提供必要的判断依据。

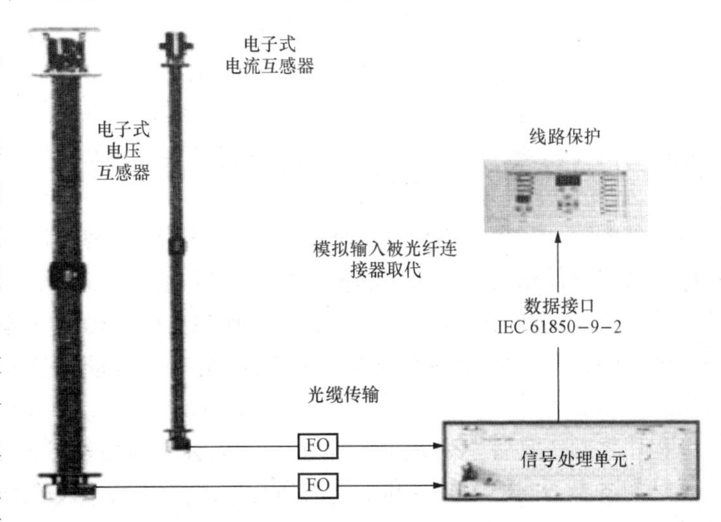

图 8-1　数字式互感器与控制保护设备的连接方式

3. 系统建模标准化

IEC 61850 确立了电力系统的建模标准，为变电站自动化系统定义了统一、标准的信息模型和信息交换模型，其意义主要体现在实现智能设备的互操作性、实现变电站的信息共享和简化系统的维护、配置和工程实施等方面。智能变电站能实时监测辖区电网的运行状态，自动辨识设备和网络模型，从而为控制中心提供决策依据。

4. 信息采集就地化

智能变电站的过程层智能组件在智能变电站初期将靠近一次设备安装，随着技术的进步与发展，过程层的智能组件将成为一次设备的组成部分，过程层就地化体现为“缩短电缆，延长光缆”。智能变电站的重要特征体现为一、二次技术的融合，智能组件的功能（包含合并单元/智能终端的功能）主要是信息采集与执行，与电力系统的外在特性无关，因此，完全可以作为智能一次设备的一个组成部分，就地化靠近一次设备安装，最终形成智能一次设备的产业化。

5. 信息共享网络化

IEC 61850 依功能将变电站分为变电站层、间隔层和过程层，变电站层与远方控制中心之间、变电站层与间隔层之间、间隔层与过程层之间定义了 10 种逻辑接口，分别通过基于以太网的远动网络、站级网络和过程网络交互信息。

6. 信息应用智能化

智能变电站的站控层可以获得“高质量”的数据，数据的“高质量”体现在“同步、全站、唯一、标准”。其中，“同步”指这些数据都是由经网络对时同步后由各个合并单元送来，信息具有同步性特征；“全站”是指数据覆盖了变电站的各个方面，对应用而言信息具有完备性特征；“唯一”是指一个电气量只由一个设备采集，体现“一处采集，全网共享”的数据共享机制，彻底消除了数据的二义性；“标准”是指数据的表达、获取等满足 IEC 61850 系列标准，通过工程工具可以轻松获取数据，以专注于应用，从而避免大量的规约转换和驱动工作，信息具有标准化特征。

基于 IEC 61850 系列标准的信息具有自我描述功能，变电站的数据源非常有序、标准，因此，可以比较容易地突破常规变电站自动化系统的信息孤岛现象。通过对于数据的有效处理，提升应用功能的智能化程度，如源端数据维护、基于规则的智能防误、基于实时模拟量信息的智能操作票、顺序控制、基于全站信息共享的站域控制等。

7. 操作程序化

智能变电站具备程序化操作功能，断路器系统的智能性由微机控制的二次系统、IED 和相应的智能软件来实现，保护和控制命令可以通过光纤网络到达非常规变电站的二次回路系统，从而实现与断路器操动机构的数字化接口。除站内的一键触发，还可接收和执行监控中心、调度中心和当地后台系统发出的操作指令，自动完成相关运行方式变化要求的设备操作。

程序化操作具备直观的图形界面，在站层和远端均可实现可视化的闭环控制和安全校验，且能适应不同的主接线和不同的运行方式，满足无人值班及区域监控中心站管理模式的要求。

8. 保护控制协同化

（1）站域保护。站域保护实现全站的快速且有选择性的后备保护。既可以综合利用变电站内各侧的电压和/或电流关系对各侧的故障进行定位，以实现全站的快速后备保护，也可以在原有后备保护的基础上，根据与之配合的主保护或者后备保护的动作情况来缩短该后备保护的延时。

（2）电网运行状态自适应。智能变电站应具有与相关变电站之间实时传送继电保护、备用电源自动投入装置等信息，实现智能电网的协调运行。根据站内收集和站间交换的信息以及调度中心的指令，识别并自适应电网的运行状态。

9. 事故处理智能化

（1）智能告警及分析决策。对全站告警信息进行综合分类，实现全站信息的分类告警功能。

（2）智能告警策略。包含信号的过滤及报警显示方案、告警信号的逻辑关联、推理技术和事故及异常处理方案。预告信号以故障常态为信号触发状态，瞬时中间信号做过滤处理。正常操作引起的预告信号做过滤处理。

（3）故障分析与辅助决策。

（4）电能质量评估与决策。基于变电站电能质量监测系统，实现电能质量分析与决策的功能，为电能质量的评估和治理提供依据与决策。

10. 交直流电源一体化

传统的站用电源的技术发展与综合自动化系统的技术发展不平衡，难以实现标准化的设计、生产、维护。设计是按照工程设计，生产也是按工程制造，现场运行维护人员也只能按工程进行检修维护，每一个变电站的站用电源都是量身订制的。站用电源系统集中监控方式存在大量的二次线，如直流电源系统的绝缘检测、蓄电池巡检存在大量的二次线以及跨屏电缆等。智能变电站交直流系统的设计原则上应遵循“模块化、一体化、标准化、工业化”的思路。开关、传感器、智能电路集成在一个标准模块内，各模块独立完成运行参数（开关量、电量、控制）、信息采集、处理、传输等功能，模块之间的连接采用标准化接口，方案设计就是按照开关多少进行模块的选配。

11. 辅助系统集成化

变电站以往的辅助系统较多，且分散管理，智能变电站方案需考虑利用物联网技术，通过对外界的感知，构建传感网测控网络。在传感网测控平台基础上建立集成化的辅助系统，实现图像监视、安全警卫、火灾报警、主变压器消防、采暖通风等功能的集成，提升变电站辅助系统运行管理智能化，实现“智能监测、智能判断、智能管理、智能验证”，如图 8 - 2 所示。在辅助系统集成化的基础上，按照 IEC 61850 标准规范，实现信息的应用。

12. 运行管理自动化

（1）具有站内状态估计功能。应具有辨识变电站内拓扑错误（数字量）和坏数据（模拟量）功能，将拓扑错误和坏数据解决在变电站内，获得高可靠的拓扑结构、高精度的母线复电压和支路复电流数据，保证基础数据的正确性及满足智能电网快速状态估计的要求。

（2）经济运行与优化控制。实现降低网损、提高电压合格率、改善电能质量，达到系统安全经济运行和优化控制的目的。

（3）安全状态评估/预警/控制。

（4）资产（设备）全寿命周期管理。

（5）在数据源头维护，实现数据的唯一性及维护的方便性。

（6）具有向大用户实时传送电价、电量、电能质量及电网负荷信息的功能，支持电力交易的有效开展，实现资源的优化配置；激励电力市场主体参与电网安全管理，从而实现智能

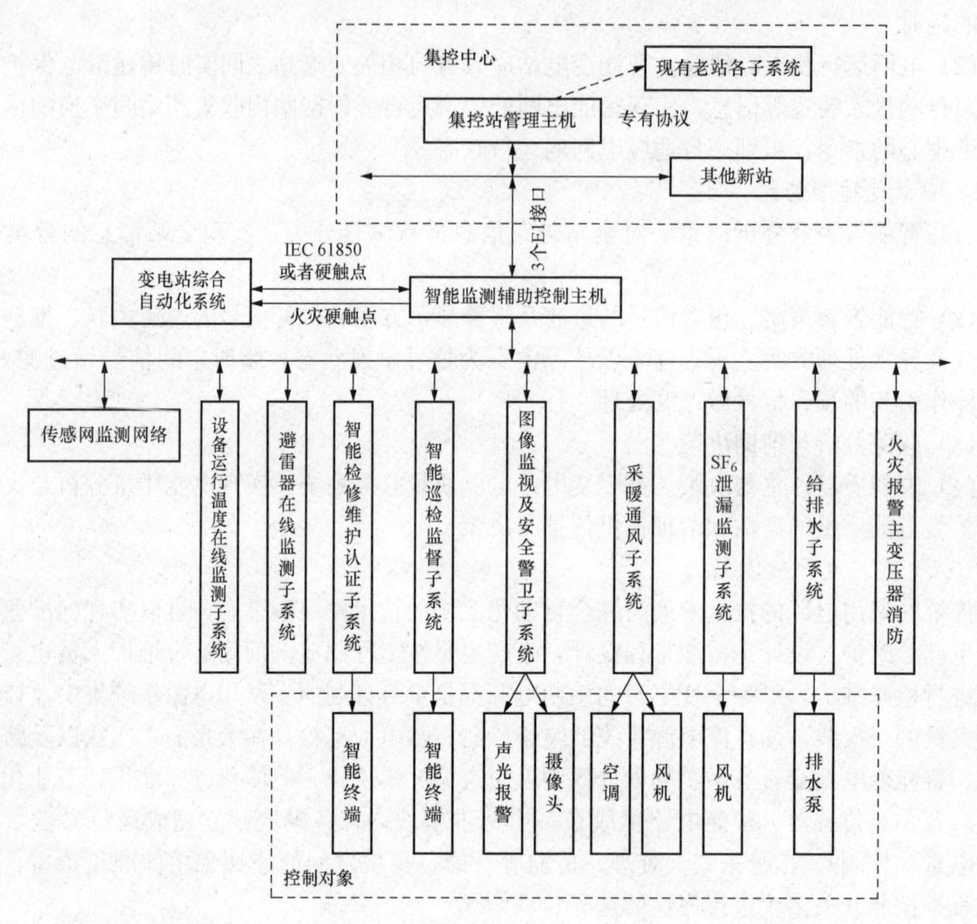

图 8-2　辅助系统集成化示意图

电网各环节的协调运行。

（7）支持电源与调度中心全面互动，实现电源与电网的高度协调。

（8）采用自动故障分析系统、设备健康状态监测系统和程序化控制系统等自动化系统，提升了运行管理自动化水平，大大简化了运行维护。

三、智能变电站的结构体系

根据 IEC 61850 系列标准分层的变电站结构，典型的智能变电站体系分为三层两网（逻辑上三网，物理上两网），即过程层、间隔层、站控层三个层次，过程层网络和站控层网络，结构如图 8-3 所示。在逻辑层次上，变电站通过过程层网络连接过程层、间隔层设备，通过变电站层网络连接间隔层和变电站层设备。

1. 过程层

过程层是一次设备与二次设备的结合面，或者说过程层是指智能化电气设备的智能化部分，包括变压器、断路器、隔离开关、电流/电压互感器等一次设备及其所属的智能组件和智能单元（用于常规的断路器和变压器智能化），包含合并单元和智能终端等。

过程层的主要功能分三类：

（1）电力运行的实时电气量检测。电力运行的实时电气量检测主要是电流、电压、相位以及谐波分量的检测，其他电气量如有功、无功、电能量可通过间隔层的设备运算得出。与

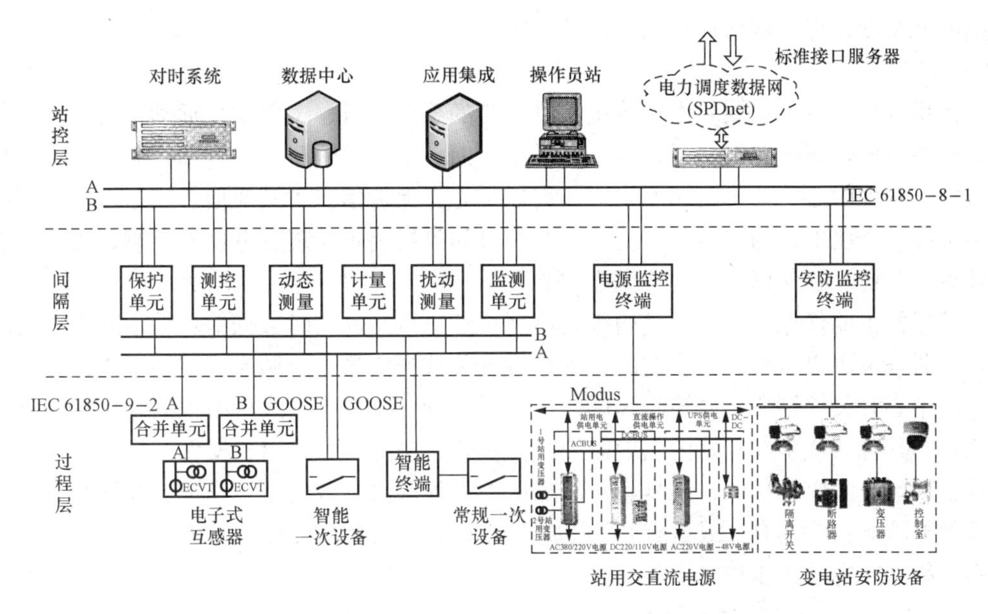

图8-3 典型智能变电站“三层两网”结构示意图

常规方式相比所不同的是，传统的电磁式电流互感器、电压互感器被光电电流互感器、光电电压互感器取代，采集传统模拟量被直接采集数字量所取代，这样做的优点是抗干扰性能强，绝缘和抗饱和特性好，开关装置实现了小型化、紧凑化。

（2）运行设备的状态参数在线检测与统计。变电站需要进行状态参数检测的设备主要有变压器、断路器、隔离开关、母线、电容器、电抗器以及直流电源系统。在线检测的内容主要有温度、压力、密度、绝缘、机械特性以及工作状态等数据。

（3）操作控制的执行与驱动。操作控制的执行与驱动包括变压器分接头调节控制，电容、电抗器投切控制，断路器、隔离开关合分控制，直流电源充放电控制。过程层的控制执行与驱动大部分是被动的，即按上层控制指令而动作，在执行控制命令时具有智能性，能判别命令的真伪及其合理性，还能对即将进行的动作精度进行控制，能使断路器定相合闸、选相分闸，在选定的相角下实现断路器的关合和开断，要求操作时间限制在规定的参数内。

2. 间隔层

间隔层设备一般指每个间隔的控制、保护或监测单元组成。其主要设备包括各种保护装置、测控、故障录波、自动控制装置、计量装置、网络通信记录分析系统等。网络通信记录分析系统的作用是监视、记录变电站的网络通信报文（MMS、GOOSE、SV等），周期性保存为文件，并进行各种归类分析。间隔层设备必须考虑增加智能告警及分析决策装置（或系统）、柔性交流输电技术应用的控制设备、电能质量分析与控制设备等。中低压变电站还必须考虑分布式电源并网接入的控制装置等。在站控层及网络失效的情况下，间隔层应仍能独立完成间隔层设备的就地监控功能。

间隔层设备的主要功能是：①汇总本间隔过程层实时数据信息；②实施对一次设备保护控制功能；③实施本间隔操作闭锁功能；④实施操作同期及其他控制功能；⑤对数据采集、统计运算及控制命令的发出具有优先级别的控制；⑥承上启下的通信功能，即同时高速完成与过程层及站控层的网络通信功能。必要时，上下网络接口具备双口全双工方式，以提高信息通道的冗余度，保证网络通信的可靠性。

3. 站控层

站控层（也叫变电站层）由计算机网络连接的系统主机、工作站、远动主机、保护信息子站等设备组成，提供变电站运行的人机联系界面，实现间隔层设备管理控制等功能，形成全站监控、管理中心，并可与调度中心、集控中心、保护信息主站通信。它通过间隔层装置了解和掌握整个变电站的实时运行情况，并通过间隔层装置实现变电站的控制，进行信息收集、计算、分析、存储以及与远方调度中心联系。

站控层的主要任务是：①通过两级高速网络汇总全站的实时数据信息，不断刷新实时数据库，按时登录历史数据库；②按既定规约将有关数据信息送向调度或控制中心；③接收调度或控制中心有关控制命令并转间隔层、过程层执行；④具有在线可编程的全站操作闭锁控制功能；⑤具有（或备有）站内当地监控，人机联系功能，如显示、操作、打印、报警，甚至图像、声音等多媒体功能；⑥具有对间隔层、过程层诸设备的在线维护、在线组态，在线修改参数的功能；⑦具有（或备有）变电站故障自动分析和操作培训功能。

四、智能变电站主要技术

（一）IEC 61850 通信技术标准

IEC 61850 是目前关于变电站自动化系统及其通信的国际标准，其技术特点是对变电站的通信进行信息分层、统一的描述语言和抽象服务接口，它不仅规范保护测控装置的模型和通信接口，而且还定义了数字式 TA、TV、智能式开关等一次设备的模型和通信接口。IEC 61850 采用了面向对象建模、自描述的方式，因此，比其他的通信标准更具有长久的生命力，实现了变电站内不同厂家电子设备（IED）之间的互操作和信息共享，同时，IEC 61850 能为智能变电站的一次设备状态监测提供有效的标准。

1. IEC 61850 的体系结构

IEC 61850 是一套非常庞杂的标准体系，共分为 10 个部分，对变电站自动化通信网络和系统做出了全面、详细的描述和规范。

2. 实施 IEC 61850 标准的益处

IEC 61850 标准经过多年的酝酿和讨论，吸收了面向对象建模、组件、软件总线、网络、分布式处理等领域的最新成果。实施 IEC 61850 标准是变电和配电自动化产品、电网监控和保护产品等的开发方向，随着 IEC 61850 标准的应用技术的发展，IEC 61850 标准和 IEC 61970 标准将成为电力自动化领域的基础标准，电力自动化产品的“即插即用”随处可见；IEC 61850 标准还可望成为通用网络通信平台的工业控制通信标准。新的标准，以融入更新的技术和理念，进一步提高电力系统的可靠性、自动化和智能化水平。实施 IEC 61850 标准可以在以下几个方面获得益处：

（1）规范。IEC 61850 标准定义了变电站自动化功能的数据名称，或者说逻辑节点，这样就消除了工程应用中的不确定性；定义了平均无故障时间等设计变电站自动化系统（SAS）可用率的指标；标准为供应商提供了系统设计框架，符合 IEC 61850 标准的 SAS 将非常便于拓展，对于未来的应用具有适应性；所有系统的应用将基于以太网和 MMS，以太网的应用为根据可用率的要求定制变电站自动化系统提供了可实现性。

（2）设计。IEC 61850 标准定义的数据模型可以直接用于系统设计阶段，节省了时间，SAS 的硬件设计变得十分简单，因为 IED 之间不需要网关，工业级的以太网元件可以用于高压等级的电网，需要额外采取一些措施以防止电磁干扰的影响；由于元件减少需要协调的工作量下降；SCL 通过系统规范描述文件 SSD 定义了间隔内一、二次设备的规范，保护和控制方案可以模板化以适应特定工程的需要，设备之间的联系通过光缆，省却了大量的二次线，设计工程量大幅度下降。

（3）制造。由于采用了变电站配置语言 SCL，结构定义工作简单化，部分可以自动实现，协调工作减少，系统建设和运转迅速；数据交换的出错率下降，调试人员基于共同的标准工作，不需要去熟悉不同的规约；在工厂内完全可以用以太网连接方式模拟现场试验，大大提高了系统测试的效率；对于 SAS 问题的发现和修改变得十分有效。

（4）安装。应用以太网通信大量减少了电缆和接口，由于接线引起的错误大大降低；由于以太网应用的普遍性，变电站现场试验时很容易获得以太网测试的工具；TCP/IP 技术的应用，利用 MMI 在变电站内可以随处方面地获取试验数据，尤其变电站内不同地方的许多试验涉及因果关系，因此，在某个地方具有完整信息的数据可以提高试验的效率。

（5）运行维护。SAS 性能获得提高，如系统没有因网关引起的延时，以太网的多播模式可以同时发布信息，主从方式的通信模式没有“瓶颈”，采取级别优先传输机制确保重要信息快速发送等；系统可用率提高，如智能设备之间的互闭锁实现不需要站控层干预，对等通信模式确保个别装置障碍不影响系统运行，交换式以太网确保网络不会崩溃，事件发生及时发布信息；规约统一后人员培训、系统运行维护变得简单，新增间隔对于运行系统的影响减小。

（二）数字式互感器技术

电子式互感器是数字化变电站中的重要组成部分。按原理可以分为有源和无源两大类：有源式互感器的特点是需要向传感头提供电源，主是以罗柯夫斯基线圈（俗称罗氏线圈）为代表；无源式互感器主要指采用法拉第旋光效应原理的互感器。具体分类如图 8-4 所示。

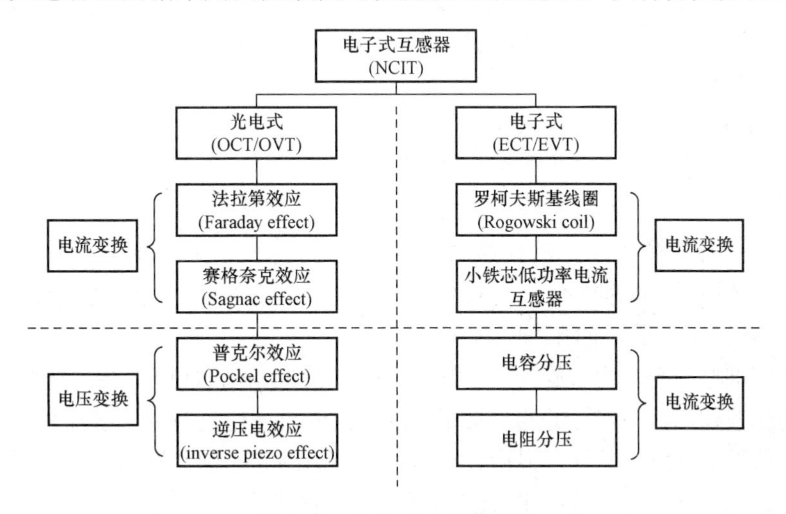

图 8-4 电子式互感器分类

1. 法拉第效应互感器

无源电子式电流互感器利用法拉第磁光效应感应被测信号，是目前的主流产品，其原理为：线偏振光在磁光材料（如重火石玻璃）中受磁场的作用其偏振面将发生旋转，线偏振光

旋转的角度 φ 与被测电流 I 成正比。法拉第旋光效应原理如图 8-5 所示。

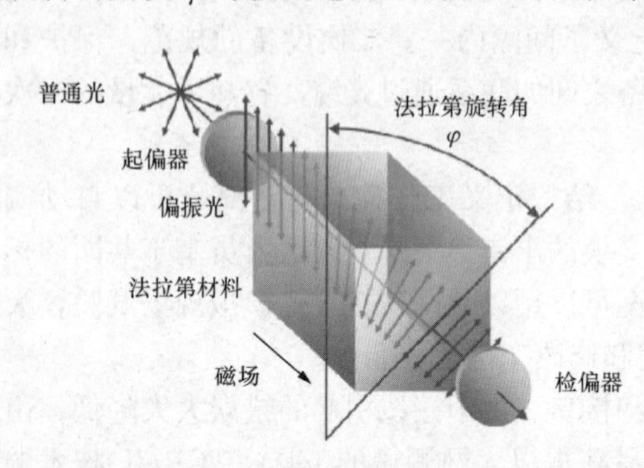

图 8-5 法拉第旋光效应原理

图 8-5 中偏振光的法拉第旋转角 φ 为

$$\varphi = V\int_L H\mathrm{d}l$$

式中：V 为光学材料的维尔德常数，它是介质的旋光特性；H 为磁场强度，它是由导体中流过的待测电流引起的；L 为光线在材料中通过的路程。

若光路设计为闭合回路，由全电流定理可得

$$\varphi = V\oint H\mathrm{d}\,l = Vi(t)$$

只要测量出法拉第旋转角，就可以按上式求得磁场强度的大小，从而间接测出产生这个磁场的电流大小。一般可采用光功率振幅检测和光功率相位检测两种方法测出法拉第旋转角 φ 的大小。

从原理来看，旋光效应的全光式电流互感器是传统电流互感器的理想替代产品，具有与电流大小和波形无关的线性化动态响应能力。不仅可以测量各种交流谐波，而且可以测量直流量。传感头由绝缘材料制成，绝缘性能天然优良。

2. 赛格奈克效应互感器

赛格奈克效应是法国人 Sagnac 于 1913 年首次发现并得到试验证实的，它揭示了同一个光路中两个对向传播光的光程差与其旋转速度的解析关系。

赛格奈克效应光纤电流互感器原理如图 8-6 所示。

其基本原理为：由光源发出的光经过耦合器后由光纤偏振器起偏，形成线偏振光。线偏振光以 45°注入保偏光纤后，被等幅注入保偏光纤的 X 轴和 Y 轴传输。当这两束正交模式的光经过 $\lambda/4$ 波片后，分别转变为左旋和右旋的圆偏振光，进入传感光纤。在传感光纤中由于传输电流产生磁场的法拉第效应，这两束圆偏振光以不同的速度传输。在由传感光纤端面的镜面反射后，两束圆偏振光的偏振模式互换（即左旋光变为右旋光，右旋光变为左旋光），再次穿过传导光纤，并再次与电流产生的磁场相互作用，使产生的相位加倍。这两束光再次通过对 $\lambda/4$ 波片后，恢复为线偏振光，并在光纤偏振器处发生干涉。最后，携带相位信息的光电耦合器耦合进探测器。由于发生干涉的两束光，在光路的传输过程中分别都通过了保偏光纤的 X 轴和 Y 轴和传感光纤的左旋和右旋模式，只在时间上略有差别，因此返回探测器的光只携带了由于法拉第效应产生的非互易相位差。通过以上的原理分析可以看出，由于在系统中传输的光通过了完全相同的光路，因此方案具有优良的互易性，这也意味着具有更好的环境抗干扰能力。另外，此方案所用的光学器件较传统的光学互感器少，而得到的干涉相位是其 2 倍，更容易降低成本。

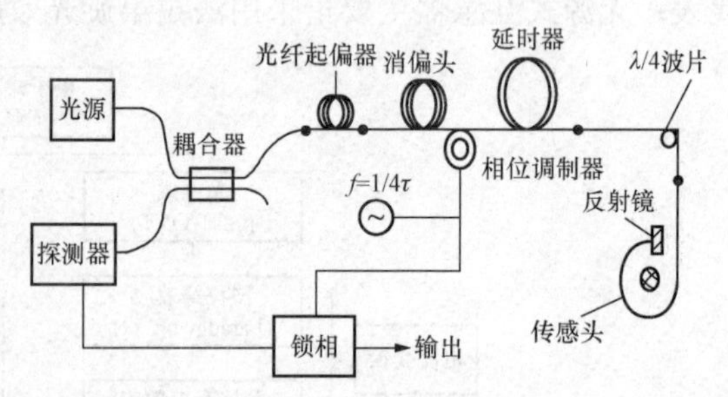

图 8-6 赛格奈克效应光纤电流互感器原理图

3. 罗柯夫斯基线圈电子式电流互感器

罗柯夫斯基线圈电子式电流互感器又称有源型互感器，是基于罗柯夫斯基线圈原理的新型电流传感器。罗柯夫斯基线圈原理是种电磁耦合原理，与传统的电磁式电流互感器不同，它是密绕于非磁性骨架上的空心螺绕环，被测电流从线圈中心穿过，可根据被测电流的变化，感应出被测电流成微分正比关系的电动势，其特点在于被测电流几乎不受限制，反应速度快，且这种传感器可达到 0.1%的测量精度。由于没有铁芯，不存在铁磁饱和问题。图 8-7为罗柯夫斯基线圈工作原理图。

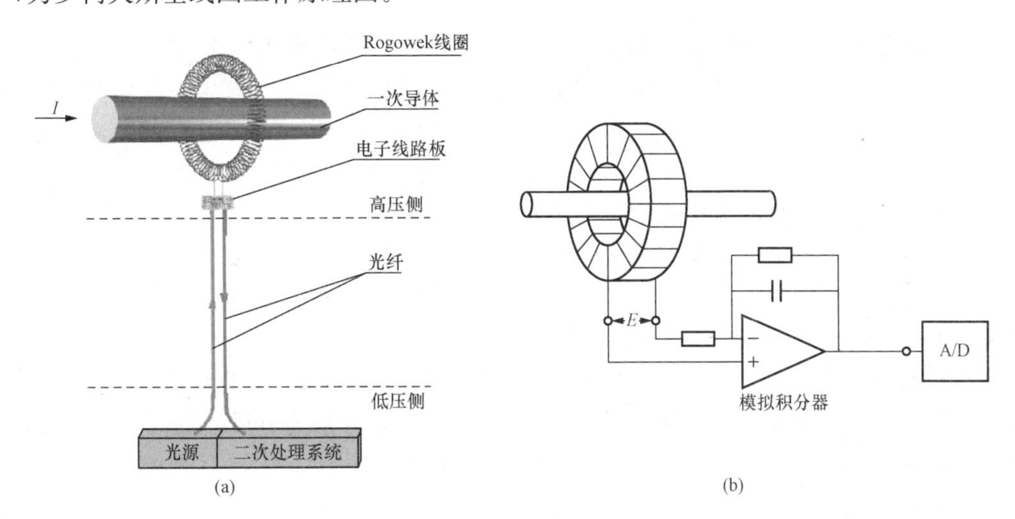

图 8-7　罗柯夫斯基线圈工作原理图

（a）罗柯夫斯基线圈接线示意图；（b）罗柯夫斯基线圈电路示意图

当被测电流从线圈中心通过时，在线圈两端将会产生一个感应电动势

$$E=-\mu_0 nS\frac{\mathrm{d}i}{\mathrm{d}t}$$

式中：μ_0 为真空磁导率；n 为线圈匝数密度；S 为线圈截面积。

从式中可看出，罗柯夫斯基线圈感应的电动势与被测电流的微分成正比，经积分变化等信号处理便可获得被测电流的大小。

4. 电子式电压互感器

电子式电压互感器是由分压器电阻式或电容式或光学装置以及用来传输、放大信号的电子器件组成。因此，电子式电压互感器根据传感原理的不同主要有光学电压互感器、电容分压式电压互感器、电阻分压式电压互感器、阻容分压式电压互感器。电容分压器具有绝缘性能强、瞬时性能好等优点，但分压器的电容值会随环境温度的变化而偏离起始值，因此会降低测量准确度。电阻分压式电压互感器采用精密电阻分压器作为传感组件，传感部分技术成熟，结构简单，具有测量准确度高、体积小、质量轻等优点，受电阻功率和绝缘的限制主要被应用于和等级的中低压配电领域。

（1）普克尔效应电压互感器。普克尔效应是指某些透明的光学介质在外电场的作用下，其折射率线性的随外加电场而变。普克尔效应又称为线性电光效应。具有电光效应的物质很多，但在电力系统高电压测量中用得最多的是 BGO（锗酸铋 Bi4Ge3O12）晶体，BGO 是一种透过率高、无自然双折射和自然旋光性、不存在热电效应的电光晶体。图 8-8 为普克尔效应电压互感器的工作原理示意图。

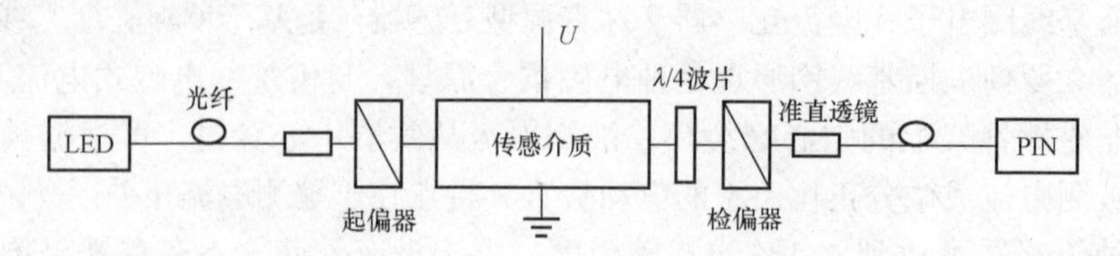

图 8-8 普克尔效应电压互感器工作原理示意图

（2）电容分压式电压互感器。有源电子式电压互感器的电压传感部分按不同的传感原理，可以分为电阻分压式、电容分压式和阻容分压式三种。有源电子式电压互感器在结构上主要包括三个部分：分压器部分、一次和二次的隔离部分、数字元信号处理部分。相对于电阻分压器，电容分压器的优点更加突出：首先，和电阻分压器一样，结构比较简单，使用经验丰富，相对于光电互感器来说更容易实用化，而且不含电磁单元，不存在铁磁谐振问题；其次，由于本身是电容结构，杂散电容的影响不会产生相位误差，只要结构设计的合理，比差也可以控制在很小的范围内；再者，由于电容本身基本上不消耗能量，基本不会发热，温度稳定性也相对较好，因此电容式分压器在高压领域应用较为广泛。

电容分压器是信号获取单元，经过多年的发展与应用，技术已经相当成熟，是高电压系统较理想的信号获取方式，其原理如图 8-9 所示，C_1、C_2 分别为分压器的高、低压臂；U_1 为被侧一次电压；U_{C1}、U_{C2} 为分压电容上的电压。

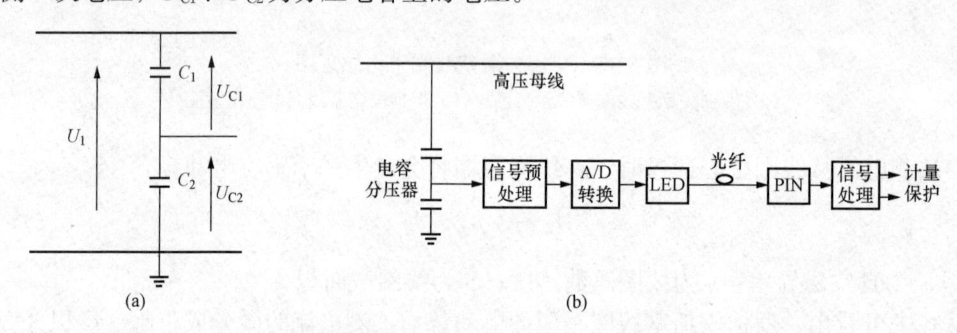

图 8-9 电容分压器原理示意图

（a）原理示意图；（b）接线示意图

由于两个电容串联，所以有 $U_1=U_{C1}+U_{C2}$

根据电路理论，可以得出

$$U_{C2}=\frac{C_1}{C_1+C_2}U_1=KU_1$$

$$K=C_2/(C_1+C_2)$$

式中：K 为分压器的分压比。

由上式可知，只要适当选择 C_1 和 C_2 的电容量，即可得到所需的分压比，这即是电容分压器的分压原理。

电子式互感器的输出：模拟量，ECT 为 4V（测量）及 200mV（保护），EVT 为 4V；数字量，ECT 为 2D41H（测量）及 01CFH（保护）；EVT 为 2D41H。

（三）智能化的一次设备

Q/GDWZ410—2010《高压设备智能化技术导则》将智能一次设备定义为：由高压设备本体和智能组件组成，具有测量数字化、控制网络化、状态可视化、功能一体化和信息互动化特征的高压设备。智能变电站工程实践应用的装置如智能终端、合并单元装置、测控装置、计量装置等已经使宿主设备具有测量数字化、控制网络化等特点。

Q/GDW 383—2009《智能变电站技术导则》中将智能组件定义为：由若干智能电子装置集合组成，承担宿主设备的测量、控制和监测等基本功能；在满足相关标准要求的同时，还可承担相关计量、保护等功能；可包括测量、控制、状态监测、计量、保护等全部或部分装置。由此可以看出，智能组件是服务于一次设备的测量、控制、状态监测、计量、保护等各种附属装置的集合，包括各种一次设备控制器（如变压器冷却系统汇控柜、有载调压开关控制器、断路器控制箱等）及就地布置的测控、状态监测、计量、保护装置等。组成智能组件的各种装置，从物理形态上可以是独立分散的；在满足相关标准要求时，也可以是部分功能集成的。用于设备状态监测的传感器可以外置，也可以内嵌。但是智能组件的发展趋势是功能集成、结构一体化。智能组件的三个属性为：①是一个物理设备。②是宿主高压设备的一部分。③由一个以上的智能电子装置组成。

智能化高压一次设备在组成架构上包括以下三个部分：

（1）高压设备。

（2）传感器或/和执行器，内置或外置于高压设备或其部件。

（3）智能组件，通过传感器或/和执行器，与高压设备形成有机整体，实现与宿主设备相关的测量、控制、计量、监测、保护等全部或部分功能。

根据高压设备的类别和现场实际情况，智能组件与执行器之间由模拟信号电缆或光纤网络连接，传感器与智能组件之间通常由模拟信号电缆连接。图 8 - 10 和图 8 - 11 所示为智能化高压设备的组成架构示意图。

智能终端是一次设备的智能化接口设备，采用电缆与一次设备连接，采用光纤与保护、测控等二次设备连接。智能终端以 GOOSE 方式上传一次设备的状态信息，同时接收来自二次设备的 GOOSE 下行控制命令，实现对一次设备的实时控制功能。

（四）物联网技术

物联网是新一代信息技术的重要组成部分，其概念最初于 1999 年在物流领域提出，物联网内每个产品都有一个唯一的产品电子码（EPC），通常 EPC 码被存入硅芯片做成的电子标签内，附在被标志产品上，被高层的信息处理软件识别、传递、查询，进而在互联网的基础上形成专为供应链企业服务的各种信息服务，旨在降低成本，提高现代物流、供应链管理水平，被誉为是一项具有革命性意义的现代物流信息管理新技术。

物联网技术是物理世界通向逻辑世界的一条通途，通过物联网技术可以将物理世界无缝地映射到逻辑世界，是未来智能世界信息获取的主要技术手段。由大量多种类传感器节点组成的传感器网络是物联网的一种具体表现形式，能实现更透彻、更细致的信息感知，对所获取的多维信息进行协同感知与处理，获取更可信的信息，为智能决策和智能行为提供准确的、可信的信息。利用物联网技术，通过对外界的感知，构建传感监测网络，可对影响变电站运行的因素实施全方位智能监测。

智能电网的实现，首先依赖于电网各个环节重要运行参数的在线监测和实时信息掌控，

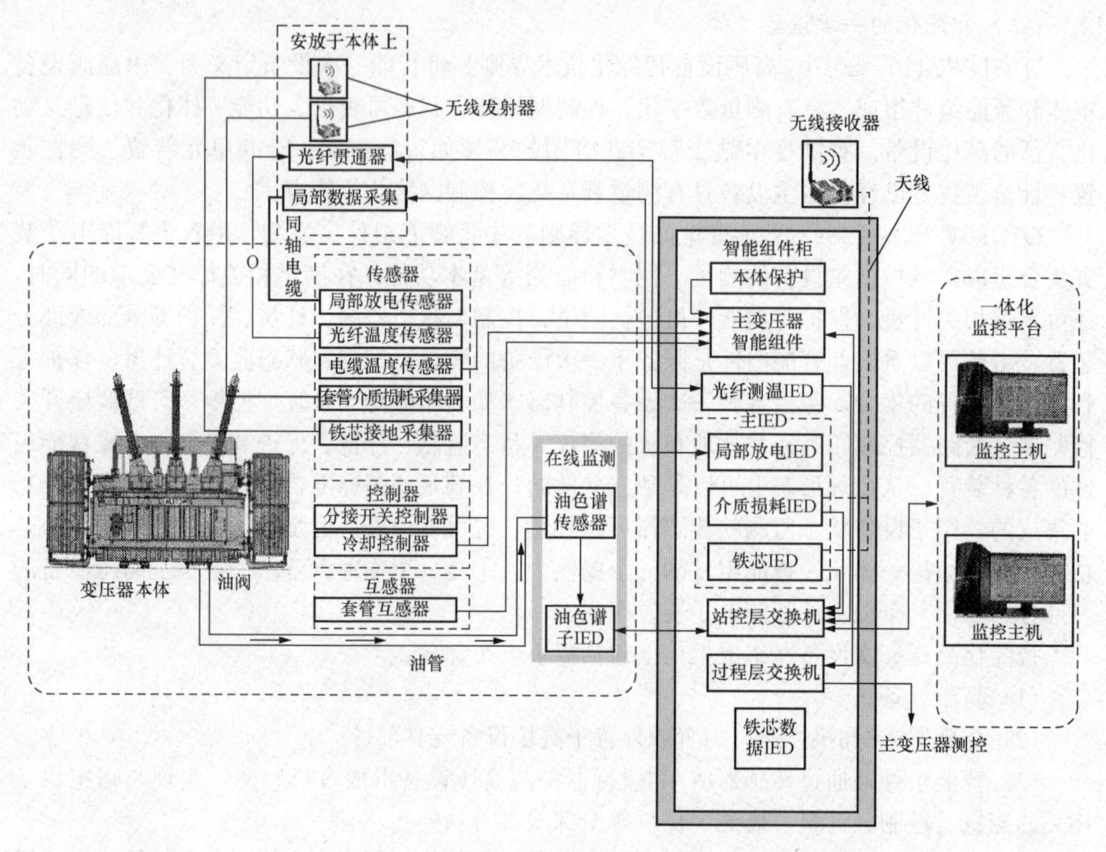

图 8-10　油浸式智能化电力变压器示意图

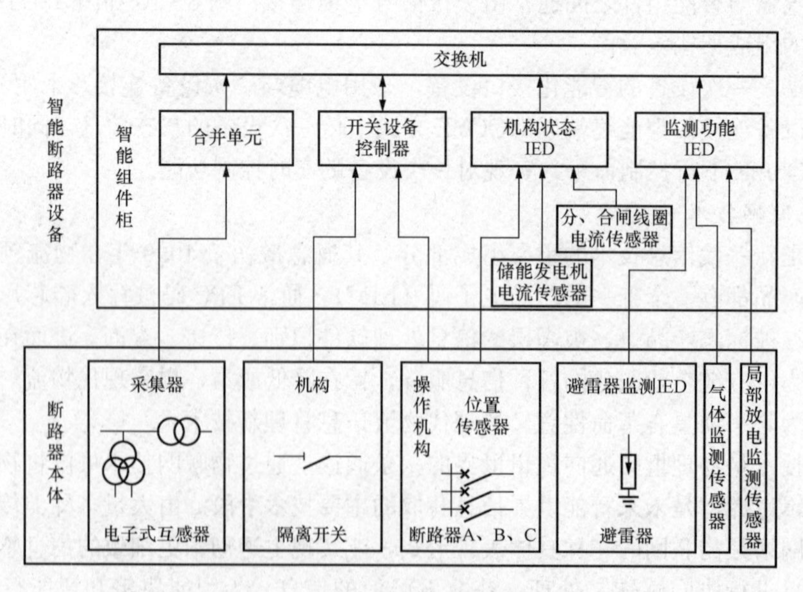

图 8-11　智能化高压组合电器示意图

传感器网络作为“智能信息感知神经元”，将成为推动智能电网发展的重要技术手段。目前，智能电网对传感器网络技术的应用需求，也将进一步促进传感器网络的发展，促进其行业应用，形成新型产业链。

目前变电站配置的图像监视、安全警卫、火灾报警、主变压器消防、给排水、采暖通风等辅助生产系统依然是各自独立的，不具备智能对话能力的小型自动化装置，形成了信息孤岛，需要更多的人工来关注、理解和处理这些设备的信息，没有达到智能变电站的智能运行管理的要求。除了实现变电站的智能运行管理外，验证站内人员的动作行为，减少站内人员的人为工作量也应该是智能变电站的另一个体现。

利用物联网技术，通过对外界的感知，构建传感网监测网络，对影响变电站运行的因素实施全方位智能监测。在传感网监测平台基础上建立一套全站公用的智能状态监测与辅助控制系统，集成状态监测、图像监视、安全警卫、火灾报警、主变压器消防、采暖通风等系统功能，达到智能监测、智能判断、智能管理、智能验证的要求，实现变电站智能运行管理。

智能监测是指对影响变电站运行的因素采用全方位、多手段的实时监测，自动评估变电站运行状态，减少人为工作量，是变电站实现自动化管理的前提。

智能判断是指在减少远方人员参与的前提下，根据监测的数据，评估变电站的运行状态，自动判出各类异常情况，生成处理方案，形成判断结果。

智能管理是指执行判断结果，实现辅助系统间的协调联动，消除异常情况造成的影响。形成异常情况处理过程报告，及时将结果上报远方集控中心。监测辅助系统的运行状态，执行远方集控中心的各项命令。

智能验证是验证站内人员的巡检、操作运行维护等行为的正确性，与站内人员行为实现互动，保证人员安全，避免事故发生。

任务二　智能变电站高级应用

教学目标

（1）理解智能变电站的功能创新内容。

（2）说明智能变电站的一键式智能操作含义。

（3）说明智能变电站的可视化网络安全监视功能特点。

（4）熟悉智能变电站顺序控制含义。

（5）能说明智能变电站智能告警意义。

（6）能介绍智能防误操作应用情况。

任务描述

智能变电站明显优于综合自动化的变电站，可以从智能变电站的功能创新和高级应用显现出来，通过对实训基地、实地参观学习、或视频学习，然后分组讨论、汇报和总结。熟悉智能变电站的功能创新内容和高级应用环节。

任务准备

教师说明完成该任务需具备的知识、技能、态度，说明观看或参观设备的注意事项，说明观看设备的关注重点。帮助学生确定学习目标，明确学习重点、将学生分组；

学生分析学习项目、任务解析和任务单，明确学习任务、工作方法、工作内容和可使用的助学材料。

了解智能变电站高级应用。

1. 实施地点

智能变电站或智能变电站实训室，或多媒体教室观看视频

2. 实施所需器材

（1）多媒体设备。

（2）一套智能变电站系统实物；可以利用智能变电站实训室装置，或去典型智能变电站参观，若实施条件不具备时，可以利用视频材料组织实施。

（3）智能变电站音像材料。

3. 实施内容与步骤

（1）学员分组：3～4人一组，指定小组长。

（2）资讯：指导教师下发项目任务书，描述项目学习目标，布置工作任务，讲解变电站综合自动化系统的构成、功能及特点；学生了解工作内容，明确工作目标，查阅相关资料。

（3）指导教师通过图片、实物、视频资料、多媒体演示等手段，让学生初步了解变电站自动化系统。

（4）计划与决策：学生进行人员分配，制订工作计划及实施方案，列出工具、仪器仪表、装置的需要清单。教师审核工作计划及实施方案，引导学生确定最终实施方案。

（5）实施：学生可以实行不同小组分别观察系统的不同环节和应用功能，循环进行，仔细观察、认真记录，进行智能变电站高级应用的认识。

1）观察智能变电站设备外形及操作界面，主要是高级应用部分，观察结果记录在表8-4、表8-5中。

表8-4 智能变电站高级应用技术记录表

序号	高级应用技术	具体高级应用技术详细描述	不明白的地方或问题	询问指导教师后对疑问理解情况	备注
1					
2					
3					
4					
5					
6					
…					

表8-5 智能变电站高级应用发展情况记录表

序号	自己认为还可以发展的高级应用	自己认为还可以发展的高级应用具体描述	备注
1			
2			
3			
4			
…			

2）注意事项：①认真观察，记录完整；②有疑问及时向指导教师提问；③注意安全，保护设备，不能触摸到设备。

（6）检查与评估：学生汇报计划与实施过程，回答同学与教师的问题。重点检查变电站综合自动化系统的基本知识。教师与学生共同对学生的工作结果进行评价。

1）自评：学生对本项目的整体实施过程进行评价。

2）互评：以小组为单位，分别对其他组的工作结果进行评价和建议。

3）教师评价：教师对互评结果进行评价，指出每个小组成员的优点，并提出改进建议。

智能变电站系统的间隔层保护装置、测控装置、故障录波及其他自动装置的I/O单元，如A/D变换、光隔离器件、控制操作回路等被分离出来作为智能化一次设备的一部分，原有功能通过数字化接口通信插件来实现。反言之，智能化一次设备的数字化传感器、数字化控制回路代替了常规继电保护装置、测控等装置的I/O部分。而在中低压变电站，则将保护、监控装置小型化、紧凑化，完整地安装在开关柜上，实现了变电站机电一体化设计。间隔层设备信息接入方式转换图如图8-12所示。

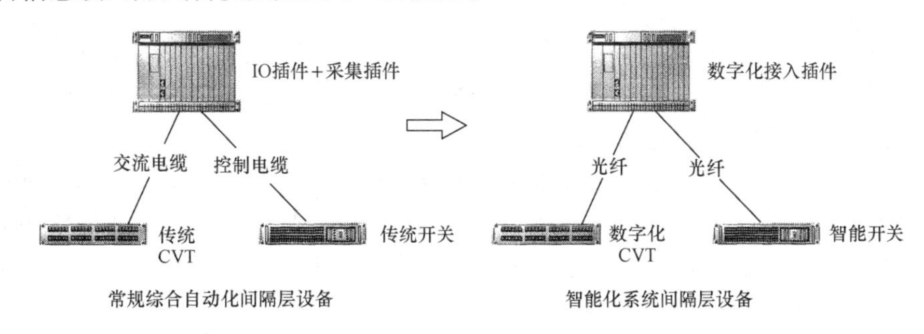

图8-12　间隔层设备信息接入方式转换图

一、智能变电站的功能创新

1. 全景信息采集功能及统一建模技术

智能变电站全景信息应包括从电源（含可再生能源）、电力设备、负荷、线路至微电网的全景信息。运行数据的类型应包括实时稳态数据、暂态数据和动态数据，还应包括信息模型、设备监测和视频等数据。智能变电站应该作为智能电网信息的源端，数据应从源端实现标准化，以便于各种应用，减少重复工作。

为实现上述目标，全景信息采集及统一建模技术甚为重要。如主要指智能变电站基础信息的数字化、标准（规范）化、一体化实现及相关技术研究，实现广域信息同步实时采集，统一模型，统一时标，统一规范，统一接口，统一语义，为实现智能电网能量流、信息流、业务流一体化奠定基础。智能化信息采集系统与装置的功能，利用基于同步综合数据采集的新型测控模式，实现各类信息的一体化采集。此外还包括标准信息模型及交换技术，信息存储、维护与管理技术，信息分析和应用集成技术，信息安全关键技术与装备研究等。另外，智能变电站应具备实时建模能力，能实时监测辖区运行状态，辨识设备和网络模型，从而为控制中心提供决策依据。

2. 网络化一键式智能操作功能

一键式智能操作功能以间隔层设备为主体，对变电站间隔设备的运行状态切换实现了一键式智能操作。与传统的站控层分步操作相比，操作过程更加优化，操作步骤更加简练，使变电站倒闸操作更加安全快捷，有效避免了误操作，提高了电网运行的可靠性。

在一次设备采用PASS/GIS等组合电器后，根据其特点，以测控装量为主体实施了间隔程序化操作，使间隔内的运行状态切换操作（如运行转备用等）做到一键完成，如图8-13所示，不需要多级信息交互，操作高效快速简洁。

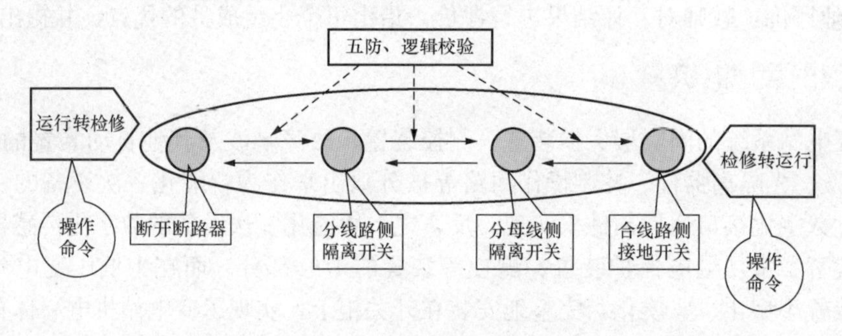

图8-13 一键式智能操作示意图

一键式智能操作功能大幅提高了运行效率，也杜绝了因人为意外因素而造成的误操作，提高了变电操作的可靠性。变电站一键式操作对象主要包括一次设备操作（断路器、隔离开关等）和二次设备操作（保护连接片的投退、保护定值区切换等）。

所有参与一键式操作的一次设备需要实现电动操作。由于一键式操作需要实现变电站内智能电子设备自动执行各项操作，因此要求所有参与一键式操作的一次设备包括断路器、隔离开关、接地开关、手车等均能实现电动操作，可以通过电气操作实现开关、隔离开关、接地开关的分合，手车的推入和拉出等，无需人工参与。

3. 一次设备与二次设备状态检修及故障诊断

目前电力系统中电力设备大多采用的计划检修体制存在着许多缺陷，如临时性维修频繁、维修不足或维修过剩、盲目维修等，甚至在定期检修中因人为失误而带来问题。随着传感技术、微电子、计算机软硬件和数字信号处理技术、人工神经网络、专家系统、模糊集理论等综合智能系统在状态监测及故障诊断中应用，基于设备状态监测和先进诊断技术的状态检修研究得到发展，成为电力系统中的一个重要研究领域。

设备状态监测是故障在线诊断和离线分析的基础。利用诊断技术可以获得关于已经发生或可能发生的潜在故障的位置、原因和程度。状态检修是以状态监测数据为状态评价的重要依据，状态监测的原理是在不打开金属封闭外壳的情况下，利用各种传感器和电子技术，在给定时刻周期性或连续地获得关于设备状态的信息，这些信息将用于：避免无计划的超期运行；合理安排必要的维护；防止不必要的控制和维修。

4. 可视化网络安全监视功能

通信网络是智能变电站系统的命脉，通信网络的设备工作状态，异常信息的实时、可靠、直观监视直接决定着系统网络化二次功能的实现成败。

标准网络管理协议（SNMP）已经成为网络管理事实上的工业标准，SNMP协议已经被认为是网络设备厂商、应用软件开发者及终端用户的首选管理协议。多采用面向对象的方法定义网络管理信息。通过使用请求报文和返回响应的方式，采用“管理者C+信息代理发布者S”的通信角色。

智能变电站可以采用标准网络管理协议来实现整个二次系统的工况信息传输和报警监视。首先所有的智能交换机都提供SNMP服务，交换机每个端口、每根光纤、通信电缆的状态、工作流量等都实时地送达监控系统；其次，所有其他的二次功能设备如保护测量设备，甚至连网络打印机等都提供基础SNMP服务。当出现网络异常，如端口流量超限、光纤断开、网络切换等，监控系统可以通过SNMP协议快速得到这些信息并进行声光报警，报警信息中包含了设备的详细故障内容，包括设备名称、安装位置等，使得系统故障快速定位、快速解决故障，确保数字化变电站系统的网络可靠性和安全性。

5. 变电站全寿命周期管理

全寿命周期管理是指对设备全寿命周期内各个阶段各项活动进行全面、全过程的管理，通过一定的组织形式，采取相应的措施与方法，对项目所有工作和系统的运行过程进行计划、协调、监督、控制和总结评价，以满足项目功能和使用要求，符合可持续发展、提高投资效益的要求。

电力系统的全寿命周期管理的内容主要涉及工程和财务两大范畴。工程范畴主要涉及设备可靠性、寿命分析、维修对策分析、设备失效统计、失效对整个系统的影响、更新部件和维护对系统寿命的影响等；财务范畴主要涉及设备或系统的最初投资成本、设备初始投资成本在不同方案时的比较、投资成本和运行成本的比较、设备故障对系统的影响及可能导致的损失比较、设备的维护或更新成本、设备的退役成本等。

全寿命周期管理的各个阶段及其目标如图8-14所示。

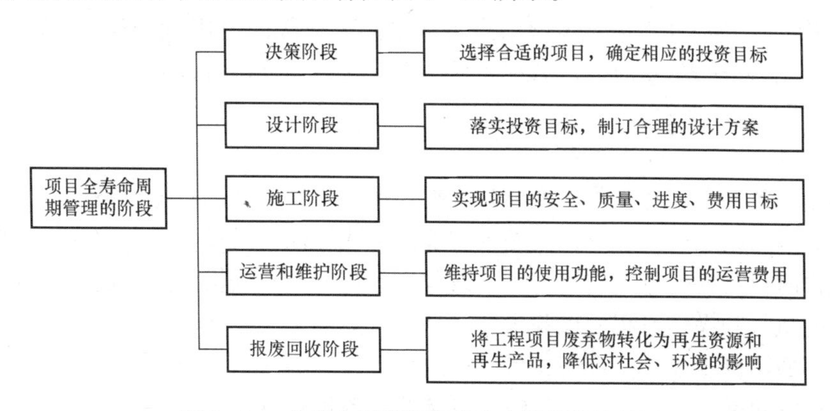

图8-14　全寿命周期管理的各个阶段及其目标

二、智能变电站的高级应用

1. 站内状态估计

电力系统状态估计是电力系统调度中心能量管理系统（EMS）的核心功能之一，其根据电力系统的各种量测信息，估计出电力系统当前的运行状态。现代电网的安全经济运行依赖于EMS，状态估计是大部分在线高级应用软件的基础。

可能由于通信环节问题，电力系统遥信或遥测会存在不良数据，量测不能直接用于分析计算，而必须要经过状态估计，去伪存真，状态估计是必要的。

站内状态估计不是指传统意义上的调度自动化系统EMS主站通过所辖变电站通过远动

装置（RTU）上送的稳态量进行电网状态预估和识别，也不是指那种通过同步相量测量装置（PMU）经WAMS系统上送的动态量进行电网状态预估和识别，而是专指智能变电站自动化系统通过全站统一的三态数据接口平台，利用各种基础数据和实时信息（动态、稳态）进行综合分析与决策。智能变电站采用了电子互感器、合并器、交换机，网络方式实现了原来二次电缆方式的量测采集。鉴于智能通信网络可能存在的造成“坏数据”的因素，展开智能变电站的状态估计显得非常必要，依据网络传输方式数据类型丰富的优势，充分利用各量测量间的物理、逻辑关系，实现“坏数据”纠错，保证送达调度EMS系统的量测是无误的，降低调度EMS系统的状态估计运算压力，提高EMS系统的状态辨识速度和准确度，提高整个地区电网的控制质量，实现运行的经济性、安全性。

2. 设备状态可视化

智能化变电站的设备状态可视化包括一、二次设备的状态可视。实现变电站设备（一次、二次）的在线状态可视化监测、分析设备状态，由“定期检测、定期维护”的周期性检修时代，逐步迈向根据设备的运行状态和健康状况而执行检修的状态检修时代，降低智能变电站的全寿命周期运行成本。

通过设置状态监测系统，采集一次主要设备（变压器、断路器、避雷器）的状态信息，在状态监测的服务器主机进行可视化展示并发送到运行维护部门，为电网实现基于状态监测的设备全寿命周期综合优化管理提供基础数据支撑。站内的微机设备都具备自检功能，二次设备的自诊断信息、运行工况信息通过标准协议送达监控系统进行可视化展示，数字化技术实现了二次设备网络化，配有网络分析仪对网络数据进行监视、记录、分析，实现二次回路状态可视。

设备自检及诊断信息、运行工况信息可以采用工业级的通用SNMP协议作为信息传输协议。当设备出现异常信息时候，智能告警决策系统以声光电等多媒体报警形式提示运行人员制定问题排查方案和设备检修预案。

3. 顺序控制

顺序控制也称为程序化操作。变电站程控操作是指变电站内智能设备依据变电站操作票的执行顺序和执行结果校核要求，由站内智能设备代替操作人员，自动完成操作票的执行过程。实际操作时只需要变电站内运行人员或调度运行人员根据操作要求选择一条顺序操作命令，操作票的执行和操作过程的校验由变电站内智能电子设备自动完成。

顺序控制的实现要求一次设备具备以下两个条件：第一是参与程序化操作的一次、二次设备都能进行电动操作；第二是参与顺序控制的设备具有较高的可靠性来保证程序化操作的正确性。对变电站内二次设备的要求是：①参与程序化操作的各二次设备要求稳定、可靠；②具备一定的容错措施；③保护设备具有可远方投退的保护软连接片并可实现保护定值区的远方切换。

智能变电站一次设备大量采用了GIS/PASS等智能组合电器，具备电动遥控操作及较强的电气联闭锁功能；运行模式大都采用无人/少人值班模式，为提高操作安全性和效率，智能变电站完全具备了顺控操作的条件。在智能化变电站内实施顺序操作，能够使智能化变电站真正实现无人值班，达到变电站“减员增效”的目的；同时通过顺控操作，减少或无需人工操作，最大限度地减少操作失误，缩短操作时间，提高变电站的智能化程度和安全运行水平。

智能操作功能以间隔层设备为主体，对变电站间隔设备的运行状态切换（如运行转检修）实现了一键式智能操作。与传统的站控层分步操作相比，操作过程更加优化，操作步骤更加简练，使变电站倒闸操作更加安全快捷，减少了倒闸操作对操作人员的数量要求，缩短了操作时间，有效避免了误操作，提高了电网运行的可靠性和运营效率。

顺控操作实现方案分为集中式方案和混合式方案两种。集中式方案是在站控层（或调度主站层）来完成全站所有的顺控操作功能。全站的三级（站控层、间隔层、电气层）防误闭锁可以完整实现；混合式方案是在间隔内的顺控操作功能下放到间隔测控装置中，而跨间隔的顺控操作由站控层的顺控操作服务器负责分解。由于顺控操作下放到间隔完成，因此，站级防误闭锁功能必须取消，仅实现两级防误闭锁（间隔层、电气层），如图 8-15 所示。

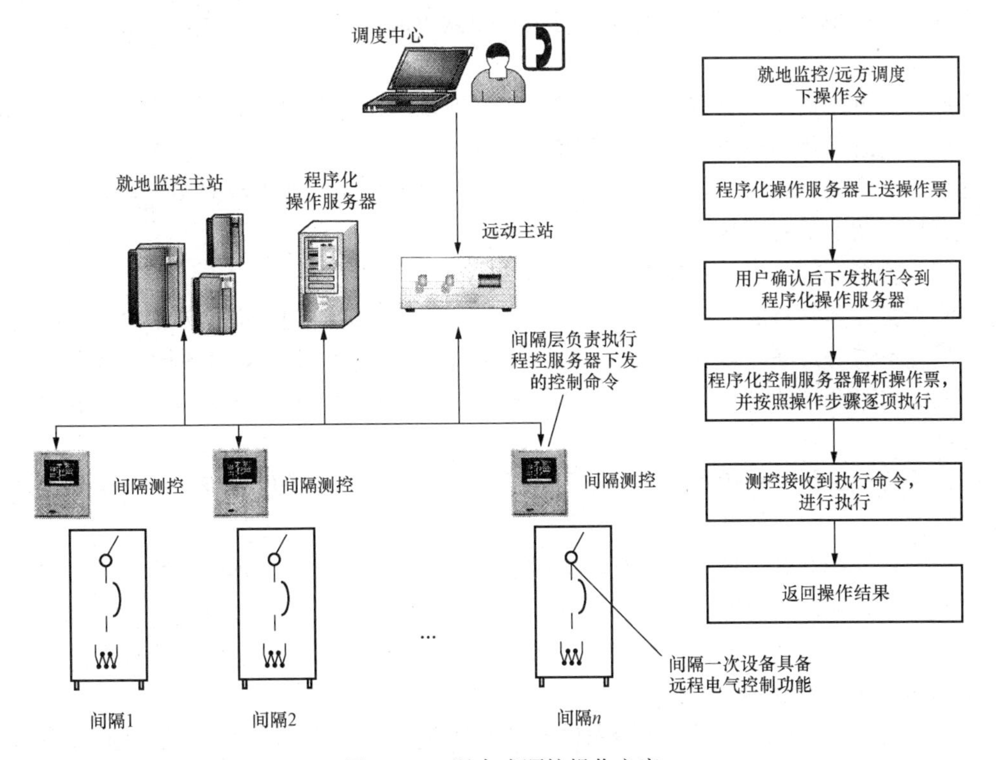

图 8-15　混合式顺控操作方案

4. 智能告警及分析决策

变电站需要向调度报告的信息很多，一般可分为断路器正常遥信变位报告、设备运行异常告警、设备故障告警三类。

（1）断路器正常遥信变位报告是由检修操作或运行方式改变需进行断路器操作引起的断路器遥信变位，反映了电网设备运行状态的变化。

（2）设备运行异常告警是电网设备运行异常时发出的告警，例如：①线路潮流越限告警；②主变压器功率越限和油温越限告警；③母线电压越限告警；④断路器运行异常告警包括 SF_6 气压告警、弹簧未储能告警、液压机构告警和空气压缩机构告警；⑤通信系统异常告警等。

（3）变电站设备或线路发生故障告警。随着电网规模的扩大，电网结构也变得越来越复杂，运行方式多变，呈现给调度员的告警信息越来越多。正常情况下在 1min 之内 SCADA

上传给调度的报警信息，少则几十条，多则上百条。如果电网发生故障，上传的事件就更多，1s之内有可能达到上百条报警信息。若故障复杂或自动装置不正常，1s之内将有几百甚至上千条报警信息涌入调度控制中心。大量的相关报警信息不分主次地迅速发送到电网调度中心主站系统，并以“海量”且快速变化的形式提供给调度运行人员，真正重要的报警信息被大量的噪声和无用信息所淹没，使调度运行人员无所适从，不能起到告警应有的作用。这说明现有的报警系统远远不能满足调度人员的需求，为了确保调度自动化系统正常运行，及时发现系统的故障和潜在危险情况并尽快处理，就要求有一种对策能够对大量复杂冗余的报警进行分层次智能化地处理，突出故障信息，减少干扰信息，提示潜在危险信息和系统的故障点，使工作人员能清晰地察觉电网中所有重要且存在一定风险的问题，而对一些不重要的报警信息，简单观察或者直接滤除便可，从而减少调度人员的工作量，提高调度人员的工作效率。

为此，变电站需要建立智能告警决策系统，实现对故障告警信息的分类和信号过滤，优化整合故障信息，提供事故的原因信息和故障定位信息，自动报告变电站异常状况，并提出故障处理指导意见，提供最少的事件信息列表，解决调度中心在事故时告警过多的问题，这样可显著提高调度员对事故的反应和处理速度。

智能告警系统的技术关键及需要实现的功能包括：

（1）告警信息的过滤。按时序采集上来的实时报警信息，包含有噪声信息，哪些需要过滤掉，哪些不需要过滤，以何种方式过滤，都是智能告警系统的技术关键。为实现信息过滤，首先必须对全部的告警信息查找其内在规律，分辨真假，对于确认有用的信息要标注其重要程度。

（2）分析告警信息的优先级。将有用的报警信息赋予不同的优先级，对于优先级高的信息立即报告。

（3）延时告警。对于具有自恢复功能的设备产生的报警信息，延时等待一段时间看是否可以恢复。例如保护通信通道中断后，等待一段时间看通道是否可以恢复。

（4）组合告警。将报警信息与历史信息组合，推理出故障对系统的影响程度。

5. 区域智能防误操作

目前供电企业已经建立了相当数量的规章制度和严格的操作原则，但各种原因引起的误操作仍时有发生。现有防误操作系统或设备主要集中在站端，主要体现在操作人员进行现场操作时避免出现误操作。现场变电运行人员默认调度下达的操作指令正确，在调度的指挥下进行实际操作。站端防误操作系统能够进行局部防误判断和闭锁，通常采用电子锁与电子钥匙之间的配合以及防止走错间隔等措施。

虽然站端防误系统的应用使现场的操作安全得到极大保障，但因只考虑变电站本身，有其局限性，而电网中很多操作所带来的影响是全网性的。针对供电公司现有操作制度和工作流程中的隐患，设计约束检查机制，通过软硬件设计，实现电网区域智能防误操作系统包含电网调度智能拟票、智能辨识操作命令、误操作判别、操作变位保存、流转下发等功能的智能专家系统。系统实现了调度操作票的人机把关，对违反操作流程、设备过载等误操作实施告警，实现一次设备和自投设备的调度操作命令智能辨识，对于防止误调度事故的发生，减轻调度的工作强度，规范调度操作指令具有积极的作用，对于提高调度运行管理水平，保障电网的安全稳定运行具有极其重要的现实意义，为调度操作增加了安全保障。

操作过程可以划分为接令、选择操作设备、约束检查和遥控下发四个步骤，具体流程如图 8-16 所示。

在总体操作流程中，最重要的是选择操作设备和约束检查两个环节。对于选择操作设备环节，此处引入了“预操作序列”的概念，其意义在于：当进行实际操作时，选择的设备操作必须是预操作序列中的设备，同时必须是序列中的当前设备，否则一律不允许操作，这样就有效避免了误选操作设备或跨步操作的可能。对于约束检查环节，在对实时数据进行分析的基础上，确定下一步操作是否合理。虽然电网状态不断发生变化，但是由于每次约束检查都利用当前的实时数据，能最大限度地使约束检查条件与电网实际状态一致。对于不同类型的操作流程，必须采用不同的策略加以一限制。例如，对于例行的倒闸操作，步骤较多，需要根据操作票内容逐条进行，那么操作流程中的拟票环节就成为保障安全的首要环节。

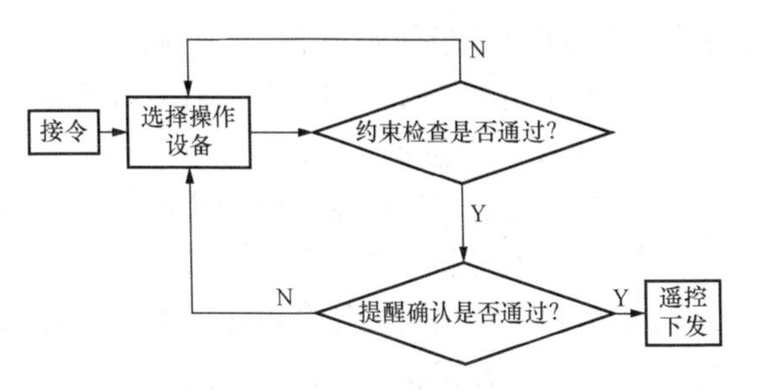

图 8-16　区域智能防误操作总体操作流程

6. 故障信息综合分析决策

电力系统在发生故障时，在智能变电站能收集到各种故障信息，包括一次信息（断路器、隔离开关变位信息，SOE）、二次信息（保护动作事件、保护分散录波、故障录波器录波）和其他信息。这有别于传统故障信息子站仅仅能收集到保护事件和录波，也使传统故障信息子站简单的故障诊断功能能够深化，形成故障信息综合分析决策功能。

故障信息综合分析决策主要进行智能辨识、综合分析，以快速正确判断故障设备、故障属性，并对保护动作行为进行评价，同时将变电站故障分析结果以简洁明了的可视化界面综合展示。在故障时上送信息量较多的情况下，先上送故障分析结果，其他录波等大数据量信息在需要时才上送。

7. 经济运行与优化控制

智能电网经济运行在线控制系统通过接收数据，在确保变压器安全、稳定、经济运行和保证供电量的基础上充分利用现有设备和原有资金条件下，通过电网实际运行数据，对电网所允许的各种运行方式进行计算，与实际运行方式进行比较，得出降低电网有功损耗的策略，如满足损耗减少的裕度和投切次数的要求，则给出变压器最佳经济运行方式，并指出调整后可降低的有功、无功损耗。

变压器经济运行是电力系统经济运行的重要环节，也是降低电力系统网损的重要措施。变压器在变换电压及传递功率的过程中，自身将会产生有功功率损耗和无功功率损耗。变压器的有功功率和无功功率损耗与变压器的技术特性有关，同时随着负载的变化而产生非线性的变化。因此，根据变压器的有关技术参数，通过合理地选择运行方式，加强变压器的运行管理，充分利用现有的设备条件，以达到节约电能的目的。

支持 IEC 61970-CIM/CIS 标准化技术，结合短期和超短期负荷预测功能，在线提出变压器和线路的运行方式优化决策方案，并对预决策方案进行校验，避免变压器运行方式频繁调整。

该系统将实现在线灵敏度分析功能，在线计算无功补偿设备、有载分接开关对全网各节点电压的灵敏度，也可以计算以上设备调节对全网网损的灵敏度。在安全、稳定、经济运行的条件下，通过调整负载，提高负荷率，提高功率因数，使变压器在经济运行区的优选运行段内工作。在经济条件允许下，采取调换、更新或改造变压器等办法，以达到变压器经济运行效果，可靠实现变压器和线路运行方式的在线优化分析和自动控制。

8. 站域保护和控制

主保护作为被保护设备区内的快速保护，具有天然的选择性，不与其他间隔配合。作为被保护设备本单元和相邻单元的后备保护，往往需要和其他单元的后备保护进行配合。当系统结构复杂时，常规保护各个单元后备保护之间的配合越来越困难，后备保护的越级跳闸现象时有发生。随着智能变电站的快速发展，全变电站信息乃至区域电网信息的共享，配置基于全站乃至区域电网信息的站域保护也就成为可能。

主要研究和实现网络方式的慢速（秒级）保护及自动功能，如自适应保护、定值自适应整定（如事故后负荷定值）、根据电网拓扑结构自动切换定值；实现 110kV 及以下主保护的双重化（220kV 及以上由于规程严格要求，已经实现了双重化配置）；高频保护的全线速动；改善传统线路保护后备距离三段适应电网运行方式能力差，在系统故障损失输电线路后发生振荡和潮流转移的情况下易于误动的特点，改善区域内保护的选择性；利用 PMU 数据实现双端电源系统的振荡自动识别等。利用对站内信息的集中处理、判断，实现站内安全自动控制装置的协调工作，适应系统运行方式的要求。

可通过站域控制装置实现以下功能：集中式备自投，可实现基于全站模拟量、开关量的备投方案，可在 MMS 网上传输 GOOSE 报文实现过负荷联切；小电流选线功能等。

9. 一体化平台应用

一体化信息平台指的是站内信息的统一采集、存储和处理。作为一个平台的概念提出内涵是丰富和有前瞻性的，但由于现在变电站专业和管理的分工，一体化信息平台还不具备代替原来站控层所有系统的功能。

一体化信息平台的建设，以数据融合为中心，实现将变电站运行的稳态、暂态数据，以及在线监测、智能巡视光伏发电系统、智能辅助系统、录波器、智能组件的数据采集到一体化信息平台当中，对数据实现统一建模、统一接入、统一存储、统一处理、统一展示、统一上送，解决了变电站站控层系统多、接口多、数据共享程度差、数据综合应用难等问题，满足智能化变电站在信息数字化、功能集成化、结构紧凑化、状态可视化方面的要求。

一体化信息平台还应提供统一的数据模型和标准化的应用服务接口，为后续的高级应用以及实现变电站与主站之间的互动提供统一的数据基础支撑。目前，建设成的智能化变电站中在一体化信息平台上开发了高级应用有智能预警和故障综合分析、智能开票、一键式顺序控制、源端维护等。

一体化平台区别于传统监控系统，主要体现在：

（1）一体化信息平台能接入更多的信息：

1）后台所有的信息（传统的测控及保护动作信息）。

2）保护及故障录波子站的波形信息。

3）PMU 信息。

4）在线监测信息。

5）辅助系统信息。

（2）一体化信息平台对下支持更多的规约：

1）IEC 61850。

2）和视频系统通信的私有规约。

（3）一体化信息平台可以具备对上通信功能：

1）对上 IEC 61850-104 通信。

2）对上 IEC 61850 通信。

（4）一体化信息平台上可以建设更多的高级应用：

1）集成保信、录波子站功能。

2）智能告警及故障诊断。

3）顺序控制及智能开票。

4）源端维护（需根据具体工程与主站协商）。

5）可以和其他厂家的高级应用功能进行集成。

（5）一体化信息平台的部署和调试。一体化信息平台可以代替原来的监控系统也可以和监控系统并存，平台本身的调试主要是通信的调试，其他的就是高级应用的使用和调试。

学习情境（项目）总结

本学习情境描述了智能变电站的概念、特点、应用结构，提出了智能变电站的典型应用特征。智能变电站是变电站综合自动化技术进一步发展的结果，也是数字化变电站和高级应用的进一步提升，其主要变化体现在一次设备智能化检测、操作，二次设备网络化功能实现等。如采用光纤作为保护及自动装置测量信息的主通道，采用电子式或光学互感器，采用功能强大的一体化平台，采用集成化、标准化的设备等。智能变电站能够完成比常规变电站范围更宽、层次更深、结构更复杂的信息采集和信息处理，变电站内、站与调度、站与站之间、站与大用户和分布式能源的互动能力更强，信息的交换和融合更方便快捷，控制手段更灵活可靠。智能变电站设备具有信息数字化、功能集成化、结构紧凑化、状态可视化等主要技术特征，符合易扩展、易升级、易改造、易维护的工业化应用要求。能够进行扩展高级应用。应有效解决统一建模的问题，增强和站外的互动能力。

复习思考

1. 如何描述智能变电站?

2. 智能变电站的技术应用特征有哪些?

3. 请描述智能变电站的结构体系特点?

4. 非常规互感器有什么特点?

5. 试说明 IEC 61850 通信标准内涵。

6. 智能变电站主要技术有哪些?

7. 你认为智能变电站在功能方面与变电站综合自动化系统有哪些创新?

8. 智能变电站的高级应用有哪些?

参考文献

[1] 耿建风．智能变电站设计与应用．北京：中国电力出版社，2012.
[2] 王芝茗．基于集中式保护测控系统的智能变电站．北京：中国电力出版社，2012.
[3] 高翔．智能变电站技术．北京：中国电力出版社，2012.
[4] 河南省电力公司．智能变电站建设管理与工程实践．北京：中国电力出版社，2012.
[5] 陈宏．智能变电站技术培训教材．北京：中国电力出版社，2010.
[6] 丁书文，胡起宙．变电站综合自动化原理及应用．2 版．北京：中国电力出版社，2010.
[7] 宁夏电力公司教育培训中心．编智能变电站运行与维护．北京：中国电力出版社，2011.
[8] 冯军．智能变电站原理及测试技术．北京：中国电力出版社，2011.